故纸堆中的自性化

童欣 著

分析心理学视域下的
心理史学理论与实践

机械工业出版社
CHINA MACHINE PRESS

自性化是个体心理发展完善的最终目的。本书基于荣格的分析心理学理论，特别是其中的自性化理论，结合马斯洛的需求层次理论、当前通行的正念疗法和中国传统文化中的相关理念，从自性化的角度对诸多有代表性的历史人物及其事迹进行了深入解析，在此基础上对荣格的自性化概念及其结构，以及自性化的理论和方法做了进一步的延伸和发展，旨在形成更具中国特色的荣格自性化学说，以实例而非逻辑演绎个体自性化的过程，助力心理分析与治疗的相关实践。

图书在版编目（CIP）数据

故纸堆中的自性化：分析心理学视域下的心理史学理论与实践／童欣著. — 北京：机械工业出版社，2023.12

ISBN 978-7-111-74572-3

Ⅰ. ①故… Ⅱ. ①童… Ⅲ. ①荣格（Jung, Carl Gustav 1875-1961)-分析心理学-研究 Ⅳ. ①B84-065

中国国家版本馆 CIP 数据核字（2024）第 028116 号

机械工业出版社（北京市百万庄大街22号　邮政编码100037）
策划编辑：刘林澍　　　　　责任编辑：刘林澍
责任校对：肖　琳　刘雅娜　责任印制：常天培
北京科信印刷有限公司印刷
2024年6月第1版第1次印刷
160mm×235mm・20.25 印张・2 插页・233 千字
标准书号：ISBN 978-7-111-74572-3
定价：68.00 元

电话服务　　　　　　　　　网络服务
客服电话：010-88361066　　机　工　官　网：www.cmpbook.com
　　　　　010-88379833　　机　工　官　博：weibo.com/cmp1952
　　　　　010-68326294　　金　书　网：www.golden-book.com
封底无防伪标均为盗版　　　机工教育服务网：www.cmpedu.com

前　言

本书作者在前著《光影荣格：在电影中邂逅分析心理学》中，主要着眼于对"情结"进行分析，如果情结是一个空间的话，那么这个空间由面具动力、阴影动力，以及二者之间的冲突动力这3个部分共同构成。本书作者用了大量的笔墨、结合马斯洛的需求层次理论、正念疗法以及中国传统文化，结合影视案例，对荣格分析心理学中的情结及相关概念进行了详尽的理论深化和实践创新，旨在引导个体逐渐地领悟及突破情结空间对自身心理能量的桎梏。

那么，当情结空间得到突破之后，心理能量又会表现为什么样的状态呢？这就涉及了荣格学说中最重要的也是最终极的概念：自性和自性化。这也是本书所要探讨的重点内容。

本书的创新点如下：

首先，从理论上，对荣格的分析心理学进行了进一步的补充、深化和发展。 本书将荣格理论尤其是"自性"理论和马斯洛的需求层次理论、正念疗法以及中国传统文化中的相关概念和理论结合起来，用中国传统的方式，对荣格提出的概念、结构、理论和方法等进行进一步的补充、深化和发展，旨在形成更具"中国特色"的荣格学说。

其次，从方法上，本书采用了历史心理分析方法即"心理史学"的研究范式，通过对历史上杰出人物的心理分析，来对"自性化"及其相关概念来进行阐释和解读。 目前国内外大多数对于"自性""自性化"的研究都局限于概念探讨上，而自性概念本身又是超越概念、文字、逻辑的,这就决定了基于概念和文字的探讨无法直观地阐释自性化的本质,更无法用头脑所擅长的"逻辑"来理解"自性",这不得不说是一个矛盾和悖论。而本书旨在打破这一困境,力求通过实例来演绎这一过程,即基于荣格的分析心理学视角对历史上的杰出人物进行心理分析,以此来阐释和演绎"自性化"过程。

此外,由于自性化过程又是非常个体化的、非标准化的,不同个体的自性化过程从行为上看有时甚至是截然相反的,因此,尝试总结"标准化"的自性化模式是不现实的。

为了解决这一困境,本书将对一般的、普遍的自性化模式予以演绎,仿照中国传统绘画艺术创作中的"画神不画形"的"大写意"方式,来对自性化过程进行"拟神不拟形"的演绎,这是从中国传统艺术中凝练而出的方法,更能贴近自性化的内涵。因此,除了选取历史上真实存在的人物作为分析对象之外,本书作者也基于荣格的集体潜意识学说,将"虚拟人物"这一集体潜意识的具象投影也纳入分析对象中来,旨在阐释和演绎自性化的一般的、普遍的过程。

因此,本书对历史心理分析方法做出了如下补充和拓展:第一,补充了历史心理分析方法的理论来源。首先是进一步提升荣格的分析心理学在历史心理研究中的应用价值,将分析心理学体系中的多个概念和历史心理研究法结合起来;其次是将中国传统文化和荣格分析心理学相关的概念相结合,在此基础上,将中国传统文化也融入历史心理研究的理论框架中来。**第二,拓展了历史心理分析方法的应用范围**。本书在借鉴历史心理分析方法的研究范式的同时,旨在拓展历史心理分析方法本身的应用范围,不仅将心理史学作为对历史现象做出解释和研究的助力,更重要的是,也将其作为阐述抽象的心理学理念和过程的重要途径。**第三,扩大了历史心理分析方法的研究对象**。本书不仅将历史上真实存在的个体纳入研究对象,也基于荣格的集体潜意识学说,将"虚拟人物"这一集体潜意识的具象投影,纳入心理史学的研究对象中来,旨在演绎自性化的一般的、普遍的过程。

荣格认为,中国文明是高等文明的象征。分析心理学和我们中国传统文化有着一脉相承的精髓和内涵。对于我们中国人而言,领悟自性化之路,我们具有天然的文化基因和理论传承。本书作者不仅希望这本专著能够为广大心理咨询师的理论及实践历程提供参考,也希望它能够给每一位读者带来发自内心的真实的共鸣和领悟,为每一位开启或拟开启自性化之路的人提供参考。当然,由于本人的水平和阅历均有限,本书有偏颇或不完善之处,也希望广大读者多多批评指正。

目 录

前言

绪论 / 001

第一章 荣格和分析心理学

第一节 荣格的学术历程——他生命中的"智慧老人"们 / 006
    一、遇见弗洛伊德——第一次认知升级 / 007
    二、邂逅中国文化——第二次认知升级 / 012

第二节 分析心理学概要 / 032
    一、分析心理学的特征 / 032
    二、分析心理学理论体系 / 038

第二章 研究目的、研究方法和研究对象

第一节 研究目的 / 058
    一、对分析心理学理论进行补充、深化和发展 / 058
    二、通过案例分析来展示和阐释自性化 / 058

第二节 研究方法 / 059
    一、文献研究法 / 059
    二、历史心理分析法 / 059

第三节 研究对象：明朝那些杰出人物 / 064
    一、开国年间——在混乱和机遇中建立秩序 / 067
    二、嘉隆万时期——在失控和突破中自我成长 / 067
    三、超越时空——从虚拟人物中观照和内省 / 068

第三章 自性化理论及概念

第一节 自性 /072
一、自性的概念——整个心灵及其中心 /074
二、自性的本质——聚世界于己身的"整合态" /075

第二节 自性化 /080
一、自性化的概念——以整合为结果的无为无不为的实践过程 /080
二、自性化的主体——对"生命体"的荣格式解读 /082
三、自性化的阶段——"非标准化"的成长过程 /086

第三节 荣格与中国传统文化理论的比较 /088
一、原型与"阴阳""善恶" /088
二、人格结构理论和唯识学 /091
三、情结与"我执""心中之贼" /106
四、自性理论与禅宗、道学 /112

第四节 自性化的立体过程 /114
一、四个概念 /115
二、两条路径 /122
三、四种力量 /129
四、三大提升 /136

第五节 自性化的表现 /136
一、自性化的路径表现 /137
二、自性化的状态表现 /137

第四章 内圣外王——洪武皇帝朱元璋的自性化

第一节 从"修身"到"平天下"——《御制皇陵碑》中的实践历程 /144
一、阴影能量的内化——苦难的"潜龙" /144
二、与孤独和羞耻的相处——礼佛与云游 /146
三、与危险和死亡的沟通——回归与造反 /148
四、积极实践和直面冲突——务实和秩序 /152

第二节　整合、秩序和超越——促进集体整合态　/ 157
　　一、民庶咸仰——心理能量的吸引力带来的良
　　　　性循环　/ 158
　　二、"权力狂人"——内在心理能量和外在
　　　　现实的统一　/ 160
　　三、民族政策——横向心理能量的平等和谐　/ 161
　　四、科举取士——纵向心理能量的稳定循环　/ 164
　　五、监察制度——防止情结带来的集体内耗　/ 165
第三节　外王者内圣——《御注道德经》中的认知境界　/ 168
　　一、拒绝被准则洗脑——对"希言"的理解　/ 170
　　二、对抱持力的看法——柔弱胜刚强　/ 172
　　三、参透"需求"和"欲望"的区别——
　　　　"顺势而为"和"人为造作"　/ 173
　　四、聚世界于己身的高度自性化——破小我、
　　　　立大我　/ 175

**第五章
适意明道——
袖里青蛇徐渭
的自性化**

第一节　"人生堕地，便为情使"——被情结操控的
　　　　循环魔咒　/ 180
　　一、寄人篱下——无助的原生家庭　/ 180
　　二、情路坎坷——不幸的婚姻生活　/ 182
　　三、才高运蹇——失意的科举经历　/ 189
第二节　理可顿悟——整合性思维方式的形成　/ 195
　　一、季本——承担"心理咨询师"角色的良
　　　　师益友　/ 197
　　二、王畿——观念冲突引发的整合性思维　/ 199
第三节　事须渐修——聚焦当下的积极想象　/ 204
　　一、"纵令遮得西施面，遮得歌声渡叶否"　/ 208
　　二、"五十八年贫贱身，何曾妄念洛阳春"　/ 210
　　三、"画成雪竹太萧骚，掩节埋青折好梢"　/ 212
　　四、"生憎浮世多肉眼，谁解凡汝是白龙"　/ 213

　　　　　　　第四节　理论总结——艺术创作的原则和目标　　/ 218
　　　　　　　　一、"摹情弥真"——表达个体情感的真实状态 / 219
　　　　　　　　二、"宜真宜俗"——还原集体情状的本然状态 / 220
　　　　　　　　三、"愈出愈奇"——心理动力希望被万众瞩
　　　　　　　　　　目地表达　　　　　　　　　　　　　/ 223
　　　　　　　　四、"作者适意"——对"表达性艺术治疗"
　　　　　　　　　　的理论升华　　　　　　　　　　　　/ 225
　　　　　　　　五、"观者明道"——对"欣赏性艺术治疗"
　　　　　　　　　　的理论升华　　　　　　　　　　　　/ 226

第六章　　　　第一节　洞悉原理和使用规则——自性化的前提条件 / 231
革故鼎新——　　　一、"天生反骨"——与旧规则的充分沟通　/ 231
温陵居士李贽　　　二、"中间之道"——寻找对立面间的整合
的自性化　　　　　　途径　　　　　　　　　　　　　　/ 232
　　　　　　　第二节　觉察入微和直抒胸臆——自性化的实践过程 / 234
　　　　　　　　一、个体层面——对本能力量的尊重　　　/ 235
　　　　　　　　二、集体层面——对平等观念的拓展　　　/ 236
　　　　　　　　三、发展层面——对自性能动力的强调　　/ 238
　　　　　　　第三节　神领意得和开启民智——自性化的认知成果 / 240
　　　　　　　　一、心理动力的整合——童心说　　　　　/ 241
　　　　　　　　二、心理原型的发展——女性观　　　　　/ 243
　　　　　　　　三、集体认知的升级——智慧老人　　　　/ 248

第七章　　　　第一节　原生家庭和成长经历　　　　　　　　　/ 255
力挽狂澜——　　　一、非同凡响——高度自性化的心理意象　/ 255
太岳相公张居　　　二、伊尹颜渊——集体心理期待造就的政治家 / 258
正的自性化　　第二节　心理冲突和自我调适　　　　　　　　　/ 261
　　　　　　　　一、风云诡谲——心理冲突和替代性创伤　/ 261
　　　　　　　　二、诗歌山水——积极想象和正念觉察　　/ 265

	第三节 实干兴邦和兴利除弊	/ 270
	一、经济改革——增加"心理能量"	/ 272
	二、政治改革——优化"心理结构"	/ 273
	三、军事改革——加强"心理防御"	/ 274
	四、学术改革——约束"阴影动力"	/ 275

第八章 在"行者"和"悟空"中观照自性化之路	第一节 人格分化阶段——本能、学习、内耗	/ 290
	一、本能力量阶段——快乐原则和危机意识	/ 290
	二、学习塑造阶段——学习和内化	/ 291
	三、分裂内耗阶段——破坏、反噬及五指山的"情结"象征	/ 292
	第二节 自性化阶段——意愿、觉察、抱持、实践	/ 299
	一、意愿带来的吸引：适宜信念的内化	/ 300
	二、觉察带来的分离：将"自动化行为"和"我"分开	/ 304
	三、抱持带来的整合：信念和本能的统一	/ 307
	四、实践带来的建构：顺应自性的解决之道	/ 310

绪 论

本书首先是结合中国传统文化和其他心理学理论，对荣格的分析心理学理论做出进一步的补充、深化和发展；其次，通过历史心理分析的方法来阐释解读荣格的"自性"和"自性化"概念。本书主要内容如下：

第一章主要对荣格的分析心理学体系和荣格的学术历程进行了总结和梳理。包括对荣格的分析心理学理论体系进行梳理，以及结合荣格的学术成长历程，分析他生命中两次重要的认知升级的原因和成果。

第二章主要对研究目的、研究方法和研究对象进行总结。第一节分析了本书的研究目的，首先是对分析心理学相关概念进行理论深化；其次是通过案例分析来演绎和阐释"自性化"的过程；第二节阐述了本书的研究方法，包括文献法和历史心理分析法。第三节从在混乱和机遇中建立秩序、在失控和突破中自我成长，以及从虚拟人物中观照和内省等3个方面，探讨了本研究的研究对象。

第三章主要对"自性"和"自性化"做出概念界定，并对荣格心理学中包括自性化之类的若干概念和中国传统文化的相关概念做了比较研究，对分析心理学理论进行了理论深化和实践补充；第一节对自性的概念进行了剖析，在此基础上对自性的本质进行概括；第二节对自性化的概念进行了剖析，并对自性化的主体进行了荣格式的阐释；第三节对荣格概念和中国传统文化概念进行了比较研究，对分析心理学中的概念进行了理论深化和实践补充；在第四节中作者尝试概括了自性化立体过程：包括了四个概念、两条路径、四种力量和三大提升；第五节基于理论和事件分析，对自性化的立体过程及其涉及的概念、路径、力量以及提升方向等进行了理论剖析。

第四章分析阐释了朱元璋的自性化历程。第一节结合朱元璋晚年自传《御制皇陵碑》，分析了朱元璋从苦难少年到皇帝的实践历程和心路历程，重点阐述了他与阴影心理能量和冲突心理能量的沟通过程；第二节结合史料，从能量的吸引力、内在心理能量和外在现实状况的一致性、促进横向集体能量的平等和谐、促进纵向集体能量的稳定循环、防止情结带来的集体内耗等5个方面，分析了他的内在自性化境界给集体带来的整合态；第三节结合朱元璋的《御注道德经》，分析朱元璋在内心的智慧老人原型指引下的自性化过程中的智慧结晶。

第五章分析阐释了徐渭的自性化历程。第一节分析了徐渭被情结操控的前半生。从原生家庭、婚姻生活及科举经历等方面，分析徐渭情结的来源、表现及破坏力；第二节从智慧老人原型的角度，分析了徐渭的恩师季本和王畿为他提供的心理支持和促进他认知升级的过程；第三节阐释了徐渭自性化的实践路径。通过对徐渭绘画和题画诗的分析，从心理象征的角度阐释了自性化实践路径即积极想象和正念觉察。第四节阐释了徐渭自性化过程中的理论总结，这些理论是自性化过程中自然而然领悟形成的智慧结晶。

第六章分析阐释了李贽的自性化历程。第一节结合李贽的求学和科举经历，分析自性化的前提条件；第二节从个体、集体和发展3个层面，阐释了李贽内心对心理动力的觉察和对认知观点的表达过程，这即是自性化的实践过程，包括了对本能力量的尊重、对平等观念的拓展以及对自性能动力的强调；第三节结合李贽的重要观点，从他的个体智慧结晶如童心说和女性观，以及集体认知升级即承担集体智慧老人的角色等方面，来分析他自性化过程中产生的认知成果。

第七章分析阐释了张居正的自性化历程。第一节从原生家庭和成长历程的角度，分析了象征高度自性化的心理意象的传承和集体心理期待对张居正的正面影响；第二节分析了张居正面对冲突情境的心理调适和认知升级的过程和表现；第三节结合张居正的政治实践历程分析其心理意义，从经济改革、政治改革、军事改革和学术改革等方面分析了他的内在自性化境界给集体带来的整合态和建设性力量。

第八章在荣格的"集体潜意识"理论的基础上，选取了集体潜意识的虚拟投影，即文学人物"孙悟空"的自性化历程，虚拟人物的自性化历程体现了自性化的相对一般的、普遍的过程。第一节从本能力量阶段、学习塑造阶段、分裂内耗阶段等，分析了孙悟空的人格分化历程；第二节从适宜信念的内化、摆脱自动化行为、信念和本能的统一、自性化的实践历程等方面，分析了孙悟空的自性化历程。

故纸堆中的自性化
分析心理学视域下的心理史学理论与实践

第一章
荣格和分析心理学

本章首先结合荣格的学术和成长历程，分析他生命中两次重要的认知升级的原因和表现。其次对荣格的分析心理学的理论体系进行了梳理：主要包括分析心理学两大核心特质即整合性与实践性，分析心理学的人格结构理论、人格动力理论、人格发展理论、心理类型理论、心理治疗理论及共时性原则、自性理论和积极想象技术等。

第一节　荣格的学术历程
——他生命中的"智慧老人"们

荣格思想脉络发展过程与他的成长和学习过程息息相关。1875年，荣格出生于一个传统的基督教家庭中，他的父亲列夫·保罗·荣格是一位基督教牧师，母亲艾米莉·普雷斯沃克也笃信宗教，父亲的13位兄弟中有8位也是神职人员。可见，荣格的原生家庭的宗教气息十分浓厚。

然而，成长在充满宗教气息的原生家庭中的荣格并没有"继承衣钵"成为一名神职人员，相反，家庭氛围让荣格从早年即开始对宗教进行深入的反思，他的心理学实践领悟正是从对传统基督教教义的思考中萌芽的。

荣格的学术道路大致上可以分为三个阶段：遇到弗洛伊德之前、遇到弗洛伊德之后、遇到中国文化之后。而与这三个阶段相对应的两次重要转折，都可以看成是荣格"打破教条"的实践历程。

而弗洛伊德和中国文化，可以看成是荣格内心智慧老人的外在化现。所谓智慧老人，是荣格提出的重要的原型，荣格用智慧老人来形容我们内在所具有的有关意义与智慧的原型意象；荣格将自己内在的智慧老人命名为"斐乐蒙"，荣格认为他所有的重要的分析心理学思想都与他的"斐乐蒙"有着不解的渊源。㊀正因为斐乐蒙的指引，荣格自然而然地被某种思想观点所吸引，因此，从这个角度来说，促进荣格分析心理学体系构建的内外因素都可以看成是"斐乐蒙"的显现。

一、遇见弗洛伊德——第一次认知升级

弗洛伊德可以看成是荣格的智慧老人斐乐蒙第一次在现实生活中的显现。

弗洛伊德是一位伟大的心理学家。在弗洛伊德之前，西方世界宣扬"以善抑恶"，认为人是可以靠着善良理性的一面来制约或压制邪恶的、非理性的一面。而弗洛伊德的伟大之处在于，他戳破了以上这种理想化信念在大多数现实层面的虚伪性和无力性。弗洛伊德认为，历史的事实和我们的经验都证明人性本善的信仰只是一种错觉。㊁

弗洛伊德在《文明及其不满》中写道："**人类并不是希望被人爱的仁慈生物，也不是在遭受攻击时最善于保护自己的仁慈生物；相反，他们属于那种被认为在本能天赋中攻击性占最大份额的生物……**"㊂弗洛

㊀ 申荷永. 荣格与分析心理学 [M]. 北京：中国人民大学出版社，2012：70-72.

㊁ 张爱卿. 弗洛伊德与马斯洛人性观比较研究 [J]. 教育研究与实验，1991（3）：49.

㊂ 赫根汉. 人格心理学 [M]. 冯增俊，何瑾，译. 海口：海南人民出社，1986：45-46.

伊德在后期著述中有很多关于本我中破坏本能的论述，认为破坏本能广泛存在，并反对性善论。○

可以说，弗洛伊德的人性观是建立在"性恶论"基础上的。这对于之前统治西方世界的理念而言是一种颠覆性的革命。

这种颠覆性让弗洛伊德的观点最初在学术界不太受欢迎。而荣格却被这种不受欢迎但与自身领悟相契合的观点所深深吸引了。"**在当时的学术界，弗洛伊德特别不受欢迎，因而，与他的关系不利于任何学术声誉**……一次，在实验室里研究这些问题时，魔鬼耳语道，我有权发表实验结果与结论而不提及弗洛伊德之名，在对他有所理解之前，我的实验确实早就完美了，但此时听到第二人格的声音：要是装得好似不了解弗洛伊德，就是欺骗。生活不能靠谎言——此事就此了结。从那时起，我公开站在弗洛伊德一边，为他而战。"○

荣格首次"为弗洛伊德而战"是在慕尼黑的一次会议上，当时一位报告人做关于强迫性神经症报告时，故意没有提弗洛伊德的名字；1906年，荣格为《慕尼黑医学周报》撰文，论述了弗洛伊德神经症学说对理解强迫性神经症是功不可没的。这篇文章发表后，两位德国教授给荣格写了告诫信，劝说荣格若继续站在弗洛伊德一边为他辩护，他自己的学术前途则堪忧。荣格则回信表示："**若弗洛伊德所言属实，我就赞成。限制研究、隐瞒真相，若前程以此为**

○ 苏思铭. 弗洛伊德精神分析的人性观——兼及与先秦儒家人性观之比较 [J]. 牡丹江大学学报, 2017, 26 (02): 81-83.

○ 荣格. 荣格自传: 回忆·梦·思考 [M]. 朱更生, 译. 杭州: 浙江文艺出版社, 2017: 134.

前提，我嗤之以鼻。"⊖荣格遵从本心，继续坚定地支持弗洛伊德及其学术观点。

可以说，在弗洛伊德"不受欢迎"的时候，荣格选择了公开站在弗洛伊德一边，"为弗洛伊德而战"的过程，其实是荣格正式宣告和"原生家庭的父亲"的决裂过程，这里"原生家庭的父亲"不仅是现实意义上的牧师父亲，更多地隐喻着一种当时西方世界所普遍宣扬的教条理念，在"教条性理念"和"自己的真实实践"这两者之间，荣格选择了后者，并且愿意为这种选择做出切实的行动并付出一定的牺牲。

然而，随着实践领悟的继续，敏锐而忠于内心的荣格也很快就觉察到了新的问题。首先是弗洛伊德的"泛性论"引起了荣格的质疑。"……无论遇到人还是艺术品，一出现智慧这个术语，他就怀疑并且暗示性压抑。不能直接解释为性欲，他就称之为心理性欲。"⊜荣格不赞同弗洛伊德的这个观点，他认为这个假说会导致对文化做出全盘否定，文化则成为性欲受到压抑而呈现出的某种病态结果。

其次，追随弗洛伊德，是荣格遵从本心、打破西方世界教条理念的结果，然而，随着和弗洛伊德的深入交流，荣格感受到了这位恩师试图给他施加"新的教条"："弗洛伊德对我说——亲爱的荣格，请您保证永不放弃性学，这是最根本的。您看，我们得使它成为信条、不可动摇的堡垒——他说这话时充满热情，口吻好似一名父亲说：好儿

⊖ 荣格. 荣格自传：回忆·梦·思考 [M]. 朱更生, 译. 杭州：浙江文艺出版社, 2017：134.

⊜ 荣格. 荣格自传：回忆·梦·思考 [M]. 朱更生, 译. 杭州：浙江文艺出版社, 2017：135.

子，向我保证：每个礼拜天去教堂……"⊖这一刻，弗洛伊德让荣格想到了一位正在给儿子灌输某种信念的父亲，"堡垒"和"信条"等意象让荣格感受到，这已无关学术而只是个人在行使权欲。只有在意欲一劳永逸压制怀疑，才定出信条。⊜这一瞬间的弗洛伊德，和荣格记忆中那个"压制怀疑、尊崇教条"的牧师父亲无疑具有极大的相似性。

更重要的是，无论是"性恶"还是"性善"，都只是两种对立力量的博弈，这与荣格中年之后自然而然出现的、更倾向于整合性的感知和思维模式相冲突。在实践中，他逐渐开始了对弗洛伊德理论的质疑，弗洛伊德的"把一切理论都建立在两种相反力量的相互作用之上的趋向"⊜，引起了荣格的质疑。

此时的弗洛伊德，已经在学术上拥有了无数的支持者。1910年，荣格由于天资卓越又得到了弗洛伊德大力提拔，出任国际精神分析学会主席。

是继续"忠于"弗洛伊德，在貌似安全可期的、充满鲜花和掌声的道路上继续走下去，还是忠于自己内心真实的实践领悟，而独自面对内心巨大的不确定性以及外界接踵而来的质疑和攻击？荣格的内心不是没有动摇过，他在回忆录中曾表达："我告诉自己：弗洛伊德远比你聪明、有经验，你现在干脆听他的话，向他学……"⑱但是，和

⊖ 荣格. 荣格自传：回忆·梦·思考[M]. 朱更生，译. 杭州：浙江文艺出版社，2017：135.

⊜ 荣格. 荣格自传：回忆·梦·思考[M]. 朱更生，译. 杭州：浙江文艺出版社，2017：136.

⊜ 弗洛伊德. 弗洛伊德自传[M]. 廖运范，译. 北京：东方出版社，2005：98.

⑲ 荣格. 荣格自传：回忆·梦·思考[M]. 朱更生，译. 杭州：浙江文艺出版社，2017：147.

任何一位伟大人物一样，荣格最终还是更倾向于忠于自己的内心。在经过一段时间的实践领悟和思考分析，包括对一系列梦境的分析和领悟之后，1913 年，荣格正式在学术道路上与弗洛伊德决裂，这可以说是荣格第二次"背叛父亲"。

"与弗洛伊德决裂之后，所有亲知都疏远我，说我的书是糟粕。我被视为神秘主义者，事情就此了结。"[1]在此后几乎十年的时间里，无法从其所处的西方世界得到任何心灵共鸣的荣格，独自一人承担着来自外界的质疑、批评和攻击。这一时期，也可以说是荣格和阴影能量相处的时期，他始终没有放弃自己的内心，也正是这一时期，他通过曼陀罗绘画来进行着自我疗愈，对"自性""整合性"有了更加明显而深刻的领悟。

尽管已与弗洛伊德决裂，但是荣格依然在自传《荣格自传：回忆·梦·思考》中高度评价了弗洛伊德。他认为弗洛伊德的伟大贡献在于："**揭下伪善和欺诈成堆的帷幔，无情地把腐烂的时代心灵暴露在光天化日之下，不怕此类大胆之举不受欢迎……**"[2]可以说，"破除虚伪"是时代赋予弗洛伊德的人生使命，弗洛伊德成功地践行了这一使命，在西方掀起了精神分析的浪潮；而"破伪"也同样可以看成是荣格人生的某一阶段重要的人生任务，站在恩师弗洛伊德的肩膀上完成了这一阶段性任务之后，荣格的心理能量自然而然地会流动到下一阶段，他将担负起时代赋予他的、不同于弗洛伊德的、更加终极而完整的使命。

---

[1] 荣格. 荣格自传：回忆·梦·思考 [M]. 朱更生，译. 杭州：浙江文艺出版社，2017：150.

[2] 荣格. 荣格自传：回忆·梦·思考 [M]. 朱更生，译. 杭州：浙江文艺出版社，2017：151.

二、邂逅中国文化——第二次认知升级

中国文化可以说是智慧老人斐乐蒙在荣格生命中的第二次外在显现，他对荣格分析心理学体系的构建起到了最为核心的促进作用。荣格认为，**中国人对于生命的悖谬和极性一直都有清醒的认识，对立双方总能保持平衡——这是高等文化的标志。**○

心转对应着境转。同弗洛伊德决裂后，经过长时间的自我觉察和领悟，在偶然的契机下，荣格遇到了卫礼贤。

1927年，在荣格已经有了一定的心理分析理论实践积累之后，他遇到了其东方思想的引路人——著名学者卫礼贤。卫礼贤引进的中国文化典籍立即吸引了他的注意。

1994年8月，国际分析心理学会主席托马斯·科茨曾提出，就荣格心理学思想的形成而言，卫礼贤的影响，远远超过了弗洛伊德或其他任何人。荣格自己也曾在卫礼贤的悼文中表示："事实上，我认为卫礼贤给了我无限的启迪，我所受他的影响，远远超过了其他任何人。"○

卫礼贤是德国人，原名理查德·威廉，1899年他以一名传教士的身份来到中国，一开始来中国的目的是让更多的中国人信仰基督教。然而，在卫礼贤接触并了解到中国文化和哲学之后，在感受到东西方文化的巨大差异之时，也不知不觉中受到了东方文化的熏陶和潜移默

○ 荣格，卫礼贤. 金花的秘密：中国的生命之书 [M]. 张卜天，译. 北京：商务印书馆，2016：19.

○ 申荷永. 荣格与分析心理学 [M]. 北京：中国人民大学出版社，2012：39-40.

化。他也开始通过翻译中国经典著作来让更多的西方人了解东方文化，他着手将《论语》《老子》《易经》等著作翻译成了德语。

正是通过卫礼贤，荣格认识到了中国智慧，中国文明的精华对荣格后续的学术道路产生了巨大的、决定性的影响。和基督教和在其基础上产生的西方文明的"崇尚光明、消灭黑暗"的"对立斗争"观点不同，中国智慧中所强调的"对立统一"观点给了荣格的理论发展重大启示。

而佛教的中道观，则为对立面之间的转化和整合提供了实践基础，荣格相信"通过中道达到对立面的统一是内心体验的最根本的一项"。㊀密宗实践的核心就是两极性及其整合，"阳性力量与阴性力量的结合；物质与精神的统一；积极原则与消极原则的归一；智慧——辨别力原则和怜悯——统合原则的统一"。㊁"中道观"还可以避免走向永恒论和虚无主义两个极端，对立面之间的转化使冲突得以消除而带来统一，通过压抑或否定并不能达到统一，因为它只能带来片面。"中道观在方法上和实践上具有重要的灵活性，任何可以实现解脱的方法都为佛教所接纳，这种灵活性赋予了佛教教义一种非凡的适应能力和经久不衰的生活相关性。"㊂

从这些典籍中，荣格照见了自己的内心，这让身在西方世界的他感到自己不再是孤独的异端，自己的实践领悟和人生使命都在中国传

㊀ 莫阿卡宁. 荣格心理学与西藏佛教：东西方精神的对话 [M]. 江亦丽，罗照辉，译. 北京：商务印书馆，1996：122.

㊁ 莫阿卡宁. 荣格心理学与西藏佛教：东西方精神的对话 [M]. 江亦丽，罗照辉，译. 北京：商务印书馆，1996：120.

㊂ 叶湘虹. 荣格道德整合思想研究 [D]. 长沙：中南大学，2010：83.

统文化典籍中得到了印证。

中国文化对于荣格的吸引力是毋庸置疑的。在荣格的家里，荣格的书房以及荣格的密室，处处可见中国元素，有诸多中国经典著作，中国绘画和书法；在荣格的花园，有来自中国的银杏树，以及这棵大银杏传奇的故事……所有这些都反映出荣格对中国文化的憧憬。[一]

从分析心理学角度，如果说"以善抑恶"是基督教世界所倡导的一个极端，"性恶论"则是弗洛伊德学派所倡导的另一个极端，而中国传统文化的精髓则在于"中道"和"中庸"，这可以说是以上两个极端的整合，这种整合性才让荣格的心灵感受到了真实的共鸣。

有趣的是，如果将整个西方世界看成是"一个人"的话，那么"从以善抑恶的世界观、到弗洛伊德世界观、再到荣格世界观"所代表的三种意识理念的先后出现，这正契合了一个人从"面具—阴影—整合"的发展阶段的认知思维升级的过程，这也正契合了一个人自性化发展的过程。在这一过程中，第一阶段代表的是"建立规则"，第二阶段弗洛伊德代表的是"破除伪心"，荣格代表的则是"破除私心"，而"破伪"和"破私"，实际上是"破除执念"的一体两面。中国其实也经历过这一发展过程，只是比西方世界要早了数千年，反映到民族性上就是中国传统文化的包容性极强，对周围文化的同化能力极强，这体现了一种整合性。荣格认为：**"正如中国哲学史所表明的，中国从未远离过核心的心灵事实（Seelischen Gegebenheiten），因此从未迷失于对单一心理机能的片面夸大或过高评价。……这是高等**

[一] 常如瑜. 通往佛陀的自性之路：荣格视角下的佛教生态思想探析[J]. 中州大学学报，2018，35（02）：13-17.

文化的标志。"㊀

此外，中国文化中，鼓励人们打破教条陈规束缚的理论基础极其丰富，中国人和现实世界互动的实践积极性也相对较高，人们相对而言更加轻视血统而重视能力，从上古时代的大禹治水，到近古时代科举制度的实施和完善都印证了这一点，甚至在信仰方面都是如此。在中国，人们更大程度上认可的并不是某种外在的神奇的超我力量如上帝、神仙、造物主等，而是人类自身的力量，也就是人类的主观能动性即实践力：儒家推崇的谦谦君子、国之栋梁本就是人类中的优秀代表，而人们也可以立志通过修身、齐家、治国、平天下等实践次序，逐渐地让自己成为这种"人中龙凤"；佛家的四圣、道家的神仙也都是由不完美的、苦乐参半的、渴望离苦得乐的人类逐渐修行证悟而成。可以说，在中国，人类的主观能动性，始终是人们集体潜意识中最信赖的力量。荣格也曾对此做过表述："在东方，心是宇宙之要素，存在之本质；而在西方，我们才刚刚意识到它是认知……的基本条件。在东方，宗教与科学并不冲突，因为在那里，没有任何科学建立在对事实的狂热追求上，也没有任何宗教建立在纯粹的信仰上……在我们这里，人无比渺小，神的恩典则无处不在；而在东方，人即是神——他只有靠自己获得救赎。西藏佛教中的诸神是心灵的投射和幻觉的产物，却无碍于它们的存在；而在我们这里，幻觉始终是幻觉——因此也就什么都不是。"㊁相反，荣格认为西方的宗教则是"全

㊀ 荣格，卫礼贤. 金花的秘密：中国的生命之书［M］. 张卜天，译. 北京：商务印书馆，2016：19.

㊁ 荣格. 精神分析与灵魂治疗［M］. 冯川，译. 南京：译林出版社，2014：153.

然僵化的东西，仅仅成为人们应该信仰的对象而已，鉴于这一原因，一般有教养的欧洲人的宗教需要及其信仰的头脑和哲学的思考为东方的象征所吸引这一事实也就毫无令人惊异之处了。他们是为印度那些神的概念和中国道家哲学的深渊所吸引"。㊀

从这个角度，荣格更像一位传统意义上的中国士人或修行者，他尊重自身本能力量，通过亲身实践不断地证悟而得与之相匹配的智慧。他一方面打破了"善"与"恶"的对立，另一方面先后打破了来自父亲（传统的基督教牧师）和老师（伟大的精神分析鼻祖）的教条理念的束缚，而无论是亲生父亲还是老师，都可以看成是他心理意义上的父亲，他两次勇敢地重塑自己的头脑认知，即使"众叛亲离"，也要通过真实的实践开辟一条"真正忠于内心"的学术道路。这同时体现了整合性和实践性。

因此，荣格与中国文化的邂逅，这个事件无论是对于荣格本人而言，还是对于整个西方世界而言，都具有非凡的意义。

荣格的东方研究，涉猎范围极广，他的关于"东方思想"的论著约有16篇，从中国的道家、《易经》、藏传佛教、净土佛教，到印度的瑜伽、日本的禅学，几乎无所不包。㊁

（一）荣格与《太乙金华宗旨》及《慧命经》

卫礼贤将中国道家炼丹术的德译本《太乙金华宗旨》送给了荣

㊀ 荣格. 荣格文集：让我们重返精神家园 [M]. 冯川, 苏克, 译. 北京：改革出版社, 1997：44.

㊁ 郭文仪. 荣格与他的"东方"：分析心理学视角下的道家与佛家 [J]. 理论月刊, 2014（07）：46-51.

格，正是这本书中的道家思想帮助荣格提出了重要的"自性"这一概念，荣格认为自己"再次找到重返这个世界的归路"。㊀从此，荣格被直接引导到中国"道"的观念上。㊁在卫礼贤的指引下，荣格开始系统地修习中国文化。

卫礼贤和荣格合著了一本《金花的秘密》，具体内容包含了翻译的《太乙金华宗旨》和《慧命经》，以及荣格对这两本译著的评论。

卫礼贤给《金花的秘密》写了序言，认为这部经典兼有佛道两家的修行指南，其基本观点是：人在出生时，心灵的两个半球（意识和潜意识）就分离了；其中意识是被个体化了的元素，而潜意识是他与宇宙相通的元素；通过修行使这两者合为一体是这本书要表达的基本原理；意识必须进入潜意识播种，然后，潜意识被激活并携手被加强了的意识以精神再生的形式进入一个超个人（即全人类共同的）的心智层次；这种再生首先会让以分别心为基础的意识境界转变为自主思维结构，修炼的结果是消除一切分别，达到最终的生命整合，即超越二元对立的大自然。㊂

这两部经典的"超越二元对立"的终极指导，给予了荣格的自性化理论的提出以重要的启发，荣格认为："我和他（卫礼贤）在1929年合作写了《金花的秘密》。我也只是在那时，通过思考与研究接触

㊀ 荣格. 荣格自传：回忆·梦·思考 [M]. 刘国彬，杨德友，译. 上海：生活·读书·新知三联书店，2009：184-185.

㊁ 荣格. 荣格自传：回忆·梦·思考 [M]. 刘国彬，杨德友，译. 上海：生活·读书·新知三联书店，2009：184.

㊂ 卫礼贤，荣格. 金花的秘密 [M]. 邓小松，译. 北京：中央编译出版社，2016：15-16.

到了我心理学的关键点——自性思想。此后，才重新找到了回归世界之路。"[○]

（二）荣格与《易经》

《易经》在《汉书·艺文志》中被尊为"群经之首，大道之源"，它在中国思想史上拥有独特的地位，包括了《周易》古经与《易传》这两个部分。《易经》在荣格的心目中占有十分重要的地位，甚至成了分析心理学派的必读经典。

卫礼贤拜晚清遗老劳乃宣为师学习《易经》，历10余年的时间把《易经》译成德文。[○]卫礼贤对《易经》的翻译抓住了中国智慧的制高点。[○]在荣格看来，卫礼贤"最伟大的成就便是其对《易经》的翻译和阐释"[○]，"卫礼贤领会了《易经》中活生生的意义，这使得其翻译具有深远的视野"[○]。他曾为卫礼贤《易经》的英译本作序，称《易经》给了他探索无意识的方法与途径。荣格这样评价："也许没有哪部著作能像《易经》那样体现了中国文化的精神。几千年来，中国最杰出的人一直在这部著作上携手合作，贡献力量。它虽然成文甚早，但

---

① 荣格. 荣格自传：梦、记忆和思考 [M]. 高鸣，译. 南昌：江西人民出版社，2014：183.

② 张文智. 论《易经》哲学与荣格分析心理学之间本体生成论的贯通 [J]. 国外社会科前沿，2021（04）：3-16.

③ 张君劢. 世界公民卫礼贤 [M]. 济南：山东大学出版社，2004：28.

④ Jung C G. In Memory of Richard Wilhelm, in Richard Wilhelm and C G. Jung/ Cary F. Baynes (trans.), *The Secret of the Golden Flower: A Chinse Book of Life*, New York: Harcout Brace & Company, 1962, p.139.

⑤ Jung C G. Forward, in Cary F. Baynes (trans.), *The I Ching or Book of Changes*, Princeton: Princeton University Press, 1997, pp. xxi - xxii.

万古常新，至今仍然富有生机，影响深远，至少在那些理解其意义的人看来是如此。"○

在《易与中国精神》一文中，荣格认为："《易经》六十四卦是种象征性的工具，它们决定了六十四种不同而各有代表性的情境，这种诠释与因果的解释可以互相比较。因果的联结可经由统计决定，而且可经由实验控制，但情境却是独一无二、不能重复的。"○《易经》有六十四卦，每一卦都是一个意象。荣格本人从卫礼贤那里获得了关于《易经》的真实体验，这是他在心理学发展中最为关键的时刻。《易经》给他送去了东方的智慧，透过那卦爻意象之间的变化，荣格在感悟之间也获得了勇气与力量。

荣格理论中的很多观念都和《易经》有着共通之处：

如"面具"对应着两仪中的阳仪，"阴影"对应阴仪；但在此它们之间的关系主要指二者之间的相互转变性，而不是指它们之间的不同角色，因为"阴影"并不是一个绝对的贬义词，"面具"也不是一个纯粹的褒义词；因此，二者之间的关系可以更形象地由两个"错卦"或"旁通卦"之间的关系来表达……如果我们把男性与两仪图中的阳仪相配应，阿尼玛即与阳仪中的黑点相对应，与阳仪相对的阴仪可以说是此黑点的现实化、具体化；当此女性人格阿尼玛之原型意象被投射到现实中的某一具体人物身上时，就会对此男性产生强大的吸引力并激起其无穷的创造力；同样，如果我们把女性与阴仪相对应，

○ 荣格,卫礼贤. 金花的秘密：中国的生命之书 [M]. 张卜天，译. 北京：商务印书馆，2016：6.

○ 荣格. 东洋冥想的心理学 [M]. 杨儒宾，译. 北京：社会科学文献出版社，2000：209.

阿尼姆斯即与阴仪中的白点相对应，与阴仪相对的阳仪可以说是此白点的现实化、具体化，当此男性人格阿尼姆斯之原型意象被投射到现实中的某一具体人物身上时，就会对此女性产生强大的吸引力并显现其无穷的包容性，这就是异性之间相互吸引的内在机制。⊖

荣格说："任何一个像我这样生而有幸能够与维尔海姆（即卫礼贤）与《易经》的预见性力量做直接精神交流的人，都不能够忽视这样一个事实：在这里我们已经接触到了一个'阿基米德点'，而这一'阿基米德点'，足以动摇我们西方对于心理态度的基础。"

荣格由此感受到了《易经》中的心理象征，认为通过它，可以摆脱理性推演的因果链条对心理自由的束缚，提供了彻底的"自知"的无限可能性，并由此而发现了《易经》对于心理学的价值。

共时性原则的提出就来自于对《易经》的领悟。荣格曾说："这种建立在同步性原理基础上的思维在《易经》那里达到了顶峰，它是对中国整体思维最纯粹的表达。"⊜

荣格对于心理类型的划分和对他对易经的领悟息息相关：实际上荣格以内倾和外倾分别配合以思维、情感、感觉和直觉四种心理要素组建与完善其八种性格类型的时候，我们也就不难看出其与《易经》中太极阴阳和四象八卦的内在联系。⊜

⊖ 张文智. 论《易经》哲学与荣格分析心理学之间本体生成论的贯通 [J]. 国外社会科学前沿，2021（04）：3-16.

⊜ 荣格，卫礼贤. 金花的秘密：中国的生命之书 [M]. 张卜天，译. 北京：商务印书馆，2016：9.

⊜ 高岚，申荷永. 荣格心理学与中国文化 [J]. 心理学报，1998（02）：219-223.

第一章
荣格和分析心理学

荣格对原型概念的深入分析离不开《易经》的启发。原型是荣格所阐释集体无意识的基石，尽管荣格也借用老子之道来表达原型的奥秘，如"道可道，非常道；名可名，非常名……"之说，告诉人们原型本身不可直接认知，我们需要通过原型的表达，通过原型意象或象征来接触原型本身的意义，但是，遇到《易经》之后，荣格豁然有悟，认为在《易经》中，在《易经》的象、数、理，以及《易经》的意义中，已使得原型成为可读的内容，也就是说，《易经》对于荣格，便是"可读的原型"。㊀

除了以上理论之外，分析心理学中常用的积极想象技术也和易经有着相通之处。荣格表示，他自己长期关注面对无意识心理学时的"直觉技术"或"预知方法"，也即"领悟整体情景的技术"，荣格认为："《易经》是最古老的把握整体情景的方法，其将细节置于宇宙背景，以阴阳互动作为分析。因此我们可以将其视为中国经典哲学的实验基础"，而荣格所期望的这种"领悟整体情景的技术"，可以体现在其积极想象和扩充技术中。㊁

如果说，在荣格之前的西方心理学是建立在"线性逻辑"的基础上，那么，荣格心理学的重要特点之一，就是分析心理学的基础即非线性，这是从《易经》中观照而得的理论基础，是普遍联系的关联性特点，普遍联系性本质上也体现了一种整合性，可以说是一种时间与空间的整合、个体和集体的整合、个体与世界的整合。

㊀ 申荷永，高岚. 荣格与中国文化 [M]. 北京. 首都师范大学出版社，2018：131.

㊁ 申荷永，高岚. 荣格与中国文化 [M]. 北京. 首都师范大学出版社，2018：132-133.

(三) 荣格与《道德经》

荣格的分析心理学理论的提出和完善，可以说和他对《道德经》的领悟有着密不可分的联系。在第一届"分析心理学与中国文化国际研究会"上，《荣格之道》一书的作者、美国荣格心理分析学家戴维·罗森说："现在人们还没有认识到，荣格的对立统一性心理学，从本质上说与道家思想是一致的。"㊀

荣格本人十分推崇"道"以及老子本人。荣格认为：老子是一位有着与众不同的洞察力的代表性人物，他看到并体验到了价值与无价值的本质，而且在其生命行将结束之际，希望复归其本来的存在，复归到本来的意义中去。㊁在荣格晚年，他曾身着道袍，隐居在苏黎世柏林根的塔楼中，身体力行地过着道家的生活。

分析心理学的核心之一是整合性，也是在荣格对"道"的思想的观照领悟下形成，它打破了事物之间的对立，强调对立物之间的中间道路。除了前文所述的《太乙金华宗旨》《慧命经》《易经》之外，老子的《道德经》是荣格在多部专著中强调这种对立统一性时必谈的中国典籍。在《心理类型》中荣格说："对立物之间存在着一条中间道路，这个观念在中国也出现了，它是以道（Tao）的形式表现出来的。道这个观念通常与生于公元前571年的哲学家老子这个名字有关。但是，这个概念却比老子的哲学更为古老，因为它与属于古老自然宗教的道、天路的某些观念有关。"㊂

㊀ 申荷永，高岚. 灵性：分析与体验 [M]. 广州：暨南大学出版社，2002：31.

㊁ 荣格. 寻求灵魂的现代人 [M]. 苏克，译. 贵阳：贵州人民出版社，1987：136.

㊂ 申荷永，高岚. 荣格与中国文化 [M]. 北京：首都师范大学出版社，2018：158.

在《心理类型》中，荣格还曾以"中国哲学中的协调象征"为标题，对"道"的内涵进行了这样的分析和阐释：道的含义有如下几种：道路；方法；原则；自然力或生命力；自然的调节过程；宇宙观；所有现象的主要原因；正义；善；永恒的道德律。㊀可以说，对"道"的以上含义的领悟，其实涵盖了荣格的人格结构理论、人格动力理论、人格发展理论、心理类型理论、心理治疗理论、自性理论等，涵盖了整个分析心理学理论体系。

在《分析心理学的理论与实践》中，荣格对表达"道"的太极图做过分析：一边是白底带一黑点，另一边是黑底带一白点。白底的一边是热、干、亮，为南极；黑底的一边是冷、湿、暗，是北极……对立物的完全统一是事物的原始状态，同时也是最理想的状态。理想的状态被称为道，它就是天地之间的完美和谐。㊁

而对立面中的两者的对立统一关系，老子曾说过"弱者道之用，反者道之动"。在《心理学的现代意义》中荣格也指出：在中国的古典哲学中有两个相反的原则：代表光明的"阳"和代表黑暗的"阴"。据说，每当一个原则到达其力量的顶点时，与之相反的原则就像种子的胚芽一样萌动于其中。这是对心理中内在的对立互补原则的另一种特别形象的表述。㊂

（四）荣格与佛学

佛教的"中道观"为荣格的对立面整合提供了实践基础。荣格

㊀ 申荷永，高岚. 荣格与中国文化 [M]. 北京. 首都师范大学出版社，2018：157.

㊁ 荣格. 分析心理学的理论与实践 [M]. 成穷，王作虹，译. 上海：生活·读书·新知三联书店，1991：129.

㊂ 荣格. 荣格文集 [M]. 冯川，译. 北京：改革出版社，1997：36.

与佛学的渊源主要体现在曼陀罗、瑜伽和禅等方面；荣格对瑜伽显得若即若离，对曼陀罗似乎是一往情深，对禅宗则是一见钟情。[一]本节就以曼陀罗绘画为例，来阐释曼陀罗在对立面整合实践过程中的作用。

曼陀罗来源于梵语 MANDALA，意为"坛城"，最初是佛教徒为了请经、修法而选择清净的地方以安置佛菩萨法像的场地。后来曼陀罗也成为修行人通过在"神秘圆圈"中描绘图案以表达禅思过程中的心理体验的过程，同时，也作为一种以象征性的语言传达"宇宙和神性力量的联系"的方式。[二]

曼陀罗的绘画形式，是要求绘画者在某个尺寸的圆形内作画，绘画者根据自己的爱好或脑海中出现的意象，画任意的图案，这是一种简单而有效的促进内心整合和统一的绘画方式。在促进内心冲突表达和整合的所有绘画方式中，曼陀罗绘画简单易行，任何没有绘画功底和心理学知识的人都能够自行通过曼陀罗绘画来达到自我疗愈的效果。

在其学术取向和弗洛伊德分道扬镳后，荣格也经历了事业上和心灵上的低谷期，出现了类似心理疾病的症状。在这个阶段，荣格开始尝试用曼陀罗的方式进行自我探索和自我疗愈。

荣格的一生，可以说是自我领悟的一生。在荣格的绘画心理自我

[一] 申荷永，高岚. 荣格与中国文化 [M]. 北京：首都师范大学出版社，2018：261.

[二] 荣格. 人类及其象征 [M]. 张举文，荣文库，译. 沈阳：辽宁教育出版社，1988：221.

疗愈的过程中，曼陀罗绘画是其自我领悟过程中不可或缺的方式。本书作者认为，荣格通过绘画的领悟之路，其实就是自己对面具、阴影、冲突、整合等过程的体验和感受，并能将这种内在的力量迁移到和外在关系的体验和感受中去，用全新的处理方式去对待现实生活中的问题和感觉，去处理现实生活中的问题，并对外界环境，特别是对他的心理咨询来访者起到积极的辐射作用。

荣格的曼陀罗之路中的作品，有些是他自己亲手所绘，有些则是他基于对集体潜意识的实践领悟，和来访者一起对于来访者作品的共同解读。他的曼陀罗作品主要包括以下几个阶段：

第一是建立规则秩序。荣格认为："曼陀罗经常出现于心理紊乱的状态下。他们画曼陀罗的目的在于减少心理紊乱，保持内心秩序，虽然病人在意识层面未能意识到这点。然而，他们所表达的正是秩序、平衡与完整。"㊀

荣格的曼陀罗作品《普天大系》体现了"秩序"这一主题，见图1.1。我们可以直观看到，这幅作品中，包含了很多动物，如蛇、鼠、虫等。荣格在写给瓦尔特·科尔蒂的信中评论了这幅作品："它描绘的是宏观世界中微观的二律背反和其自身的二律背反。最上方长着翅膀的蛋中的男孩叫艾瑞卡派奥斯或法涅斯，使人联想到俄耳甫斯神的精灵形象。在底部与之对象对应的黑色部分是阿布拉克萨斯，他代表的是世界的主宰，现实世界之主，是矛盾本质的创世者。我们看到生命之树在这里发芽，标有 vita（生命），而上端相对应的部分是一棵发光的树，这棵树像一个有七条分叉的烛台，写有 ignis（火）和

㊀ Jung C G. Concerning Mandala Symbolism [M]. Princeton, NJ: Princeton, University Press, 1950: 49-60.

Eros（爱），烛光指向圣童的世界，艺术和科学也属于这个精神领域，长着翅膀的蛇代表第一个，长着翅膀的老鼠代表第二个（像挖洞活动）。烛台是基于神圣数字三的原则（小火焰是三的两倍和中间的大火焰），而底部的阿布拉克萨斯的世界特征是五，这是自然人的数字（他的星星的光线是五的两倍）。与自然世界一起的动物是邪恶的怪物和一条幼虫，代表死亡和重生。曼陀罗另一种是水平对应。在左侧，我们看到一个环，代表身体或血液，有一条盘在菲勒斯上的蛇，这是繁殖原则。蛇是黑暗和光明，代表地球、月亮和宇宙空间的黑暗世界（因此被称为撒旦）。富饶而充满光明的世界在右侧，这是来自明亮的环，圣灵的鸽子张开翅膀，智慧从双重杯中向左右两侧洒开，这个阴性的环是天，有锯齿线或射线的大环象征内在的太阳，其内部是宏观世界的重复，但在较高和较低的区域像在镜子中一样被反转。这些重复应该被视为无尽的数字，变得越来越小，直到核心处抵达真正的微观。"⊖

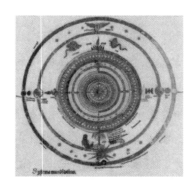

图 1.1　荣格的曼陀罗作品《普天大系》

⊖　荣格. 红书 [M]. 周党伟，译. 北京：机械工业出版社，2018：564.

在这幅作品的描绘和分析中,荣格首先用各种方式表达了"对立",包括圣童世界和现实世界的上下对立,黑暗世界和光明世界的左右对立,死亡和重生的对立等,这些宏观世界和微观世界中的对立,此刻被统合到了同一幅图中,有了一定的规则和秩序。

哈姆斯分析了这幅画,认为荣格表面似乎是在为世界物种定位,实际上是通过象征的方式为自己内心建立秩序。[一]也就是说,荣格似乎表现出要将外在的生物体系进行排序的愿望,其实这表达了其内心也试图在混乱中构建全新的秩序的愿望。

在曼陀罗绘画中,绘画者一开始动笔时,点、线、面往往是无序的,然而随着绘画过程的进行,图案越来越有序、有规则。这个过程中,并没有人告诉绘画者如何建立图案规则,这个规则完全是由绘画者根据自己的感觉而自发建立,由本心而发。这个过程也就是整合过程在画面上的最初体现,象征着内心秩序和平衡自然而然的重新建立。

和其他的具象绘画、抽象绘画更注重状态相比,曼陀罗绘画则更注重过程,荣格的这幅作品可以看作是人格面具和阴影的之间打破旧秩序,建立新秩序的过程。人格面具之间不断分化统合,而低等动物所代表的阴影部分也得到了表达和梳理,同一幅画,体现的是对人格面具、阴影这两个方面的秩序性梳理的过程。值得注意的是,这个内部规则不是从外界听来的,而是在将外界规则和自身实践生活相结合的基础上自然而然地呈现出来的。通过领悟,各个人格面具之间都在允许的范围内被看到,得到了一定程度的表达,并在一定的框架下互

[一] Harms D. The Geometry of the Mandala [J]. *Jung Journal: Culture & Psyche*, 2011, 5 (3): 145-159.

相妥协。

第二是能量向内聚焦。图1.2这幅作品是荣格的一位来访者在治疗过程中所画的曼陀罗，体现的是"整合"这一主题。荣格对这幅作品印象深刻，将其命名为《四位一体》，这个名称就意味着不同心理原型智慧老人、阿尼玛、智慧老人对立面的整合。

图1.2　荣格来访者的曼陀罗作品《四位一体》

在《荣格全集》中，他的分析如下："中央是一颗星，蓝色的天空中飘着金色的云。我们在四个'极点'都能看到人的形象：顶端是一位沉思的老人；底部是洛基或赫菲斯托斯，有着火红的头发，手中托着一座神庙。右侧和左侧分别是一明一暗的女性形象。四个形象分别表示人格的四个方面，或者说是四个原型人物，处在原我的四周。可以很容易看出来，两名女性代表的是阿尼玛的两个方面。老人相当于意义或精神的原型，而黑暗的地府人物则是智慧老人的对立面，也是魔法的（有时是毁灭性的）路西弗元素……闭合的圆形天空含有结构或组织，像是原生动物。圆圈外用四种颜色画的16个球体最初来源于一个眼睛的主题，因此象征有观察力和辨别力的意识。同样，下一圈所画的内容都是向内展开，更像是面向中心的通道。而周围的装饰又顺着边缘向外打开,像是在接收外面的东西。也即是,在个体化的过程中,最初投射出去的气流向内流动,并在此被整合进人格中。这里是上与下的整合,男性和女性的整合,就像炼金术中的雌雄同体一样。"在写给雷蒙德·派珀的信中,荣格也对这一曼陀罗进行了分析:"是由一位年龄在40岁左右并受过良好教育的男性所画,他画这幅图也是为恢复情绪状态的秩序做的第一次无意识的尝试,无意识内容的入侵导致他情绪状态的失常。"⊖

荣格感受到这幅图中"早期投射的能量流再一次回收并且整合至人格中心来"⊖,体现的是能量由外向内的聚集过程。和《普天大系》相比较,《四位一体》更加突出"能量向内""整合"这两个主题。《普天大系》中所着重表现的是在混乱中建立的秩序,在这个秩序中主要是若干对立面的清晰显现。而在《四位一体》中,虽然也有对立面的存在,但是这些对立面都用人类的方式表现出来,具有了共同的特征,对立也不是那么明显。

这个过程可以说是对应了人格面具和阴影之间的进一步整合过程,通过能量的内部聚焦,个体所有的人格面具面和与之相反的阴影面之间得到了进一步关注,面具和阴影之间逐渐和解,以相对完整、平和的形象出现。

第三是能量向外辐射。整合之后内心开始有了真实的力量,这种内心的力量会用某种方式表达自己,即向内部世界和外部世界辐射能量。从荣格的《永恒之窗》《黄金城堡》中,都可以逐渐看到这种辐

⊖ 荣格. 红书[M]. 周党伟,译. 北京:机械工业出版社,2018:445.
⊖ 陈灿锐,高艳红. 心灵之境——曼陀罗绘画疗法[M]. 广州:暨南大学出版社,2014:12.

射能量的增强和扩大化。

　　能量向外辐射的过程也是阶段性的，首先以中间部分的自性为中心，能量辐射到个体内心的各个人格面具、阴影部分中，进一步打破二元对立，促进它们之间的整合，这所对应的是中国古代所说的"修身"的过程；随着这个过程的继续，能量进一步由个体内部向其所处的外部环境辐射，促进外界对立面的整合，所对应的是"齐家、治国、平天下"的过程。具体到生活情境中，表现为个体的能量对周围环境逐渐产生正面积极的影响。

　　《永恒之窗》是荣格根据他的梦境而画出来的，这个梦记录在《荣格自传：回忆·梦·思考》中。他梦见自己出现在英国的菲利普，在某个雨夜与一群瑞士的朋友走在当地的街道上。不久他们遇到了一个形状如同车轮的十字路口，好几条街道从这个车轮辐射出去，而交叉路口的中心则是一个广场，广场的中央是一个圆形的水池，水池的中央是一个小岛，虽然四周很黑暗，但中心的安全岛却显得十分明亮。安全岛上只长了一株开满红色鲜花的木兰树，他的同伴似乎看不到那棵树，而荣格却被它的美丽所征服；在《荣格全集》中，荣格评论："这幅画包括了花、星星、圆圈，打算把城市分成由中心向外周辐射的布局。整体看起来，如同一扇朝向永恒的窗。"荣格根据这个梦和这幅曼陀罗作品，在《荣格自传：回忆·梦·思考》中写道："通过这个梦，我明白了，自性就是方向与意义的原则和原型。其治疗性作用就隐含其中；对于我来说，此刻的顿悟就是要通往这幅画的中心，这个过程有治疗的作用；而有关我本人的神话也在这细微迹象中产生了。"㊀

　　㊀ 陈灿锐，高艳红. 心灵之境——曼陀罗绘画疗法 [M]. 广州：暨南大学出版社，2014：12－13.

在这幅《永恒之窗》中，由"中心"向"四周"的辐射，是一个意象在纸面上的表达，辐射的过程也象征着内心能量在个体内部的发散的过程（见图1.3）。

《黄金城堡》是荣格的一位来访者的作品（见图1.4）。荣格1930年在《黄金之花的秘密》中对其做了这样的解读："1928年，这是戒备森严的金色城堡……就像一座由城墙和护城河守备的城市，其中，一道宽阔的护城河环绕有16座守备塔楼的城墙，城墙内还有一道护城河。这道护城河环绕着中心的金色城堡，而城堡的中央是一座金色的神庙。"1952年，他在"曼陀罗的象征"中又再次复制了这幅曼陀罗，并加上评论："画的是一座中世纪的城市，有城墙和护城河，街道和教堂按照方形结构排列。内城也被城墙和护城河围绕着，就像北京的紫禁城一样。所有建筑的门都向内开，朝向中心，带有金顶的城堡象征中心。城堡也被护城河包围着，城堡的地面上铺的是黑色和白色的瓷砖，象征对立结合。"

图1.3　荣格曼陀罗作品《永恒之窗》　　图1.4　荣格曼陀罗作品《黄金城堡》

此时，荣格内心已经进入和谐有序的状态，并能够通过这些曼陀罗来理解内部心灵与外界现实世界之间的关系，从而催生了共时性概念。[一]荣格开始实现了内心能量向外部的辐射。

因此，荣格的曼陀罗之路就是通过表达性的方式，让心中的对立面整合，并重新建立秩序和平衡的过程。

在艺术疗愈过程中，曼陀罗绘画是一种最为有效而简单的创作性艺术疗愈方式，在保证绘画者安全感的前提下，绘画者在绘制曼陀罗的过程中，通过象征的方式展现及整合内心中的冲突及对立面，在此过程中得到心理调适，心理压力也会得到有效的疏导。个体可以在任何能体会到充足安全感的环境中实施这一过程。

第二节　分析心理学概要

一、分析心理学的特征

荣格思想最重要、也是最核心的本质议题是整合性和实践性。提到整合性和实践性，不得不先提到它们的反面，即对立性和教条性。

基督教和西方文明可以说是相依相存的关系。基督教是西方文明之源，它构成了西方社会 2000 年来的文化传统和特色。[二]荣格正是生长在一个传统的基督教家庭，而他所处的年代也正是西方社会物质文

[一] 陈灿锐，高艳红. 心灵之境——曼陀罗绘画疗法 [M]. 广州：暨南大学出版社，2014：14.

[二] 吴星辰. 西方文明之源——基督教 [J]. 天津市社会主义学院学报，2013（03）：53-54.

明飞速发展，但是普通人的现实生活却受尽苦难的时期。因此，荣格很早就开始对西方文明及其基督教源头进行了反思，他领悟到同时代西方文明的两个重要特点——对立性和教条性。

荣格对于"教条性"的领悟主要源自自己的家庭。虽然父亲是一名受人尊敬的牧师，然而敏感的荣格从小就窥出父亲在宗教信仰方面的不安。荣格很小就对《圣经》上的许多教义感到困惑，但是，当他向自己的牧师父亲请教这些困惑时，父亲总是像"害怕什么似的把它搪塞过去"，这让荣格感受到，父亲虽然是一位牧师，但是他似乎并不真正理解信仰的真谛，他所信仰的只是《圣经》中描述的上帝，是僵死的教条，用荣格的话说——他无视活生生的对于上帝的体验，或者根本无此体验，所以当其生活与信仰出现落差时，就对他所信仰的基督教产生了怀疑，然而，作为一名牧师，他又害怕自己的怀疑，在怀疑与害怕怀疑间，他陷入了痛苦。[一]父亲对信仰的这种"怀疑"和"害怕怀疑"的痛苦而矛盾的心理状态被年幼的荣格敏锐地洞察了。荣格在《荣格自传：回忆·梦·思考》中曾说过："**在我看来，很清楚，某种甚为特别的事情正在折磨着他，而我怀疑此事与他的信仰有关。从他无意识做出的暗示里，我可以肯定地说，他正在忍受着由于对宗教产生了种种怀疑而带来的痛苦。**"[二]僵化的教条无法给人以真实的安全感，因为这些僵化的教条要求人们只能无条件相信，而无法被人们所验证，人们对于无法亲身验证的事物会不由自主地产生怀疑——这是人类的天性和本能力量之一，即使是身为牧师的父亲也毫

[一] 尹红茹. 荣格与圣经的关系研究 [D]. 郑州：河南大学. 2009：11.
[二] 荣格. 荣格自传：回忆·梦·思考 [M]. 刘国彬，杨德友，译. 南京：译林出版社，2014：95.

不例外地拥有这种本能力量，但是作为受人尊敬的牧师，父亲又觉得自己应当毫不怀疑地去相信这些无法验证的教条，他没有和"怀疑"这种本能力量进行沟通，而是对它产生了畏惧和不安，又没有进一步和这种畏惧不安的情绪沟通，而是采用了忽略和回避的态度。忽略和回避并没有产生效果，它还是会时不时流露出来并被荣格所觉察——在"应当"和"本能"的纠结中，父亲陷入了痛苦。

荣格在早年就对基督教和基于基督教而产生的同时代西方文明进行了反思。善和恶是一对相对概念，也是人类历史上所探讨的永恒主题。荣格回顾了基督教的历史，他认为，基督教的教义并没有解决善恶的问题。基督教中充满了对立，光明与黑暗对立，上帝与魔鬼的斗争等；对于这些对立面的态度，基督教强调的是"扬善抑恶"，但是它在千百年里却未能将这个扬善抑恶的神话实现；基于基督教文明的西方文明主流道德观也在强调：**"人离开了德性，将是最肮脏、最残暴的、最坏的纵欲者和贪婪者。"**⊖ **"一个人较好的部分统治着他的较坏的部分，就可以称他是有节制的和自己是自己的主人。"**⊜ **"正是美德才使欲望成为合理的欲望。"**⊜——对于人性中"恶"，要采取压制、扼杀、消灭的态度——这些观点，看上去是那么的"光明、美好、正确"。遗憾的是，尽管一再强调要消灭恶，但是恶始终存在。荣格所

⊖ 苗力田. 古希腊伦理学 [M]. 北京：中国人民大学出版社，1989：586.

⊜ 柏拉图. 理想国 [M]. 郭斌和，张竹明，译. 北京：商务印书馆，1995：15.

⊜ 麦金泰尔. 谁之正义？何种合理性？ [M]. 万俊人，译. 北京：当代中国出版社，1996：192.

处的同时代的西方世界文明也正是如此：在理念上，西方文明强调人应该用善的一面来压制、消除恶的一面，这种价值观听上去无比正确，然而，尽管不断的强调以善伐恶，但在实际生活中，人与人之间、国与国之间的关系却似乎逐渐被恶所操纵；即使是物质上的飞速发展，也无法阻止同时代的人们在现实生活中所遭受的剧烈苦难。从某方面而言，物质发展甚至加重了人们的苦难，比如由于科技发展而出现了杀伤力更强的、破坏性更大的武器等。在荣格的有生之年，他作为时代见证人亲身感受到了两次世界大战的硝烟四起和炮火纷飞。生灵涂炭、遍地哀鸿的悲惨人间，也促使他进一步对于人性进行更深层次的探索。

到底是哪里错了？人性到是善还是恶？阴暗面只能靠打压和消灭吗？不能怀疑和无法亲身实践的教条能给人带来真实的安全感吗？——这些困惑，处于二元对立思维体系占主导的同时代西方文明，无法给荣格满意的答案。

值得庆幸的是，随着荣格同时代东西方文化的交流，荣格逐渐接触到了东方文化，也认识到了东方智慧的精髓和伟大之处。东西方文化的本质不同主要体现在以下两个方面：

首先，在东方哲学中，相较于对客体的上帝、神仙、救世主等外在力量及对僵化教条的崇拜，人们更倾向于发挥自身的灵活的实践能力去解决问题。

比如，同样是遭遇了洪水这一自然灾害，西方神话中的"诺亚方舟"和东方神话中的"大禹治水"就直观展示了东西方文化的底层逻辑的差异：

在诺亚方舟的故事中，上帝因为对邪恶荒淫的人类感到失望，所以打算用洪水淹没世界，而诺亚因为心地善良且信仰上帝，所以上帝提前将即将发生洪灾的消息告诉了他，他和全家得以建造方舟，最终在灾难中生存下来。

而在"大禹治水"的故事背景中，首先，洪水只是一种自然现象，并非是某位神仙发怒的结果；其次，人们始终积极主动地寻找治理洪水的途径，并没有现成的方法、技术、教条可以依赖。尧作为部落联盟首领一直积极地寻找治理洪水的能人志士和方法。一开始尧选择了鲧，但是鲧未能完成任务，后来，众人推举了鲧的儿子禹作为治水的首领，禹和人们团结一心，主动地运用自身所掌握的知识技术和资源，积极地寻找应对措施，最终领悟并顺应了自然规律，采取了疏通河道的方法成功治理了水患。

可见，在东方文明的集体潜意识中，面对困难时，人们最信赖的始终不是无法验证的神仙和教条，而是生而为人的最可贵的主体实践力量。这两个故事从本质上体现了实践性和教条性的区别。

其次，对于"善与恶"这个人类哲学中的永恒议题，东方文明比西方文明有着更深层次的、更接近真相的领悟和阐释：

在西方哲学中，有一个著名的"伊壁鸠鲁悖论"。伊壁鸠鲁是古希腊哲学家，他提出了一个上帝都无法解决的问题——如果上帝想阻止"恶"而阻止不了，那么上帝就是无能的；如果上帝能阻止"恶"而不愿阻止，那么上帝就是坏的；如果上帝既不想阻止也阻止不了"恶"，那么上帝就是既无能又坏的；如果上帝既想阻止又能阻止"恶"，那为什么我们的世界充满了"恶"呢？

这个悖论之所以会出现，本质上是由于西方哲学基于逻辑思考，人为地给万事万物贴上了"善"和"恶"的标签，在这个标签下思考问题，必然解决不了对立面之间的对立矛盾，也自然会产生伊壁鸠鲁悖论中的疑问。

而东方哲学则超越了二元对立思维，即超越了逻辑。东方智者们很早就对处于对立面两极的事物的名相和本质有了更深层次的、更接近真相的领悟：

在道家思想中，庄子在先秦时期就提出了"圣人不死、大盗不止"的观点，对善和恶的名相和本质提出了思考。道家认为，所谓善和所谓恶，实质上是人们站在不同的利益和立场的角度强行做的区分，而真实的善则是顺应自然的"上善若水"。

在佛家公案中，有一个著名的"割肉喂鹰"的故事，这个故事的背景反映了善和恶的关系：一只老鹰正要吃掉鸽子，如果老鹰吃掉鸽子，那么鸽子会死；如果老鹰没有吃掉鸽子，那么老鹰会被饿死。此刻，如果有一个人阻止老鹰吃鸽子，那么这个人是善还是恶呢？站在鸽子的角度，这个人当然是善的，但是站在老鹰的角度，这个人则是恶的。

在儒家典籍中，"子贡赎人"的故事也反映了类似的思想：鲁国有一项仁政——如果鲁国人在其他国家见到有鲁国同胞沦为奴隶，如果能花钱将同胞赎出来，使其摆脱奴隶身份，那么救人者将会得到国家的补偿和奖励。孔子的徒弟子贡有一次站在自以为"善"的角度，花钱帮助同胞摆脱了奴籍，却拒绝了国家的补偿。然而，这个"自以为善"的举动却被孔子批评了。孔子认为："不向国家领取补偿金，以后鲁国就没有人再去赎回不幸的同胞了。"子贡的行为本质上是在人为地树立某个道德标杆，短期内虽然可以让自己产生"道德优于别人"的自我良好的感觉，但长期来看，这种行为其实将所有"领补偿金"的合理合法的行为定义为"不善"，必然会导致救人的行为越来越少。

可见，在东方哲学中，人们对于"善"与"恶"的理解并不是机械的、教条的、非黑即白的，而是辩证的、灵活的、对立统一的。这反映了东方哲学的整合性特点。

从卫礼贤的引路开始，荣格开始关注东方智慧。他的理论吸取了大量东方智慧的精华，他越来越多地反省同时代西方文明的对立性和教条性，而将东方文化的整合性与实践性和自身的生活和工作实践紧密结合起来，并提出了独特而完整的分析心理学理论体系，主要包括了人格结构理论、人格动力理论、人格发展理论、心理类型理论、心理治疗理论以及共时性理念等。

二、分析心理学理论体系

荣格的分析心理学体系包括了人格结构理论、人格动力理论、人格发展理论、心理类型理论、心理治疗理论、共时性原则以及自性化理论等。在本质上，人格动力理论描述的是心理能量，而人格结构理论描述的是心理能量的活动场所；心理能量作为生命力的表现方式，它们本身是"本无差别"的，但是当它们处于不同的活动场所中、被头脑贴上不同的标签后，它们所呈现的状态则是不同甚至相反对立的。每个人的内心，都有着形形色色的面具能量和阴影能量的分离和对立，都存在着各式各样的情结，这主要是基于每个人的成长过程都有独特性。从个体发展的角度，即纵向的角度，荣格提出了人格发展理论；从群体类型的角度，即横向的角度，荣格将人群划分为两大维度的八种类型。荣格结合自身的工作及生活实践，提出了分析心理学的心理治疗理论，并提出了内心与外界关系的共时性原则，这两个部分都可以看作是荣格对于"心转"和"境转"的话题的阐释。而荣格的自性化理论，又可以看作是分析心理学体系的终极理论，它对应着个体的终级成长。

（一）人格结构理论

荣格认为，个体人格可划分为意识、个体潜意识、集体潜意识三个部分。其中，意识是能够被个体自我所感受到的那一部分心理活动；个体潜意识包含了一切被遗忘了的记忆、直觉和被压抑的经验，它带有很强的个人色彩，虽然属于潜意识，但是经过努力，部分个体潜意识可以进入意识层面从而被主体认识到；⊖集体潜意识是荣格提出的重要概念，它反映了人类在进化和发展的过程中累积的经验，是人格结构中最深层次及最有力量的部分，荣格认为集体潜意识和身体器官一样，是在漫长的遗传和进化发展的过程中产生的，是人类所共有的人格结构部分。

在人格结构理论体系中，荣格提出了原型、情结等重要的概念。

其中，原型是集体潜意识的内容，是一种本原的模型，其他各种存在都是根据这个模型而成型。原型也可以说是一种本能的趋向，荣格曾说过："原型是一种趋向，这种趋向构成这类主题的表象——细节上可以千变万化，然而又不丧失其基本类型的表象"⊜。在荣格提出的原型概念中，有几种最初的原型模式，比如人格面具和阴影、阿尼玛和阿尼姆斯、智慧老人、自性等。

而情结是指个人所伴有的观念上或者情感上的内容聚到一起而形

⊖ 叶浩生，杨丽萍. 心理学史 [M]. 上海：华东师范大学出版社，2009：244.

⊜ 荣格. 荣格作品集·第一卷 [M]. 张月，译. 南京：译林出版社，2014：81.

成的难以觉察和难以解开的心结。情结被触发之后会对个体产生极其强烈的影响，这种影响会涉及个体情绪和行为的各个方面。

本书作者借用荣格的人格结构理论中的人格面具、阴影、情结、自性等概念，在本书的相关概念中，人格面具、阴影、情结、自性等既可以是集体潜意识的内容，也可以是个体潜意识的内容。

（二）人格动力理论

荣格的老师弗洛伊德认为，性欲的满足就是人格发展的动力，弗洛伊德给这种动力起名叫"力比多"。

荣格也沿用了弗洛伊德的"力比多"这个概念，但是荣格的"力比多"范围涵盖面却比性欲的满足要大，他认为"力比多"是一种普遍的生命力，性只是其中一部分，为了避免误解，荣格后来将"力比多"改名为"心理能"。

我国学者郑荣双、车文博等人认为，荣格的心理动力学主要基于三条原则，第一是对立原则，即任何现象都有其对立面，例如有好就有坏；第二是平衡原则，由对立的两极产生的能量平均地分配给双方；第三是熵原则，这主要用来表示对立双方的趋近。"熵"是荣格借用的一个物理学概念，其含义是所有物理系统"损耗"的趋势，也就是说能量逐渐呈现均匀分布的趋势。㊀对立原则、平衡原则、熵原则这三大心理能量活动的原则，决定了心理能量流动的方向和变化方式。

在本书后续内容中，为了方便叙述，本书作者会根据静态和动态

㊀ 郑荣双，车文博. 荣格心理学的东方文化意蕴 [J]. 心理科学，2008 (01)：236-238.

的描述需求,分别采用"心理能量""心理动力"等名称。

人格面具和阴影,既可以看成是一种对立相反的静态心理结构,也可以看成是两种彼此冲突对立、不断内耗的动态的心理能量或心理动力。

人格面具和阴影之间的对立,就像是一节电池的两极,只要正极能量存在,那么与之相反的负极能量就必然会存在。例如,你认为自己具有善良的一面,你就要承认自己有邪恶的一面,假如你对后者加以否认或压抑,其中的能量就会发展成情结——一种围绕由某些原型所产生的主题而形成的被压抑的思想和情感的心理丛;这些被压抑的思想和情感会自寻出路,比如进入阴影中操纵个体产生各式各样的所谓的心理问题等;当我们年轻的时候,能量充沛,因此,我们内在的两极表现得非常极端;例如女性力求突出女性的特征,而男性则力图表现男性的特征。随着年龄的增长,我们就不会对内在于自身的相反的性别特征感到恐惧,也就不再对各自的性别特征加以夸大和强化,到了老年的时候,男性和女性就变得日益相像了,也就是充分地认识到了自身的阿尼玛或阿尼姆斯,这是一个对自身独立两极的超越。㊀

人格面具和阴影这一对相反的心理结构所构成的纠结在一起的模型,可以称之为"情结"。情结就好比是一个场地,这个场地的核心特点是具有封闭性和循环性。在这个封闭的循环的情结空间中,每时每刻都充满了对立面的斗争,对立面的一方是人格面具,另一方是阴影,这两种力量在我们通常无法感知到的封闭空间中不断地博弈厮杀,并不断地制造循环的方式操纵着个体,让个体重复性地经历某种

㊀ 郑荣双,车文博. 荣格心理学的东方文化意蕴 [J]. 心理科学,2008 (01):236-238.

类似的命运。

正所谓"无善无恶心之体，有善有恶意之动"，人格面具和阴影本质上都是由心理能量构成的，而心理能量本质上是本无差别的，都是生命力的表现方式，却因为某种人为的需求或观念，被迫划分为对立面，并在情结空间中以内隐的方式冲突厮杀。

心理疗愈的本质，就是促进对立面的整合，打开情结空间，让原本对立、内耗中的心理能量流动并整合起来，成为真正促进个体自我实现的、丰富多彩的生命力。

（三）人格发展理论

荣格提出的有关人格发展问题的关键概念是人格分化和超越整合功能。

1. 人格分化过程

荣格认为，个体的心灵最初是一个混沌的整体。人出生后，意识开始获得发展，随着意识的逐渐发展，意识、潜意识实现分化，心灵不再是一个整体。意识发展的结果，一方面使人格分化成不同部分，带来心灵的分裂；另一方面就是自我（ego）获得了高度发展，意识开始逐渐更富有自己的个人特色，而和他人区别开来。

因此，所谓人格分化过程，是指个体精神的各种成分所经历的完全分化并充分发展的过程。人格分化过程就是个体对诸如阿尼玛、阿尼姆斯、阴影、人格面具、思维的四种功能以及精神的其他组成部分的逐步认识过程。只有当这些以前是混沌的、未分化的精神组成部分被认识、被分化时，它们才能找到表现的机会。

2. 整合过程——自性化

一旦人格分化过程出现后，超越功能就发挥效力。超越功能是一种对人格中所有对立倾向加以统一、完善和整合的能力。人格发展中的人格化和整合作用始终是相互交织在一起的，它们都是个体生而固有的。个人的精神从一种混沌的、未分化的统一状态开始，逐渐发展为一个充分分化了的、平衡和统一的人格。虽然发展的这一目标很难达到，但是人格的自我发展的需要却始终存在。

　　荣格以心理能量的聚散为依据来划分发展阶段，他把人格发展分为四个阶段：前性欲期、前青春期、成熟期和老年期。荣格认为，从40岁到老年，是人追求意义的最关键时期，人格发展受到许多条件的影响，包括遗传、父母、教育、宗教、社会以及年龄等因素。㊀

　　此后，自我会在内在整合力量的驱使下向自性（self）转化，当转化发生，一个新的人格中心（自性）就会显现，同时自我倾向被减弱。荣格认为这个历程会出现在中老年时期。首先出现的是承认自己的不足与限制，然后惊觉自己的分裂本质，在自性这一心灵整合力量的作用下，最终将分裂加以统合，从而实现完全的自性化。如果从自性发展的角度来讲，最后这个整合的状态也可称为自性实现。

　　整合的过程受到了"超越功能"的控制。荣格认为，超越功能具有统一人格中所有对立倾向和取向整体目标的能力。荣格说，超越功能的目的，"是伸长在胚胎基质中的人格的各个方面的最后实现，是原初的、潜在的统一性的产生和展开"。超越功能是自性原型得以实现的手段。同自性化的过程一样，超越功能也是人生而固有的。

　　人格分化的过程促使人格结构的分化而富于个性，而整合使得心灵的各个部分统一为整体。人格分化和整合这两个过程看似是相反

　　㊀ 唐天宸. 有关人格发展问题的理论思考 [D]. 南京：南京师范大学，2002：11.

的，但是实际上，这两个过程却是并驾齐驱的。也就是说，分化和整合在人格的发展中是并存的过程。它们齐心协力，共同达到使个体获得充分实现这一最高成就。

在一些论著中，自性化的过程亦包括了非觉察状态下的人格分化阶段，但本书从自我疗愈的角度，更多地将自性化过程和整合阶段相对应，因此，本书中的自性化过程更多指的是在觉察状态下的整合过程。

我们将在第三章中对自性化的相关概念进行进一步详细阐释。

(四) 心理类型理论

荣格从两个维度即心理能量的指向、个体和世界的联系方式等对心理类型进行了区分。他认为，根据心理能量的指向，个体可分为外向型个体和内向型个体；而根据个体与世界的联系方式的不同，则可以分为感觉、情感、直觉、思维四种类型。两个维度的成分排列组合后，八种性格类型包括：外倾感觉型、外倾情感型、外倾直觉型、外倾思维型、内倾感觉型、内倾情感型、内倾直觉型、内倾思维型。在现实世界中，这八种类型并非是分离的，有些人在不同的时候表现出不同的类型。荣格通过"内倾""外倾"，以及相应的"思维、情感、感觉、直觉"四种心理要素，组建与完善了其八种性格类型，这与《易经》中的太极、阴阳和四象、八卦有着内在联系。㊀

荣格认为精神病和神经症是两种基本心态类型的极端表现：极端内倾导致"力比多"从外部现实消失，进入一个完全私密的幻想和原

㊀ 高岚，申荷永. 荣格心理学与中国文化 [J]. 心理学报，1998 (02)：219-223.

型意象的世界，其结果是精神病；极端外倾则远离内在的完整感，转向过度关注一个人在社会关系世界中的影响，其结果是神经症。也就是说，精神疾病患者生活在内在潜意识之中，而神经症患者生活在他们的人格面具中。○[一]和传统精神分析学派强调童年时代的重要性相比，荣格更强调现阶段的重要性，他并不认为神经症的根源在于个体童年时期的经历，而是由现阶段的和外界环境的斗争中的挫折所引起的，可以在任何生命阶段出现。○[二]

荣格结合自身的工作及生活实践，提出了分析心理学的心理治疗理论，并提出了内心与外界关系的共时性原则，这两个部分都可以看作是荣格对于"心转"和"境转"的话题的阐释。

（五）心理治疗理论

荣格把心理治疗理论的发展分为四个阶段：宣泄、分析、教育、转化。

第一阶段：宣泄

宣泄阶段也叫意识化阶段，这一阶段由来访者主导，就是让潜意识中的被压抑的需要进入意识层面，让个体意识到它们的存在后，原有的心理症状就会减轻。这种疗法来源于布洛伊尔和弗洛伊德的"谈话疗法"，即来访者每说出一种心理创伤，那么这种创伤所引起的症状就会减轻。

○[一] 魏广东. 心灵深处的秘密：荣格分析心理学 [M]. 北京：北京师范大学出版社，2012.

○[二] 荣格. 心理类型 [M]. 吴康，丁傅林，赵华，译. 北京：桂冠图书股份有限公司，1999：365.

可以说，从布洛伊尔和弗洛伊德开始，宣泄或称意识化是心理动力学派所运用的共同的理念和阶段方法。但是，荣格认为，宣泄阶段所要表达的潜意识信息，不仅包括了个体潜意识的情结内容，也包含了集体潜意识层面的原型内容。

第二阶段：分析

分析阶段由来访者和咨询师共同进行，一般由咨询师占主导。弗洛伊德认为，在心理咨询的过程中，来访者会将自身的一些重要内容和关系投射到和咨询师的关系中，这个过程就是移情的过程。在适当的时候通过讨论、分析、解释这种移情的内容，让来访者能够认识到自己潜意识中的内容，有利于来访者解除症状及获得发展。荣格在这一阶段则更强调集体潜意识中的原型象征的作用，他认为，原型象征可以帮助我们理解移情，从而让我们理解潜意识的内容和要求。

第三阶段：教育

教育阶段就是咨询师适时给予来访者建议和引导的阶段，使其更加符合社会角色。这种教育和引导，是在经过前两个阶段宣泄和分析的基础上进行的，是在建议和讨论的基础上进行的，并不是简单地"说教"。

在荣格的不少案例治疗中，他曾经以社会性的方式纠正患者的人生发展或道德问题，来帮助患者认识其某种"原型"的发展方向正脱离实际社会的危险情况，这种指出在荣格心理学的治疗中并不是轻率的，而是在充分了解的基础上做出的反应。[一]

[一] 魏广东. 心灵深处的秘密：荣格分析心理学 [M]. 北京：北京师范大学出版社，2012：333.

第四阶段：转化

在这一阶段，"超越功能"开始发挥作用。随着咨询的继续，来访者逐渐放下了有关正常、社会适应的想法，而开始完全接纳内心中的对立面，内心逐渐整合成为一个整体，个体接纳了这个独特而完整的自己。

接纳对立面，成为一个"独特而完整的自己"，可以说是分析心理学心理治疗的最重要的目标。以上是荣格的心理治疗理论体系的四个阶段。

本书作者基于荣格的心理治疗理论的阶段，借用了荣格人格结构理论中的人格面具、阴影等概念，提出了心理咨询实践过程中的四大阶段：面具阶段、阴影阶段、冲突阶段和整合阶段⊖：

第一是面具阶段。在面具阶段的个体所认同的心理特征，是来访者自身所期待的那一面。面具阶段通常是心理咨询的初级阶段，通常起到了强化心理防御的作用。

人格面具作为一种心理原型，对个体的生存和发展而言，具有一定的积极意义，让个体可以待在自己的"舒适区"，而暂时不去面对阴影部分。因此，从这个角度来看，人格面具是有其积极的作用的，让个体存在于现有的舒适区即人格面具中，意识层面暂时不用面对创伤及痛苦。在我们年幼、弱小、无力的时候，人格面具在帮助我们适应环境的过程中起到了重要的作用。

对于心理能量较弱的、年幼的并且缺乏足够社会支持的个体来说，建立有效的人格面具及心理防御，是有其积极作用的，在短期

⊖ 童欣. 绘画心理调适：表达人设外的人生 [M]. 北京：机械工业出版社，2019：46-53.

内，可以帮助个体度过心理危机，找到力量感、安全感、归属感、价值感，哪怕这种力量是暂时的、虚假的、单薄的。他们可能暂时无法直接面对阴影和冲突，而阴影和冲突可能会导致严重心理危机的出现。虽然在心理调适的过程中，危机是必经的阶段，它可以看作是和阴影能量、冲突能量沟通的机会，但是在缺乏社会支持的情况下，打破来访者的人格面具让其直面阴影，可能会导致其直接被阴影面操纵而引起严重后果。所以，对于这类个体，可以第一步灵活地、循序渐进地帮助其建立暂时的人格面具。第二步，在咨询室中让其体会到被接纳、被抱持的感受，辅助进行正念练习，并尽力帮助其打造良好的社会支持系统之后，再引导其逐渐觉察阴影。除了建立防御之外，这一阶段咨询师的任务还包括促进人格面具的分化。例如，来访者A不能和卑劣阴影相处，他过分地追求价值面具，但是A的认知体系中恪守着这样一个信念：完美的才是有价值的。因此，A所恪守的价值面具的表现方式就是"完美"，在绘画心理调适的过程中，来访者此时的画面上就是"以一丝不苟的态度对待画面上的任意细节"，咨询师在评估的基础上，在引导其直面阴影之前，首先应该运用认知技术，促进来访者的面具进行分化，打破其绝对化观念。在这一阶段，咨询师除了引导其对价值面具的产生和发展过程进行觉察之外，还应进一步促进价值面具的分化，比如，通过绘画和绘画探讨的过程让其感受到价值感不一定要从完美中才能体现，其他的特质如生命力、自由、归属中也能展现出价值。在面具分化的阶段，起到主导作用的是认知观念等理性成分，情绪情感等成分参与相对较少。

第二是阴影阶段。在阴影阶段，来访者逐渐觉察到自身所不认同、不愿意承认、希望回避或消灭的那一面。通常情况下，阴影是被心理防御机制排除在意识之外的，个体意识层面并不能意识到它们的存在，阴影通常在潜意识层面发挥作用，操控着个体的行为，使得个体产生各类社会适应不良状况，或是产生各种心理或身体疾病。

然而，在很多情况下，阴影会用自己的方式让个体意识到它的存在，比如，身心症状已经突破了临界值，社会生活已受到了相对严重影响的时候，个体已经无法继续用心理防御机制来维持心理平衡了；或是经历了巨大的创伤，个体内部骤然失衡，惯用的心理防御机制失去效果的时候。

此刻，如果个体没有逃避，没有用新的人格面具去防御阴影，而是选择直面阴影时，就处于心理咨询的阴影阶段。

如果说在面具分化的阶段，起到主导作用是认知信念等理性成分；那么在阴影阶段，起到主导作用的就是情绪感受等感性成分。

如果说在面具阶段，咨询师的任务主要是用认知技术来促进其面具的分化，那么在阴影阶段，认知技术起到的作用可能就有限了，因为来访者要面对的是观念背后的羞耻、内疚、无助等这些让人难以接受的情绪。因此，阴影阶段咨询师主要的任务就是在引导其对这些情绪进行觉察的基础上，充分地表达共情、接纳，在来访者面对和这些阴影背后的回忆和联想时，和其共同面对原本这些难以面对的感受和情绪。

比如，上文中的来访者A在经历过价值面具的分化之后，咨询师可进一步引导其觉察和表达与价值面具相反的卑劣阴影及有关的回忆或联想，在这个过程中，咨询师让来访者体会到充分的被接纳感。

第三是冲突阶段。 很多时候冲突阶段是随着阴影的表达而同时出现的。冲突画是人格面具和阴影部分同时在绘画中出现，且二者是斗争冲突的状态。冲突往往是整合的早期阶段，在对阴影的表达和接纳过程中，很多时候不可能是完全顺利的，因为阴影层面的表达必然会引发面具层面的强烈反抗，面具就是为了维持完美小我而存在的，表达阴影,就意味着完美小我的危险和死亡,于是冲突爆发了。

另一层面,羞耻、内疚、无助等往往是个体最不愿意面对的感受,当它出现时,往往难以被正念觉察化解,而是被愤怒、憎恨等情绪"一级防御",而当连愤怒、憎恨也不愿意面对时,往往又被隔离、逃避"二级防御"……防御可能有林林总总的很多层且互相交织,它们在成长过程中保护过我们,但在现阶段却限制了我们。

直面阴影的过程,首先就打破了隔离这种"二级防御",所以,愤怒、憎恨等"一级防御"以冲突的形式爆发,这种冲突其实也是人格面具和阴影在深层次中一直以来的对抗。

阴影可以看作是一个生命体,面具也可以看作是另一个相反的生命体,而它们之间的这种更深层次的对抗的力量,即冲突能量,也可以同样看作是一个生命体。冲突作为一种动力,也希望能得到意识的充分觉察,因此,随着阴影的觉察和表达,冲突也越来越外显。

当心理咨询处于冲突状态时,往往是最危险也最关键的阶段,这一阶段是必须要经历的。此时,咨询师主要的任务除了对其进行充分的共情、接纳、抱持之外,更重要的是引导来访者充分感受、不评判、公正地对待冲突的双方或多方,因此此阶段应带领来访者运用正念技术、绘画心理调适技术等,促进来访者对冲突的觉察和理解,从而促进冲突的和解。同时,这一阶段出现危机外显行为的概率较其他阶段都更高,社会支持系统的有力程度对于其恢复和发展至关重要。

第四是整合阶段。 经过冲突期的各种力量彼此之间互相理解和接纳之后,内心开始整合,此时无论是外在表现还是内心感受均趋于平静、真实感和力量感。

当咨询处于整合阶段时,咨询师的主要任务是帮助来访者去不断领悟和体验冲突各方的立场和趋于整合的过程,进一步促进其内在关系层面的整合，同时，引导来访者将这种整合迁移运用到现实生活中的各个方面中去。

咨询阶段总趋势上是按照面具—阴影—冲突—整合这个顺序呈现。然而，在实践过程中，针对某个具体的来访者而言，面具、阴影、冲突、整合并非一定按照这个固定的顺序出现，中间会不断地出现反复；这些阶段之间也并不是截然分开和对立，在同一阶段中，来访者在着重表现出某一种状态的基础上，也有可能表现出多种状态。

在实践中，咨询师要时时刻刻以来访者为中心，咨询师和来访者一起发挥主体领悟力，敏锐地感受来访者此时此地所处的阶段和呈现的状态，加以适时引导。

总之，用心理咨询技术促进内心各种力量整合的过程，可以看作是内心转变的过程，也即是"心转"的过程，这一过程往往会对应着"境转"，也即外境的转变过程。

（六）共时性原则

共时性原则也是非因果性联系原则。"共时性"一词是荣格在1930年5月10日举办的卫礼贤纪念会致辞中首次提出的，之后在其论著中被不时地提及。㊀荣格认为，共时性指的是某种心理状态与一种或多种外在事件同时发生，这些外在事件显现为当时的主观状态是外在事件的有意义的巧合。㊁共时性现象是东方文化在荣格思想中的最直

㊀ 申爽. 体制与人性的博弈——以荣格理论探析《美丽新世界》中重要角色的人格发展 [J]. 今古文创，2022（02）：7-9.

㊁ 荣格. 心理结构与心理动力学 [M]. 关群德，译. 北京：国际文化出版社，2018：301.

观的体现，它来源于道家的经典著作《易经》。《易经》中的基础思维方式和西方是截然不同的，荣格曾说"这种建立在同步性原理基础上的思维在《易经》那里达到了顶峰，它是对中国整体思维最纯粹的表达。而在西方哲学史上，这种思维自赫拉克利特之后就已经销声匿迹，直到在莱布尼茨那里才又出现了微弱的回声。"㊀

荣格指出，这种《易经》的"科学"，所依据的正是共时性原则。中国文化中所谓的"道"体现了人与天地的连接，人与自然法则的连接，人与宇宙规律的连接，所以道是天人合一，是终极规律。㊁《易经》这种"非因果律"的思维方式对现代西方人而言和他们原有的"因果关系"的思维是截然不同的。㊂东方文化中关注的"概率"，在西方文化中是要努力避免的，但是荣格的"共时性"思想，体现出一种"概率"上的吻合。㊃

荣格曾用几个有趣的例子阐释共时性原则：

> 荣格与中国文化的邂逅就暗含着奇妙的共时性现象。1938 年，荣格刚绘制完一幅曼陀罗作品，画完之后，他猛然发现此作品包含了很多中国元素。过了几天之后，他的好友兼东方文化的引路人——卫礼

㊀ 荣格，卫礼贤. 金花的秘密：中国的生命之书 [M]. 张卜天，译. 北京：商务印书馆. 2016：9.

㊁ 胡孚琛. 中西文明在现代心理学上的创新——申荷永教授、高岚教授《荣格与中国文化》序 [J]. 社会科学动态，2020（04）：127-128.

㊂ 沈之菲. 荣格与中国文化的心灵感应 [J]. 大众文艺，2022（05）：122-124.

㊃ 王振东. 当荣格遇见中国，在中国遇见荣格——评申荷永教授与高岚教授之《荣格与中国文化》[J]. 心理研究，2019，12（05）：477-480.

贤就给他寄来了东方道家的著作《金花的秘密》，荣格也由此开始和东方文化一生的不解之缘。"曼陀罗作品中的中国元素"和"在好友的引路下开始接触东方文化"，这两件事情虽然从表面上看是没有什么因果关系的，但是，荣格认为，这两件事正是生活中"共时性"的直观表现。

1949年4月1日，荣格记下了如下事件：今天是周五。我们今天中午吃了鱼。正好有人提及那种把某人捉弄成"四月鱼"（指愚人节被人捉弄的人）的风俗。就在同一天早晨我还记下了一段题词：人类总的来说是来自尘埃的鱼。那天下午，我跟一个已经几个月没有见面的病人见面了，他给我看了他所画的几幅让人印象深刻的画，画面上有一些鱼。晚上，有人给我看了一个刺绣的图案，上面绣的是像鱼一样的海怪。4月2日的早晨，我的另一个几年没有见面的病人，告诉我她做了一个梦，在梦里她站在湖边，看到一条大鱼朝她游过来，停在她的脚下。这时我正在对历史上的鱼象征进行研究。这几个人中只有一个知道我在做这个研究。[一]

共时性反映的是内心世界和外部世界的同步性。在中国古代，儒家典籍中也有很多对于这种内心和外境的合一现象的阐述，如："内圣外王""修身、齐家、治国、平天下""君子居其室，出其言，善则千里之外应之，况其迩者乎。居其室，出其言，不善则千里之外违之，况其迩者乎……言行，君子之所以动天地，可不慎乎？"[二]等。

[一] 荣格. 心理结构与心理动力学 [M]. 关群德，译. 北京：国际文化出版社，2018：219.

[二] 李鼎祚. 周易集解 [M]. 成都：巴蜀书社，1991：270.

这些思想均反映了人的言行和外境的对应关系。内心和外境的对应关系可以理解为个体对细微之处的觉察和领悟过程，以及心理能量由内辐射至外的过程。

和共时性现象相关的是两个有趣的心理学现象，即吸引力法则和墨菲定律。吸引力法则指思想集中在某一领域的时候，跟这个领域相关的人、事、物就会被它吸引而来；墨菲定律指事情如果有变坏的可能，不管这种可能性有多小，它总会发生。吸引力法则即"美好的事情能够被心想事成"，墨菲定律即"越怕什么越来什么"。这两者看上去是截然相反的，但是其实是同一回事，都强调了内心和外境的对应关系。

荣格的共时性思想让他的理论带上了形而上的色彩，也曾因此遭遇批评。其实，从心理学角度，共时性并不是什么玄学，而是可以用注意力资源的分配、吸引力法则、移情和反移情等心理学相关原理和过程来解释。

在心理咨询中，高度专注状态下的咨访双方在互动中，常常能够真实地感受到这种奇妙的共时性现象。本书作者在后文中将会结合具体实例讲解共时性现象及其背后的心理学原理。

（七）自性理论

荣格的自性理论可谓是分析心理学体系的"终极理论"，它涉及到两个重要的概念即自性、自性化。

什么是自性呢？自性是荣格学说中最重要和核心的概念。荣格认为最深层次的也是最重要的原型即是自性原型。[一]自性是包括意识和无

[一] 李晔. 荣格理论与严歌苓笔下的人物 [J]. 中国政法大学学报，2021（02）：264-275.

意识在内的整个心灵及其中心，其他原型都是由它产生的，我们对自性原型的体验就是上帝的意象。㊀也就是说，自性就是"内部的上帝"㊁。自性是人在心灵成长的过程中不自觉地体验到的心灵的完整性或宇宙的完整性，或由于心灵的分裂或出现困扰、混乱而防御性地体验到趋向完整性的力量。㊂

而自性化，则是"进入"自性的过程。荣格认为：（自性化的）含义是个体在经历了一系列艰难困苦或精神痛苦之后，能超越自我而进入更大的心灵整体（自性）或宇宙的世界（与自性相对应的宇宙整体）中，从而获得完整性。㊃自性化就是这样一种过程：一个人最终成为他自己，成为一种整合性的、不可分割的，但又不同于他人的过程。㊄

如何实施自性化呢？荣格将积极想象视为自性化的王者之道。㊅积极想象是分析心理学的核心技术，它主要来源于荣格的自我分析体验。

有关自性、自性化和积极想象等概念解释，本书将在第二章中结合理论分析和个体实践进行详细阐述；有关以上概念的具象演绎过程，将在第四章至第八章中结合具体案例来分析阐释。

㊀ 施春华. 心灵本体的探索：神秘的原型 [M]. 黑龙江：黑龙江人民出版社，2002：236.

㊁ 施春华. 心灵本体的探索：神秘的原型 [M]. 黑龙江：黑龙江人民出版社，2002：159.

㊂ 施春华. 心灵本体的探索：神秘的原型 [M]. 黑龙江：黑龙江人民出版社，2002：237.

㊃ 施春华. 心灵本体的探索：神秘的原型 [M]. 黑龙江：黑龙江人民出版社，2002：157.

㊄ 申荷永. 荣格与分析心理学 [M]. 北京：中国人民大学出版社，2012：77.

㊅ 申荷永，高岚. 荣格与中国文化 [M]. 北京：首都师范大学出版社，2018：212.

故纸堆中的自性化
分析心理学视域下的心理史学理论与实践

第二章
研究目的、研究方法和研究对象

第一节 研究目的

一、对分析心理学理论进行补充、深化和发展

本书将荣格理论尤其是"自性"理论和马斯洛的需求层次理论、正念疗法，以及中国传统文化中的相关概念和理论结合起来，旨在用中国传统的方式，对荣格提出的概念、结构、理论和方法等进行进一步的补充、深化和发展，旨在形成更具"中国特色"的荣格学说。

二、通过案例分析来展示和阐释自性化

目前国内外大多数对于"自性化"的研究都限于概念探讨上，而"自性"这一概念本身又是超越概念、文字、逻辑的，这就决定了基于概念和文字的探讨无法直观地阐释自性化的本质，更无法用头脑所擅长的"逻辑"来理解"自性"，这不得不说是一个矛盾和悖论。

本书旨在打破这一困境，拟通过具体实例来演绎自性化的过程，即基于荣格的分析心理学视角对具体个案进行心理分析，以此来阐释和解读"自性化"这一概念。

第二节 研究方法

基于第一节的研究目的，本研究采用了文献研究法和历史心理分析方法作为研究方法。

一、文献研究法

通过互联网与图书资源检索相关文献及资料，主要范围包括：分析心理学、心学、道学、唯识学、禅宗、需求层次理论、正念疗法、历史文献、人物传记等，通过对文献资料的研究，对荣格的自性、自性化等概念及分析心理学体系中的其他相关理论和概念进行界定，并采用理论推演的方法对荣格和中国传统文化和其他心理学理论的相关概念进行比较，对分析心理学进行补充、深化和发展。

二、历史心理分析法

本书借鉴了"历史心理分析"亦称"心理史学"的研究方法，通过选取历史上的杰出人物作为研究对象，对他们进行基于心理史学的分析过程，来具象化地展示自性化的过程。

历史心理分析方法，即运用现代心理学、精神分析学的理论与方法，通过对历史人物的个体和群体的心理活动及特征分析，对历史现象做出解释和研究的方法。[一]具体的方法又进一步细分为：个案分析

[一] 王海燕. 浅议历史心理分析方法 [J]. 明日风尚, 2017 (15): 350.

法、史料心理测量法、作品分析法、原因汇总法、投射分析法、外相分析法、社会环境分析法等。○

(一) 历史心理分析法的理论和实践

弗洛伊德可以说是历史心理分析方法的开山鼻祖，1912年，弗洛伊德出版了《达·芬奇的童年回忆》，这一著作标志着历史分析心理学的正式诞生。在该书中，弗洛伊德以俄国作家梅莱兹考夫斯基所写的达·芬奇传记小说为依据○，以达·芬奇——这位在若干领域都堪称是天才的成长经历为着眼点进行精神分析，来探究这位天才的内心世界。弗洛伊德认为"抽象的精神分析理论适用于史学文献，它是能够打开过去无意识心理的一种详尽而又聪明的分析方法"。○

在这之后，弗洛伊德又在一系列专著中论述了历史心理分析方法。如1913年在《图腾与禁忌》中用俄底浦斯情结导致的杀父情节衍化出图腾与禁忌的起源，进一步提出文明的根源在于原始部落中对于领袖地位的争斗；1930年在《文明及其缺憾》中，弗洛伊德探讨了"生本能"与"死本能"在现代生活中的基础性价值，分析了现代文明与战争的心理基础；1936年在《摩西与一神教》中，弗洛伊德进行了对宗教问题的心理学思考，在宗教信徒对摩西的信仰问题中提出宗教的本质是被压抑意识的再现。○

○ 孙明涛. 中国心理史学方法论研究 [D]. 昆明：云南大学，2017：113 – 116.

○ 朱立元. 美学大辞典 [M]. 上海：上海辞书出版社，2010：696.

○ 斯坦纳德. 退缩的历史——论弗洛伊德及心理史学的破产 [M]. 冯钢，关颖，译. 杭州：浙江人民出版社，1989：14.

○ 孙明涛. 中国心理史学方法论研究 [D]. 昆明：云南大学，2017：6.

第二章
研究目的、研究方法和研究对象

弗洛伊德运用精神分析理论的方法来进行历史研究,"它标志着心理学与历史学相结合的方向和道路,预示了精神分析学说对史学研究的影响"[一]

在弗洛伊德之后,新精神分析学派的埃里克森在弗洛伊德的历史心理分析的基础上进行了进一步的修正和发展。与重视本我和超我的弗洛伊德相比,埃里克森更加重视自我在人格发展中的重要作用。埃里克森在分析历史人物时,认为不能仅仅以性本能和性冲动来孤立地、片面地解释人物所有的行为,还须将社会、历史文化因素对历史发展的影响纳入考虑的范畴,因此,不论是唯性论、泛性论还是心理因素决定论,对于历史研究来说都是片面的;继弗洛伊德分析达·芬奇之后,埃里克森也试图运用改造后的精神分析理论分析马丁·路德、甘地等历史人物,并分别于1958年、1969年出版了《青年路德:一项精神分析学与历史学的研究》和《甘地真谛:富有战斗性的非暴力主义起源》两本著作;在《青年路德》一书中,他通过阐述路德的出生环境、童年经历、家庭、受到社会的影响,从而将其生命分为八个阶段;一般认为,埃里克森的《青年路德一项精神分析学与历史学的研究》一书拉开了心理史学研究进入全新阶段的序幕;在《甘地真谛:富有战斗性的非暴力主义起源》一书中,埃里克森从甘地的童年生活与经历、与父母的亲子关系中寻找甘地的非暴力思想的来源,进而阐述甘地的"非暴力、不合作"的主张并解释他的行为。[二]

[一] 罗凤礼. 历史与心灵:西方心理史学的理论与实践 [M]. 北京:中央编译出版社,1998:3.

[二] 柯文涛. 论教育史研究中的精神分析心理史学取向与个体传记研究 [J]. 现代教育论丛,2019(03):64-69.

由于埃里克森的成功，精神分析心理史学进入了一个快速发展时期，其学术声望和地位有了很大提高。精神分析心理史学的兴起带动了整个心理史学在 20 世纪六七十年代的繁荣。

在国内，历史心理分析研究的理论基础除了上述的弗洛伊德的精神分析理论和埃里克森的精神分析理论之外，主要还包括巴甫洛夫的高级神经活动类型理论、赫根汉的人格类型理论、皮亚杰的发生认识理论、马斯洛的需求层次理论、科胡特的自体客体经验理论等；除此之外，彼得·霍弗的认知失调理论、阿德勒的自卑心理理论、怀特的文化环境理论、哈维·阿谢尔的社会学习理论、集团压力理论、服从权威理论等理论框架也在中国狭义心理史学研究中起到了不可或缺的作用。㊀

但在国内，通过荣格分析心理学视域进行历史心理分析的则相对较少。目前已有的研究包括：严一钦从荣格的人格类型理论的角度给刘邦做了人格分析，认为其具有介于外倾感觉思维感知型（ESTP 型）和外倾感觉情感感知型（ESFP 型）之间的人格特点；㊁罗昌繁从荣格的情结理论的角度分析了宋徽宗的"金石情结"，认为艺术上较高的自我效能感逐渐构成宋徽宗的金石情结，此情结在宋徽宗登位之后又因其政治宏愿得以继续强化，在其统治期间潜意识地支配其政治心理，有意或无意地外显为治国行为；㊂王东杰将分析心理学派的梦论和

㊀ 孙明涛. 中国心理史学方法论研究 [D]. 昆明：云南大学，2017：112.

㊁ 严一钦. 从心理史学看刘邦的成功 [J]. 领导科学，2019 (07)：68-71.

㊂ 罗昌繁. 雅好与政治：宋徽宗的金石情结与碑刻政治——一个心理史学研究的尝试 [J]. 中原文化研究，2020，8 (05)：66-77.

心理能量流动等融入对清初思想家颜元的学术之路的解读中;⃝一辛田静从荣格的人格面具理论的角度,对吕碧城的童年经历对其成年后人格的影响进行了分析;⃝二胡志坚、张维康等分别结合荣格对于人类动机的解释,对蔡元培、蒋经国等历史人物的行为实践动机进行了分析。⃝三⃝四

综上所述,我们可以看出目前心理史学的研究特点:首先,从研究目的上来看,目前的历史心理分析的研究目的更多地在于研究历史上的"人物"和"事件",更多地将心理学理论当作是研究历史人物和历史事件的手段和助力,很少有研究是通过对历史人物和历史事件的分析,来阐释某种心理理论;其次,目前的心理史学的研究,尤其是国内的心理史学研究,和荣格的分析心理学和心理史学的结合相对较少,仅有的少许研究也是选取了分析心理学体系中的某个单一概念来进行;再次,目前的心理史学研究,其理论来源几乎全部都源于西方,而将中国传统文化作为理论来源的几乎没有。

(二) 本研究在方法上的补充和拓展

基于以上原因,本书希望将荣格的分析心理学理论、马斯洛的需

⃝一 王东杰. 血脉与学脉:从颜元的人伦困境看他的学术思想——一个心理史学的尝试 [J]. 华东师范大学学报 (哲学社会科学版), 2018, 50 (05): 1 - 15.

⃝二 辛田静. 民国 "奇女子" 吕碧城及其女子教育思想 [D]. 上海: 上海师范大学, 2015.

⃝三 胡志坚. 自我统摄下的心理与行为 [D]. 武汉: 华中师范大学, 2005.

⃝四 张维康. 心理史学视角下蒋经国赣南新政原因解读 [J]. 赣南师范大学学报, 2018, 39 (05): 19 - 25.

求层次理论、正念疗法以及中国传统文化和心理史学的研究方法进一步结合起来。除了为用案例来阐释解读自性化过程这一研究目的服务之外，这样做也有利于：

1. 补充历史心理分析方法的理论来源。首先是进一步促进荣格的分析心理学在历史心理研究中的应用价值，将分析心理学体系中的多个概念和历史心理研究法结合起来；其次是将中国传统文化中和荣格分析心理学相关的概念相结合，在此基础上，将中国传统文化也融入历史心理研究的理论框架中来。

2. 拓展历史心理分析方法的应用范围。本书在借鉴历史心理分析方法的研究范式的同时，旨在拓展历史心理分析方法本身的应用范围，本书不仅将心理史学作为对历史现象做出解释和研究的助力，更重要的是，也将其作为阐述抽象的心理学理念和过程的重要途径。

3. 扩大历史心理分析方法的研究对象。本书不仅将历史上真实存在的个体纳入研究对象，也基于荣格的集体潜意识学说，将"虚拟人物"这一集体潜意识的具象投影纳入心理史学的研究对象中来，旨在演绎自性化的一般的、普遍的过程。

第三节　研究对象：明朝那些杰出人物

自性化，可以说是我们每个人的必经之路和必然目标，我们每个人在这一生中、在内心中多多少少都存在某些自性化的部分或自性化的瞬间。荣格认为，每个人的自性化过程都是独一无二的。因此，很难有一个绝对统一的标准去衡量自性化的程度。

然而，自性化的过程意味着心理能量的整合、通畅流动、向外辐射，这意味着给身心内外带来真实的、建设性的能量，因此，我们可以认为，杰出、优秀、给外界带来建设力——这些特质——可以作为我们直观感受个体自性化程度的参考。

以人为镜，可以明得失。对历史上杰出人物身上所发生的事情、以及对他们的心路历程和实践历程的分析，相对而言，可以帮助我们相对抽离地、直观地去认识自性化过程。

本书作者选择了几位明朝的人物作为研究对象。这主要是因为在所有的封建王朝中，明朝是一个特殊的时代。

从历史发展来看，明朝离我们所处的年代较近；且整个社会重视文化教育，识字率相对其他封建王朝要高；出版业的发展为人们传播述著、学说和观点提供了技术支持。

从社会制度来看，科举制度的规范不仅为明朝选拔了大量的虽出身寒微但青史留名的杰出人物，也促使了整个社会对文化教育的重视。无论是居庙堂之高还是处江湖之远，大量个体运用自己的智慧与现实世界进行着紧密的互动，并留下了大量的政绩、事迹、著作、论述等。

从哲学基础来看，阳明心学的发展让哲学从理论向实用转化，由少数人的空谈专利逐渐转化为普通人的实践日常，人们开始有意愿在日常生活中自我领悟。

此外，明朝流传下来的文史哲资料极其丰富。如今流传下来的不仅存在《明史》《明实录》等正史资料，还有大量的人物自传、他传、野史、文学创作、哲学观点等互相佐证，尽管有些材料之间是相互冲突甚至表达截然相反的观点,但是冲突本身就是重要的资源。对这些相互佐证、相互冲突的材料的分析和还原,可以帮助我们去探寻伟大人物的自性化历程。

也是基于以上几点,明朝尤其是嘉隆万时期有着极其发达的市井文学,这些文学或戏剧作品的主角不再是庙堂上的帝王将相,而是生活中的张三李四,普通人的悲欢离合开始被尊重、被关注和被表达,这些作品中不乏智慧的结晶:有的呈现出摆脱执念束缚的无情和慈悲,有的呈现出历经沧桑剧变的辛酸和淡然,有的呈现出历经磨难的小人物的不屈不挠和幽默自信……可以说,这些现实主义市井文学作品既是集体潜意识的智慧结晶,又是普通个体民众思想觉醒的标志;既是人类社会真实的抽象化概括,又是儒释道文化的具象化演绎。

所以,我们翻开历史的一页,来到明朝。在这里,本书作者主要选择了两个时代:充满混乱和机遇的开国年间以及充满失控和突破的嘉隆万时期。如果我们把整个明朝看成是一个人,那么在他的成长过程中,也包括人格分化时期和自性化时期。人格分化时期对应着开国时期,在混沌和混乱中逐渐建立秩序的过程,可以看作是人格分化的过程;自性化时期对应着嘉靖—隆庆—万历这三朝,原本的规章制度、思想体系开始逐渐被打破,这一时期可以看作是这个人自性化的时期。

两个时代中共选择了五位人物,其中有四位是现实存在过的人物:朱元璋、徐渭、李贽、张居正;另一位则是集体潜意识所投影的虚拟人物,即大名鼎鼎的《西游记》中的第一主角孙悟空。这五个个体,可视为人类历史上千千万万的杰出人物的重要代表。

一、开国年间——在混乱和机遇中建立秩序

我们的第一站就是明朝开国年间,乱世出英雄。万物合久必分、分久必合,当一个社会处于极端混乱的状态时,集体自性的力量就会自然而然地将它从"无序"引导至"有序";这是事物发展的客观规律。任何一个长治久安的王朝,其初始阶段往往都是从"无序"到"有序"的过程。

这些客观规律的实践者不是神仙,而是一个个具体的人。在同一阶段中,被历史赋予这一使命的人有千千万万,而其中的核心代表就是明朝开国洪武皇帝朱元璋。

因此,本书将政治家/军事家朱元璋列为研究对象之一。在第四章中,将主要结合朱元璋晚年自传《御制皇陵碑》、晚年心得《御注道德经》,以及其他史料、历史文献,分析朱元璋的自性化历程。

二、嘉隆万时期——在失控和突破中自我成长

我们的第二站就是嘉隆万时期即嘉靖—隆庆—万历年间。当"有序"达到了某种顶点就会有成为某种桎梏的倾向,此时,集体自性的力量由会以某种方式将它从"有序"引导至"失控、突破"的"无序"化,直至实施某种"超越"。

嘉靖至万历时期正具有以上特色。一方面,科举制度的深入人心让理学思想被读书人奉为圭臬,甚至逐渐从"规则和秩序"逐渐转化为一种"枷锁和桎梏";另一方面,随着社会的发展和王阳明的心学思想逐渐流行,理学思想又逐渐被打破。因此,这注定是一个有趣的

时代，是一个"理学"和"心学"不断斗争的时代，是一个失控和突破的时代，这种失控性和突破性，在这个时代的真实个体、虚拟人物、集体心理动力上均有所呈现。

在这一阶段中，本书选择了艺术家徐渭、思想家李贽和政治家张居正作为研究对象，结合自传、他传、史料、诗歌、文章和文艺评论等，分析这三位杰出人物的自性化历程。

三、超越时空——从虚拟人物中观照和内省

正所谓"学我者生，似我者死"，每个人的自性化过程和状态都是独一无二、不可复制的，正如自性化之于朱元璋是内圣外王，之于徐渭是适意明道，之于李贽是革故鼎新，之于张居正是力挽狂澜……自性化的过程绝不是对外在榜样人物的机械模仿，而是对自己内心的各种动力的觉察、抱持、表达、流动和整合。自性化的过程，本质上是自己和自己沟通的过程。所以，我们似乎难以总结自性化的一般的、普遍的过程。

然而，正所谓殊途同归、万变不离其宗，虚拟人物作为集体潜意识的结晶，本身就是超越时空、超越个体的存在，因此，通过对集体潜意识的虚拟投影的自性化实践的研究过程，我们又可以尝试总结自性化的一般路径。

严格意义上说，孙悟空也属于嘉隆万时期的"人"，它可以看成是这一时代集体潜意识的具象投影。自性化的本质离不开"实践"和"突破"这两个重要词语，从某种程度上说，自性化的过程其实就是一个"行之"（实践）、"悟之"（认知升级）、"空之"（打破对立）

的过程,这正对应着《西游记》中孙悟空的两个名号:"行者"和"悟空"。

因此,本书的研究对象除了几位历史上真实存在过的杰出人物之外,也包括了孙悟空这一集体潜意识的具象投影。以孙悟空的视角去领悟和见证自性化,有助于我们领悟自性化的相对一般的、普遍的过程。

故纸堆中的自性化
分析心理学视域下的心理史学理论与实践

第三章
自性化理论
及概念

在第一章中分析过，荣格的分析心理学的核心特征就是"整合性"和"实践性"，而整合性所对应的就是"自性"，而证悟自性的过程，就是通过实践而行的"自性化"。

第一节　自性

本书作者的前著《光影荣格：在电影中邂逅分析心理学》中，主要着眼点在于对"情结空间"的分析，情结空间主要包括面具动力、阴影动力，以及二者之间的冲突动力这3个部分。本书作者用了大量的笔墨、结合影视案例，对这些心理动力进行了详尽的描述和解释，旨在引导个体逐渐地领悟及突破情结空间对自身心理能量的桎梏。

那么，当情结空间得到突破之后，心理能量又会表现为什么样的状态呢？这就涉及荣格最重要的也是终极的概念——自性和自性化。这也是本书所要探讨的重点内容。

"自性"到底是什么呢？这很难用文字来描述，因为文字能够记录的往往是基于头脑功能的思维概念，而自性不是思维概念，不是头脑功能能够完全认识及描述的。大道相通，"自性"与中国传统文化中的"本心""良知""道"等概念有共通的地方。

大道至简。自从荣格提出了"自性"这一概念，荣格本人及后荣格学派有很多学者从各方面进行过分析，**而本书作者在理论分析和个体实践的基础上，更倾向于用"整合态"来概括描述自性。具体地说来，自性是一种"聚世界于己身的整合态"**。我们在后文中将着重分析这种整合态。

本书作者将继续结合荣格的分析心理学、马斯洛的需求层次理论、正念疗法以及自身对于中国传统文化的领悟，对"自性化"进行阐述。

"自性化"一词可以从过程和状态两个方面进行理解。它既是一种过程，也是一种状态。过程即是在自性的指引下内心境界的变化过程；状态即是在自性的指引下内心境界的外在状态表现。

每一个体的自性化状态和过程的"外在表现""成果"都是独一无二的：或为万里江山，或为锦绣文章，或为妙手丹青，或为运筹帷幄……由于自性和自性化不是思维概念，而是体验和领悟，是难以用文字来描述的，所以本书作者选取案例进行辅助解读。自性化的外在体现的一个重要方面往往是杰出，这种杰出可以表现为个体突破即突破了自身，也可以表现为集体突破即给集体带来了某种建设性的力量。因此，本书作者一方面选取了部分历史上真实的、杰出的个体人物，包括了政治家、思想家、军事家和艺术家等，结合现存史料对他们的内心进行分析；另一方面，也选取了一些优秀文学作品中的虚拟人物，对他们的心路历程进行分析。虚拟人物虽然不是真实的，但是却是集体潜意识共同投射的结果，是集体智慧的具象化表达，和现实人物一样，同样是伟大而杰出的。

一、自性的概念——整个心灵及其中心

"自性"可以说是荣格理论体系中最重要也是最终级的理念。荣格提出了诸多原型概念，其中，最深层次的也是最重要的原型即是自性原型。[一]"自性是包括意识和无意识在内的整个心灵及其中心，……其他原型都是由它产生的，我们对自性原型的体验就是上帝的意象（God‑image）。"[二] 换句话说，"自性就是'内部的上帝'"[三]。它是人"在心灵成长的过程中不自觉地体验到的心灵的整体性或宇宙的整体性，或者由于心灵的分裂或出现困扰、混乱而防御性地体验到趋向整体性的力量"[四]。向整体性也即神性的转化过程被荣格称为"自性化"。"人格的真正发展是个（自）性化，它是自我和自性原型不断地对话交流，自我不断地接近自性，也就是整合意识和无意识。"[五]

荣格强调："个（自）性化的含义是个体在经历了一系列艰难困苦或精神痛苦之后，能超越自我而进入更大的心灵整体（自性）

[一] 李晔. 荣格理论与严歌苓笔下的人物 [J]. 中国政法大学学报, 2021, 82 (02): 264-275.

[二] 施春华. 心灵本体的探索：神秘的原型 [M]. 哈尔滨：黑龙江人民出版社, 2002: 236.

[三] 施春华. 心灵本体的探索：神秘的原型 [M]. 哈尔滨：黑龙江人民出版社, 2002: 159.

[四] 施春华. 心灵本体的探索：神秘的原型 [M]. 哈尔滨：黑龙江人民出版社, 2002: 237.

[五] 施春华. 心灵本体的探索：神秘的原型 [M]. 哈尔滨：黑龙江人民出版社, 2002: 218.

或宇宙的世界（与自性相对应的宇宙整体）中，从而获得完整性。"①

二、自性的本质——聚世界于己身的"整合态"

荣格认为，人看起来只有"一个"个性，但事实上是由一群带有各自能量的次级人格共同组成的。为了实现人格的整体性，荣格提出了自性化的概念，他用自性化来说明心灵的发展。②荣格称自性在心灵结构与意识中的浮现为自性化。③

我国学者申荷永、陈灿锐等人对于荣格和后荣格学派的自性观进行了详尽的归纳梳理和精彩的总结述评，这些对于自性观的解释，也可以看成是对自性的性质的描述。其中，荣格的自性概念可以从4个方面加以理解：整合性、秩序性、整体性与中心性、神圣与超越性，如下所示：④

整合性是指心理对立面之间的整合，主要的内容包括意识与无意识、心理类型的优势功能与劣势功能、自我与阿尼玛（阿尼姆斯）以及人格面具与阴影等之间的整合。自性的整合性的机制是荣格提出的超越性功能。超越功能起源于意识与无意识间的张力，它旨在帮助二

---

① 施春华. 心灵本体的探索：神秘的原型 [M]. 哈尔滨：黑龙江人民出版社，2002：157.
② 黄娟娟. 论荣格分析心理学中人的自性化发展 [J]. 社会心理科学，2015，30 (01)：11-14.
③ 范红霞，高岚，申荷永. 荣格分析心理学中的"人"及其发展 [J]. 教育研究，2006，320 (9)：71.
④ 陈灿锐，申荷永. 荣格与后荣格学派自性观 [J]. 心理学探新，2011，125 (05)：391-396.

者的统一。之所以称为"超越"是因为它能够在意识与无意识两极间自由运动。荣格在论文《论超越功能》中写道:"对立两极的双方的相遇,诞生了充满能量的张力并创造了一个活生生的第三者——不是根据排中律得出的逻辑上的死产,而是在超越两极对立的运动,引向新水平的诞生,新的境界。超越功能以一种连接对立面的品质展现自己。只要对立面被分离——自然是为了避免斗争——它们就不起作用或毫无活力。"⊖超越功能与自性的关系可以这样理解:借助超越功能,自性指导着自性化。因此,自性的目的在于实现心灵的完整性,而超越功能可以整合意识与无意识、人格面具与阴影、个体与集体的对立,从而实现心灵的完整性。

自性的秩序性是在整合性的基础上所表现出来的众多对立面整合后和谐有序的状态。自性的目标在于心灵的完整性并给心灵指明了方向——自性化。荣格与弗洛伊德分裂后,很长一段时间失去了方向,整个人处于精神分裂的边缘。他通过进行曼陀罗绘画以保持内心的平衡与秩序。他在《荣格自传:回忆・梦・思考》中写道⊜:"当我开始画曼陀罗时,我便看出,一切东西,我一直在走着这所有道路,我一直在采取的所有步骤,均正在导向一个单一点——也就是说,导向居中的那个点。事情对我来说变得越来越清楚,曼陀罗就是中心。它是一切道路的代表,是通向这个中心,通向自性化的道路。"曼陀罗是自性的典型象征。绘画曼陀罗具有如下功能:整合意识与无意识的

⊖ Jung C G. The Transcendent Function. Princeton, NJ: Princeton University Press, 1957: 131 – 193.

⊜ 荣格. 荣格自传:回忆・梦・思考 [M]. 刘国彬,杨德友,译. 沈阳:辽宁人民出版社,1988: 333.

冲突、预防与修复内心分裂、领悟生命意义以及明确人生方向。荣格也让他的病人画曼陀罗，从而整合他们内心的紊乱，建立内在的秩序感。荣格在《论曼陀罗象征》中写道[1]："曼陀罗经常出现于心理紊乱的状态下。他们画曼陀罗的目的在于减少心理紊乱，实现内心秩序，虽然病人在意识层面未能意识到这点。然而，他们所表达的正是秩序、平衡与完整。病人经常强调，通过画曼陀罗，他们获益良多或让心情得以平复。"

整体性与中心性是指自性即心理的整体性，也是心灵的中心性：荣格从关于自性的梦的经历领悟到，自性既是心灵的整体，也是心灵的中心。在《分析心理学的两篇论文》中，荣格写道："意识与无意识相互补偿所形成的心灵完整性，这就是自性。根据这个定义，自性超越意识自我，它不仅包括了意识，也包括了无意识。"[2]自性作为心灵的整体性，经常用四方体或曼陀罗的意象来表现。荣格说："曼陀罗象征所有对立面的统一，它包含阴阳双方，也包含着天堂与地狱。曼陀罗是永恒平衡的状态。"在荣格后期的作品中，荣格认为自性是心理的整体，也是心灵的中心。荣格在《心理学与炼金术》中写道："我把这个中心称为自性，它应该被理解为心理的整体。自性不仅是中心，但也是包含意识与无意识的整体。自性是这个整体的中心，正

---

[1] Jung C G. Concerning Mandala Symbolism. Princeton, NJ: Princeton University Press, 1957: 384.

[2] Jung C G. Two Essays on Analytical Psychology. Princeton, NJ: Princeton University Press, 1966: 28 – 30.

如自我是意识的中心。"⊖

神圣与超越性：自我意识是个人意志、觉察与自我肯定的基础，具有适应社会功能。荣格认为，自我如同卫星，围绕着自性转动。自性包括自我。在《心理类型学》中他提到："我把自我与自性二者作了区分，因为自我只是我的意识的主体，而自性则是我整体的主体，因而它也包括了无意识心理。在这个意义上，自性将是一种保护自我的要素。"⊜当个体体验到比自我更为核心的自性存在时，就会体验到自性的神圣性。自性经常以象征着比自我更加优秀的人物出现。荣格在《爱翁》中指出⊜："比自我人格优越的人物，像是父母、叔舅、国王、皇后、王子与公主等，是自性可能的象征。也有象征自性的动物意象，如大象、马、牛、熊、鱼及蛇。这些是代表个人部落与民族的动物图腾。集体要比自我人格更为伟大。"因此，自性的神圣性常常与宗教意象联系在一起。荣格在《爱翁》中指出："正如我已经强调的，在实践中，自性或完整性自发的象征是很难与神的意象相区别。"在梦中或处于冥想状态时，自性原型可能会以上帝、佛陀、超人或智慧老人等这样的形象出现。但是，荣格告诫我们不要混淆神的意象与上帝本身。荣格说："心理学不做超自然的神明。心理学仅在心灵的完整性象征上与神的意象相吻合，但是神的意象不能被证明就

⊖ Jung C G. Introduction to the Religious and Psychological Problems of Alchemy. Princeton, NJ: Princeton University Press, 1957: 43.

⊜ 荣格. 人格类型学 [M]. 吴康，丁传林，赵善华，译. 西安：华岳文艺出版社, 1953: 517.

⊜ Jung C G. Aion: Researches into the Phenomenology of the Self. Princeton, NJ: Princeton University Press, 1957: 26.

是上帝本身，或者用自性去替代上帝。"○

　　本书作者认为，上述的 4 种特性——整合性、秩序性、整体性与中心性、神圣与超越性——其归根到底谈的都是某种"整合态"，这些特性都是基于整合态的基础上发生的，都是打破了某种"对立态"。

　　上文中的"整合性"，更多地描述的是个体内部心理场所或心理动力之间的整合，比如，意识与无意识之间的整合、优势心理机能和劣势心理机能之间的整合、男性与其内在阿尼玛之间的整合、女性与其阿尼姆斯之间的整合、人格面具和阴影之间的整合……这些更多地是在个体心理内部、微观层面发生的。

　　上述"秩序性"，可以看成是整合的一种结果，也可以看作是整合的一种表达方式，原先"各自为政"的心理动力、心理场所或心理机能，在整合成为一个系统、一个整体之后，自然而然地在这个更大的系统之中，按照某种规则有序地排列，或形成某种流动循环，最终形成某种合力（而不是像以前一样呈现的是一种无序的、对抗的、内耗的状态）。

　　上述"整体性与中心性"，则进一步突破了"小我"（自我意识）的界限，强调的是意识层面的自我和无意识的整合，个体潜意识和集体潜意识之间的整合，个人与他人、人与天地的整合，时间与空间的整合、内在心理能量和外在现实状况的整合，可以看成是内在的整合性、秩序性，进一步由个体内部状态辐射到外界、由微观辐射到宏观的过程，这一过程中显示出了某种圆融性和包容性。

　　上述"神圣与超越性"更强调的是智慧，是觉察能力及认知能力

○　Jung C G. Aion: Researches into the Phenomenology of the Self. Princeton, NJ: Princeton University Press, 1957: 26.

方面的升级，是自性能动力的证悟性升级，因为超越了"小我"的限制，自然也超越了"小我"桎梏下的思维逻辑，从而能够证悟更深层次的智慧，其外在表现往往是：在智慧老人的指示下，自身的认知系统得以升级。内心的智慧老人必将吸引某种外在投影，而这种"智慧老人的外在投影"，可以是某个良师益友，也可以是某个理念或学说，甚至是无意中看到或听到的某句话语，这些良师益友、理念、学说、话语等，会对个体产生发自内心的吸引力和引发精神上的深深的共鸣。

结合前人的研究和自身的工作与生活实践，本书作者认为，个体自性化的过程就是逐渐证悟自性的过程，即是在具体实践的过程中，无为而为地运用自身的意愿力、觉察力、抱持力，使自己的内心自然而然地呈现出某种整合性、秩序性、整体性与中心性、神圣与超越性的过程。

这几个方面是相辅相成、相互促进的，具体到某个个体的外在表现来看，这种整合性、秩序性、整体性与中心性、神圣与超越性可以表现为多个方面，也可更为明显地表现为某一个方面。

第二节 自性化

一、自性化的概念——以整合为结果的无为无不为的实践过程

荣格认为，自性化就是这样一种过程：一个人最终成为他自己，成为一种整合性的、不可分割的，但又不同于他人的过程。[一]荣格

[一] 申荷永. 荣格与分析心理学 [M]. 北京：中国人民大学出版社，2012：77.

1921年出版的《心理类型》一书中做了对自性化的最初定义。其基本特征是：①自性化过程的目的是人格的完善与发展；②自性化接受和包含与集体的关系，也即它不是在一种孤立状态发生的；③自性化包含着与社会规范的某种程度的对立。社会规范并不具有绝对的有效性。○

人格面具和阴影是一对相依相存、不可分割的对立面，追求对立面中的一方，势必造成对另一面的恐惧和压抑，这种内隐的对立冲突对个体心理能量是消耗性质的。因此，如果将对立面整合统一，直至实现自性化，是荣格理论所探讨的核心问题之一。荣格借鉴了佛教中的"中道观"，认为"通过中道达到对立面的统一是内心体验的最根本的一项"。○

同样，意识和潜意识也是相互依存、不可分割的整体，但是由于人类往往活在以意识为中心的自我中，所以无法感知和觉察自己的潜意识内容。所以，意识和潜意识，也可以看成是一对对立面。如果说"人格面具"和"阴影"这对对立面产生的核心在于"态度和情感"，那么"意识"和"潜意识"这对对立面产生的核心则在于"认知和思维"。

因此，从某种程度上说，自性化的过程，就是促进内心对立面整合统一的过程，通过对对立的原型意象的不断觉察和接纳，来不断地实现自性化。

○ 申荷永. 荣格与分析心理学 [M]. 北京：中国人民大学出版社，2012：77.

○ 莫阿卡宁. 荣格心理学与西藏佛教：东西方精神的对话 [M]. 江亦丽，罗照辉，译. 北京：商务印书馆，1996：122.

在上一章中，我们对荣格的分析心理学体系做了一个大致的概括，在分析心理学的基础上，本书作者借用荣格的相关概念，结合马斯洛的需求层次理论和正念疗法，提出了一些重要概念，包括心理能量、人格面具和阴影、情结空间和自动化行为、自性能动力、正念等概念。

因此，正如荣格所说，自性化表示"成为整体"。[1]再结合本书作者用"整合态"三个字概括了自性的本质，那么自性化的本质，则同样倾向于用简单的一句话来概括，那就是"以整合为最终结果的无为无不为的实践过程"。

二、自性化的主体——对"生命体"的荣格式解读

前文中我们探讨了自性化的概念。那么自性化的主体是什么？自性化由谁来实施？根据荣格的观点，我们可以得出这样的结论：自性化的主体即生命体。

"生命"是什么？19世纪初，生命作为一个科学概念正式出现在科学文献中。但是，200多年来，有关生命的确切定义，却依然没有正式的公论。不仅仅是生物学、医学、分子生物学等科学领域并未达成共识；在人文社科领域，如哲学、心理学等领域，对于如何定义、如何解读生命，也是各种观点百花齐放、百家争鸣。

对于"生命体"如何进行荣格式的解读呢？首先我们要从弗洛伊德和荣格两者对于"心理能量"的不同阐释说起。弗洛伊德本质上还是将心理能量当作是一个可以分析和评判等基于逻辑思考而成的"客

---

[1] 申荷永，高岚. 荣格与中国文化 [M]. 北京：首都师范大学出版社，2018：273.

体",因此,弗洛伊德所述的心理能量,必须用"它"来表述,这里"它"更多的是指某种没有生命力的物体,"它"更像是自然界的狂风、烈火或洪水,是无生命的事物,而且某种程度上是"偏恶、偏破坏性"的;而荣格所述的心理能量,则可以用"他"或"她"来表述,因为他们是有生命的,是无善无恶的,是可以成长的,而主体正是在于和这些生命力沟通的过程中,逐渐地去感受、吸收、融合"他/她",最终"我"和"他/她"融合,**共同获得了某种成长性和超越性**,这一过程正是自性化过程的某种体现,而这一过程中甚至没有明确的主体和客体之分。

因此,荣格虽然没有对生命是什么给出确切的定义,但是,从他的观点和文献中,我们可以总结这样一个观点:从分析心理学角度,生命可以看成是拥有自己的心理能量的主体,甚至心理能量本身也可以看成是生命体;生命包括了个体生命、集体生命、微观生命等3种形式。荣格的心理学超越了个体和集体,超越了具象和抽象。从分析心理学角度,我们可以对生命进行一下探讨。

首先,从"个体—集体维度"区分两种类型的生命,即个体生命、集体生命,它们都具有各自的意识和潜意识,都可以看作是生命体。具体说来,个体生命即一个个具体的人;集体生命即一个个团体、国家和朝代等。

其次,荣格认为,人看起来只有"一个"个性,但事实上是由一群带有各自能量的次级人格共同组成的。⊖这些次级人格,可以看成是"微观生命",在我们的潜意识领域,这些微观生命也是真实存在着的

⊖ 黄娟娟. 论荣格分析心理学中人的自性化发展 [J]. 社会心理科学,2015,30 (01): 11-14.

生命体，拥有真实的心理动力。

应该如何理解上述个体生命、集体生命和微观生命的本质及它们之间的关系呢？我们可以尝试从物质和生物的角度来进行类比思考：

在物质世界，地球和其他天体一起组成了太阳系，太阳系和其他星系一起组成了银河系，银河系和若干星系一起组成了本星系群，本星系群和其他星系群一起组成了室女座超星系团，室女座超星系团又和其他的宇宙结构一起组成了拉尼亚凯亚超星系团，拉尼亚凯亚超星系团在夏威夷语中意为"无尽的天堂"，而在人类看来的这个"无尽的天堂"，在宇宙中也只是一个稀松平常的存在，而在它之上也必然还有着无穷无尽的宇宙结构……

在生物世界，组成我们身体的是一个个独立的原子，这些原子通过相互作用形成了一个个独立的分子，分子又相互作用形成了一个个独立的细胞、细胞形成了组织、组织形成了器官……最后，这一个个器官又相互作用，最终形成了我们这一个个独立的个体。同样，每一个个体通过相互作用组成了集体，集体又组成了国家……

同样，人的心理世界和物质世界、生命世界其实也并没有本质的区别，每一次起心动念、每一个眼耳舌鼻身意、每一瞬间的感觉、知觉、思维、记忆、联想、情绪、情感、意向、行为……这些大大小小的心理过程或心理内容，都具有自己的能量，即形成自己的心理动力。这些能量或称动力经过分化和组合，形成了各种内心状态，这些内心状态之间经过分化和连接，又形成了一个个次级人格，这些一个个的次级人格又经过分化和组合，形成了我们头脑意识层面的这个"我"。同样，这一个个个体意识层面的相对较小的"我"，经过血缘、利益、社会、政治、民族等各种因素的连接，形成了各个层面的相对较大的"我"，如学校层面的"我校"，单位层面的"我单位"，国家层面的"我国"……，而每一个"我校""我单位""我国"也都有着自身的心理能量即心理动力。这些大大小小的、每一层级、每一层面的心理动力，都无时无刻地不在进行着合作、斗争和博弈。

这一层又一层的"我"，哪个才是我呢？通常而言，头脑意识层面的个体生命之"自我"，会被我们认为是我，然而，这是不完全的。荣格正是基于这些思考才提出"自性化"这一概念——为了实现人格的整体性，荣格提出了自性化的概念，他用自性化来说明心灵的发展。[一]因此，自性化的过程，其实可以看作是一个逐渐地突破"层次"的限制，"聚世界于己身"的过程，是一个逐渐突破来自本层面的意识而产生的"我执"的过程。

"聚世界于己身"中的世界，有内部世界和外部世界两层含义，所对应的正是微观生命和集体生命。因此，从头脑意识层面的这个个体"我"的角度，聚世界于己身，也相应地包括向外和向内两个方向：对内而言，意味着突破心理防御机制的限制，对自身内在的每一个微观生命：即对自己的每一种次级人格，对自己的每一种状态，以及所对应的每一个心理过程或心理内容，对这些背后的每一种心理动力，对它们当下的本然状态，都逐渐地开始觉察、接纳和抱持。

对自身的各种心理动力的觉察，会自然而然地、无为而为地、真诚地投射到外界，也即逐渐开始了对外部世界真实当下的觉察和互动，而不是沉浸在想象的世界中。

本书作者认为，在这一实践过程中，人们会逐渐地突破"小我"的限制，即逐渐打破了一部分"我执"。需要强调的是，"我执"的

[一] 黄娟娟. 论荣格分析心理学中人的自性化发展 [J]. 社会心理科学，2015, 30 (01)：11-14.

打破并不是靠外力、靠观念、靠某种人为的强制，而是在充分的觉察、实践之后的一种自然而然的、无为而为的过程，这一过程中会伴随着认知自然而然的升级，实现某种神圣和超越性。

因此，此中"破执"，是一个顺势而为的过程，而不是一个人为造作的过程。某种程度上——要等着"它"来破你，而不是你去破"它"。这里"它"可以理解为内因和外因的聚合体，在自性的指引下，某种外因或内因聚合到来时，我们审时度势地觉察之、全然接纳地抱持之、顺势而为地利用之，执着将在实践过程中逐渐地不破而破，而执着中被封锁的内耗状态的能量又进一步转化为滋养性质的自性能动力；一通百通、一悟千悟，个体将逐渐进入生命能量的良性循环和认知的不断升级。

所以，自性化程度较高的个体，更容易突破本层面的限制，相对而言突破"我执"的限制，更容易立下"为国为民的公心"而不是"被个人的私欲（某种心理能量/微观生命）所控制"，因为他打破了一部分的"我执"。这种为国为公之心，并不是因为被某种内在超我所控制（被洗脑），或是某种外在超我所控制（畏惧惩罚），而是自然而然地、从心所欲不逾矩地，是内在自性化状态的自然辐射。

三、自性化的阶段——"非标准化"的成长过程

荣格本人并没有给自性化做阶段性的划分，因为荣格认为每个人的自性化历程都是独一无二的。因此，自性化的过程具有"非标准化"的性质。但是，部分荣格学者则认为一个人完整的自我意识的形

成大致有五个阶段[1]：

第一阶段：人完全对于自己和所处的世界之间的界限没有意识，或只有极少的意识。个人的想法完全基于所处社会对于他/她的期望。

第二阶段：是一个长期的有时是痛苦的分化过程。人开始逐渐地寻找自我身份的认同，通常以一个辨证的原则来看与他人不同的这个侧面。

第三阶段：关注辨析道德典范，不断地考查个人所处的集体道德，以便形成自己的伦理准则。

第四阶段：开始认识到一个人所投入的所有集体规范、期望的光环和权威是人为造成的"投射"，于是"投射"开始被分解，世界被看待成它本来的样子，进而释放个人使其成为他或她本真、独特的人；这一阶段也许会被一些人认为是意识进化的目标，但在荣格看来它不是，因为剥夺了所有的光环，这个世界可以被看作完全地缺乏任何一种确定性，而这样一种感知会迅速地带来个人对所处环境的格格不入与疏离感。这并不是意识所期许的。

第五阶段：人开始以一种新的辩证法有意识地质疑其内在倾向，通过整合人格的意识与潜意识，而使人格达到完整与超越。重新整合过的人格应该与社会达到新的协调。但这种协调与第一阶段完全靠主观的美德来控制的结合应该是不同的。

而这种形成完整的自我意识的过程，可以作为我们理解自性化过程的重要参考。但是，对于每个个体来说，以上阶段的演绎可能是极

---

[1] Dawson T. Jung, Literature, and Literary Criticism, The Cambridge Companion to Jung, edited by Polly Young – Eisendrath and Terence Dawson, London：Cambridge University Press，1997，pp. 267–268。

具个体性的，甚至从外相上来看是截然相反的。自性化本质上是个体和自己的内心沟通的过程，每个人的成长过程，都会体现出这种"非标准化"的特性。

第三节 荣格与中国传统文化理论的比较

除了上一节中荣格自己所述的中国文化的相关理论之外，荣格提出的一些重要概念也和中国传统文化中的一些概念之间有着大道相通之处。对这些中国传统文化中的概念进行深入的分析，也有助于我们加深对荣格的分析心理学体系的理解，并在此基础上对荣格的分析心理学体系进行进一步的理论深化，这也有助于我们进一步理解自性和自性化。

一、原型与"阴阳""善恶"

道家中"阴"和"阳"的对立统一，和荣格所提出的人格面具、阴影理念深相契合。阴和阳，是道家思想中的一对重要的相对概念，而道家思想认为它们并不是斗争和冲突的，正如老子所说：万物负阴而抱阳⊖；《易传》所谓：一阴一阳之谓道㊀。阴和阳虽然是相反的力量，但它们在对立的同时，却是同根互体，相互转化的。片面地崇尚、追求两极中的一极，而对另外一极采取压制、否定的态度，只会

⊖ 王弼，楼宇烈. 老子道德经注校释 [M]. 北京：中华书局，2008：117.
㊀ 李学勤. 十三经注疏·周易正义 [M]. 北京：北京大学出版社，1999：268.

导致物极必反，另外一极并不会因为压制就消失，它只会存在于阴影面做出更具破坏性的影响。人类作为光明和阴暗的综合体，片面、过分地强调光明的一面，只会物极必反，反而促使个体向着阴暗面堕落，而小到个体的各种精神分裂和神经症状，大到整个人类社会的各种战争冲突，正是因为崇尚追求一面而否定压抑另一面而造成的。荣格的理论中有很多和"阴阳"相类似的概念和理论，其中典型的就是人格面具和阴影理论。

除了"阴""阳"概念之外，人格面具和阴影也与心学中的"善""恶"有着相通之处。王阳明晚年提出了"四句教法"：**无善无恶心之体，有善有恶意之动，知善知恶是良知，为善去恶是格物**。这四句偈言可以说是概括了阳明先生一生的实践领悟心得和学术宗旨。本书作者在这里结合心理能量的表现形式对其进行解读：

四句偈言的重点在于对"善"与"恶"的认知和领悟上。

第一句"无善无恶心之体"。在《传习录》中，王阳明自己曾从理气动静的角度对"无善无恶"进行过解读，他曾说："**无善无恶者理之静，有善有恶者气之动。不动于气，即无善无恶，是谓至善。**"⊖他认为无善无恶是"至善"的一种表达方式。将"无善无恶"和"至善"相联系，这种诠释被阳明学派的弟子所传承。王阳明的首席弟子王畿后来也用至善来解读"无善无恶"。他说："善与恶，相对待之义。无善无恶是谓至善。"⊜现实世界的善与恶都是相对的，而心体的"无善无恶"才是事实。

什么是"心之体"呢？从心理动力学的角度，"心之体"可以理

⊖ 王守仁. 王阳明全集 [M]. 上海：上海古籍出版社，2011：33.
⊜ 吴震. 王畿集 [M]. 南京：凤凰出版社，2007：125.

解为心理动力本身。心理动力是无善无恶的。比如，人格面具相关的心理动力和阴影相关的心理动力，虽然可以看成是两种彼此冲突对立、不断内耗的动态的心理动力。但是，心理动力本身又是某种本然的能量存在形式，它和道德评价是无关的，因此，无论是与人格面具相关的心理动力，还是和阴影相关的心理动力，都是生命力的本然存在方式，它们和自然界的花草树木、飞禽走兽、蛇虫鼠蚁一样，本身都是"无善无恶"的生命存在。

第二句"有善有恶意之动"。心理能量既然是无善无恶的，那么现实世界的善与恶又为何会存在呢？这是"意之动"的缘故，"意之动"是现实生活层面所谓"善"和所谓"恶"产生和存在的根源。这里的"意"可以理解为"意识"，正是来自意识的某种"动作"，如评价、判断等，决定了二元对立意义上的善与恶。

人格面具和阴影本质上都是由心理能量构成的，而这种本无差别的生命力，却因为某种人为的观念准则即超我信念，被划分为对立面，形成了某种情结，让个体的内心进入内耗中去。

第三句和第四句"知善知恶是良知，为善去恶是格物"。人格面具和阴影之间的对立，就像是一节电池的两极，只要正极能量存在，那么与之相反的负极能量就必然会存在。如果你认为自己有善良的一面，你就要承认自己有邪恶的一面，假如你对后者加以否认或压抑，其中的能量就会发展成情结——一种围绕由某些原型所产生的主题而形成的被压抑的思想和情感的心理丛；这些被压抑的思想和情感会自寻出路，比如进入阴影中操纵个体产生各种各样的所谓的心理问题等；当我们年轻的时候，能量充沛，因此，我们内在的两极表现得非常极端：女性力求突出女性的特征，而男性则力图表现出男性的特征。随着年龄的增长，我们就不会对内在于自身的相反的性别特征感到恐惧，也就不再对各自的性别特征加以夸大和强化。到了老年的时候，男性和女性就变得日益相像了，也充分地认识到了自身的阿尼玛或阿尼姆斯，这是对自身独立两极的超越。○

将人格面具与阴影的两极性整合，目的在于自我完善。诺依曼这样论述：凡导致完整性的就是"善"，凡导致分裂的就是"恶"；整合是善，瓦解是恶；生命、建设性倾向和整合在善的一方，死亡、分裂和瓦解在恶的一方。○

因此，阳明学派所说的"无善无恶"中的"善"和"恶"，并非名相层面的二元对立的善恶。"无善无恶"和"自性"相对应，类似"上善若水"的"上善"，即具有整合性、秩序性、中心与完整性、神圣与超越性。在自性化的过程中，原本呈现对立冲突内耗状态的面具能量和阴影能量才能被自性所带来的"上善"所包容及整合。

心理疗愈的本质，就是促进对立面的整合，打开情结空间，让原本对立、内耗的心理能量流动并整合起来，成为真正的促进个体自我实现的、丰富多彩的生命力。

二、人格结构理论和唯识学

荣格的分析心理学将人格结构划分为意识、个体潜意识以及集体潜意识，而这三个概念，与唯识学中的意识、末那识、阿赖耶识这三个概念有着共通之处。唯识学中有"八识"这个概念，即第一眼识、

○ 郑荣双，车文博. 荣格心理学的东方文化意蕴 [J]. 心理科学，2008（01）：236-238.

○ 诺伊曼. 深度心理学与新道德 [M]. 高宪田，黄水乞，译. 北京：东方出版社，1998：105.

第二耳识、第三鼻识、第四舌识、第五身识、第六意识、第七末那识、第八阿赖耶识。

识的作用表现为"了别",这个"了别"并非主体对客体进行思维的概念分别,而是主体对自身的认识能力加以了解和区别;因此,八识结构是相对内在于认识的主体之中的,目的是方便显示思维的本质,相关文献谓之"心王"。㊀从哲学认识论的角度说,心王八识可划分为四个层次,即眼耳舌鼻身等前五识为第一层次、第六意识为第二层次、第七末那识为第三层次、第八阿赖耶识为第四层次;八识四层次在与各自"心所"相应的过程中,共同把思维的本质和作用,反映于人的心理活动范围内,由此形成了各自不同的性质、对象和逻辑规范,即谓"八识规矩"。㊁八识在人们的生命体验中各自扮演着不同的角色。

(一)"个体意识"与唯识学中的"意识"

唯识学所谓的第六意识与现代心理学中的意识概念是比较接近的,其完整地包含甚至超越了现代心理学的意识概念的内涵,涉及知觉、表象、想象、记忆、思维、注意和直觉等多种心理状态和心理过程。㊂

在"八识心王"中,前五识即眼识、耳识、鼻识、舌识、身识,其功能主要是"攀缘外境",形成关于外部刺激的粗浅形态而不具有识别的作用,相当于心理学单纯的感觉作用;要形成认识必须有第六

㊀ 本源. 论"八识规矩"[J]. 法音,1990(04):32-36.
㊁ 本源. 论"八识规矩"[J]. 法音,1990(04):32-36.
㊂ 杨鑫辉,刘华. 唯识心法之认识结构论[J]. 心理学探新,1999(03):3-7.

识的参与，第六识才有认识分别现象的作用；佛学强调八识中第六识的分别心最强有力，人们对事物的认识无不需要经过第六识的分辨考察然后做出判断；第六识与现代心理学中意识概念比较接近。㊀但前者不仅强调其心理统觉的功能，更突出作为心理现象之一的"识"的最基本的功能，只对内、外境刺激进行分辨、认知；总之，前六识均可为人们所自知，故佛教心理学将它们划入显露可见的表层心理活动。㊁

第六识涵括了多种意识状态，包括"五俱意识"和"不俱意识"两大类。其中，"五俱意识"与前五识同时发生，其作用是使前五识之对境明了、激活前五识的"了别"功能，所以"五俱意识"又称"明了意识"，"五俱意识"保证了前五识的完整性和明晰性。"五俱意识"中又有"同缘"和"不同缘"两种，同缘意识与前五识中之任一识缘取同一对境，如与眼识俱生的是眼同缘意识，与耳识俱生的是耳同缘意识等；不同缘意识则虽与前五识俱生，但可以傍依缘取其他境，如眼识生时，眼不同缘意识可以对声境、香境等起作用。不同缘意识保证了五识均可交遍法界的可能性；"不俱意识"指不与五识俱生的意识，有"五后意识"和"独头意识"两种。"五后意识"虽不与五识同时生起，但与五识并不是割裂的。五识并不恒常，刹那生灭，"五后意识"就在五识灭后继续生起和持续，"五后意识"保证了认知的连续性。㊂

㊀ 彭彦琴，张志芳. "心王"与"禅定"：佛教心理学的研究对象与方法 [J]. 西北师大学报（社会科学版），2009，46（06）：127-131.

㊁ 彭彦琴，江波，杨宪敏. 无我：佛教中自我观的心理学分析 [J]. 心理学报，2011，43（02）：213-220.

㊂ 杨鑫辉，刘华. 唯识心法之认识结构论 [J]. 心理学探新，1999（03）：3-7.

"独头意识"又分三种：①定中意识（觉察），专指禅定状态出现的意识，禅定为佛教家的发明，现代心理学尚未对此作出系统研究，一些相关论著都还不足以揭示禅定的本质，因而对定中意识做出精确合理的心理学解释目前恐怕还有困难。由于禅定有引导人们对事物的直觉观照的功能，因此可以用"直觉思维"一词来对应定中意识；②独散意识，既不与五识俱生，也不与定中意识相随，是单独发生的追忆过去、臆想未来、推断现在以及一些散乱的意识状态，这里包括了现代心理学中所谓可以觉知到的有意志作用的"明意识"或随意注意和无意志作用的"下意识"或不随意注意；③梦中意识，于睡眠中发生的意识状态，本来也应属于独散意识的一种，但为了与觉醒时的意识状态相区别，唯识学把它分列出来以表明其模糊性和昧略性。[一]所以，独散意识可以和白日梦相对应，个体在其中同时担任编剧、导演和观众三个角色；而梦中意识则与黑夜梦相对应，个体在其中较多扮演观众这一个角色。

也有人认为，"独头意识"分为五种：推中意识（即思量中的意识）、散位意识（脱离前五识而独起的意识）、梦中意识（梦中出现的意识）、定中意识（即禅定中的意识）、乱中意识（即神经错乱的意识）。

"独头意识"能将潜藏在阿赖耶识中的"种子"唤醒，能打破时空局限而自由驰骋，最充分地表现出"意识"自在自主的能动作用。[二]

[一] 杨鑫辉，刘华. 唯识心法之认识结构论 [J]. 心理学探新，1999 (03)：3-7.

[二] 阮勇（Nguyen Dung）. 佛教唯识论与西方心理学 [D]. 武汉：华中师范大学，2006：17.

综上所述，唯识学中的意识，和荣格提出的个体意识有着相通之处，总的来说，它是可以被个体头脑所意识到的心理内容，可以运用认知逻辑方式对其进行分析。

(二)"个体潜意识"与"末那识"

关于"个体潜意识"即个人无意识，荣格指出：记忆等还不是个人无意识的主要内容，无意识并不只是记忆等的收容所，"个人无意识的内容主要由'带有感情色彩的情结'所组成，它们构成心理生活中个人和私人的一面。"㊀

维系有情众生生命的主要的"识"是"末那识"。末那，为梵语manas之音译，意译为意、思量。由于唯识学中第六识被译为"意识"，因此，为了与第六识的名称相区别，而特用梵语音译为"末那识"。"末那"的特点是恒审思虑，所以它和阿赖耶识一样也没有间断，并且由于它执阿赖耶识为自内我，它恒为染污，所以有情总是有一种自我的牵挂，这种潜藏的自我是有情流转的重要原因。㊁"末那识"有两个意义：一是维持意识在人的整个认识过程中的连续性，即所谓的"恒审思量"；二是把人的认识活动及其所面对的一切存在纳入主体内部，便于借助思维过程本身的规律加以把握，即所谓的"执为自内我"，这两个意义，都是通过此识与阿赖耶识的关系显现出来的。㊂

因为它"恒审思量"，被认为是每一刻都在守候着生命。如此说

㊀ 荣格. 荣格文集 [M]. 冯川, 译. 北京：改革出版社, 1997：40.

㊁ 刘富胜. 阿赖耶识缘起研究——以《成唯识论》为主 [D]. 长春：吉林大学, 2004：19.

㊂ 本源. 论"八识规矩" [J]. 法音, 1990 (04)：32-36.

也是因为第六识的"审而不恒",第八识的"恒而不审"。第七识不善不恶,可染可净,但对于有情众生来说,因为它与"四烦恼"等恒常相应,它是染污的,所以也叫"染污识"。"末那识"是第六识"意识"的根,也被称为"意根"。㊀"末那识"对应着"意向"。由此导致思维过程本身,遵循由前五识的感觉感性概念进入第六识的规范理性概念,并借助第七识的意向性立足于第八识的本质概念的发展规律。人所掌握的知识依此具备了不断地得到积累、丰富和升华的功能,并以异熟果的形态能藏于"阿赖耶识"中。㊁

"末那识"与"我执"相应,"我执"又称"人执""生执",执着实我之意。根据《成唯识论述记》中所述,"间断粗猛,故有此执,余识浅细,及相续故,不能横计起邪分别,邪分别者必有间断,及粗猛故?"这里的意思是说真正的自我中心的建立,在于第七"末那识",它是"我执"的最后根源,"主体"即依此而建立,第六识的"我执"亦依此而起。所以,在唯识学看来,现实中每个人都有自己的"我执",时刻想着"自我",时刻保护着这个"自我",正是"末那识"指挥着这个"自我"在行动。由此可见,在唯识学的思想中,你的身体及其他都不是真正的你,唯有"末那识"才能决定你属于有情众生一类,而不是花草树木。㊂"末那识"割裂了"阿赖耶识"的统一性,一方面既依从"阿赖耶识",把外在客体排斥为非我,另

㊀ 江文水. 末那识内涵的多元性及其现代意义初探 [D]. 南宁:广西大学, 2017: 14.

㊁ 杨鑫辉,刘华. 唯识心法之认识结构论 [J]. 心理学探新, 1999 (03): 3-7.

㊂ 江文水. 末那识内涵的多元性及其现代意义初探 [D]. 南宁:广西大学, 2017: 12.

一方面又以自我为依据激活前六识去认识外在客体并执之为自我之所内属，这就造成了其不可避免的矛盾二重性。^{○一}

关于有情众生轮回的本体，在《解深密经》中有"一切种子心识"之说，认为它是有情生死相续的主体。而在《成唯识论》中，这个"一切种子心识"指"阿赖耶识"，认为流转生死的主体是"种子"。"阿赖耶识"之"种子"生起万象，皆由"末那识"去引领和接受。只要"种子"外显，或者生起，"末那识"就随时跟着，同时并起，并执着为"自我"。^{○二}

第七识"末那识"和第六识"意识"有什么区别呢？可以从佛教大乘有宗的"无想定"和"灭尽定"的区别来理解。佛教认为，"无想定"和"灭尽定"都是通过修行使有情意识不起；但是佛教认为修行"无想定"不能使有情得到解脱，而认为修行"灭尽定"则是通往解脱的一个环节。那么，同为没有意识的禅定，为什么结果各异呢？这是因为，大乘有宗认为正是由于修行"无想定"，只是暂时止息了意识，但是没有灭绝有情内在的末那染污意，所以这种止息只是暂时的，以后随缘还会生起，有情还是要在轮回中；而"灭尽定"所追求的是让一切染污之心不再生起，没有了"末那识"，也就能最终得到解脱；所以必有"末那识"在二者中"一有一无"，才是二者真正的区别所在。^{○三}从唯识学角度也可以解释无论是弗洛伊德的意识和

○一 杨鑫辉，刘华. 唯识心法之认识结构论 [J]. 心理学探新，1999 (03)：3-7.

○二 江文水. 末那识内涵的多元性及其现代意义初探 [D]. 南宁：广西大学，2017：31.

○三 刘富胜. 阿赖耶识缘起研究——以《成唯识论》为主 [D]. 长春：吉林大学，2004：20.

潜意识划分，还是荣格的意识、个体潜意识和集体潜意识划分，毫无疑问都认为潜意识的力量远远大于意识。

　　唯识学认为，有情众生在迷乱中痛苦不堪，苦难之象时在眼前，这些都是"识"的变现；又因"末那识"将其深执为"我"，对内之能，对外之所，都执之为己有，以致万般苦难频生，于是唯识学提出"转识成智"，离苦得乐，即将前五识和六七八识分别依序转为"成所作智""妙观察智""平等性智"和"大圆镜智"，这是唯识学对转变"末那识"等八个识而建构起来的目标体系。[一]《八识规矩颂》中关于"末那识"有"六转呼为染净依"。意思是前六转识依第七识而生起，第七识染污，它们也便染污；第七识若清净，则前六转识也清净，所以被称为前六转识的染净。故而，在唯识学之"转识成智"中，关键点就在于转"末那识"为平等性智；假如能够顺利转为平等性智，那么其他识也自然就跟着转。[二]可以这样理解，转识成智的关键在于"行"，即充分实践，从心理学角度，个体可充分运用行动力，形成更为正向积极的潜意识感知思维模式。

　　荣格认为，个人无意识中有两种内容，处于意识阈限以下但是在需要的时候可以被提升到意识层面，另一部分是不能被意识觉察的部分；其实，这些心理内容暗指记忆。记忆指人对过去经验的反应，包括识记、保持、再认、再现 四个基本过程；有些记忆不能再现，只能通过催眠或者特殊方法才能提取。唯识学中，记忆就是念心所。念心所依靠意识而形成同时留下了全部种子的信息。这些信息可分为

[一] 江文水. 末那识内涵的多元性及其现代意义初探 [D]. 南宁：广西大学，2017：31.

[二] 江文水. 末那识内涵的多元性及其现代意义初探 [D]. 南宁：广西大学，2017：32.

善、恶和无记的性质，与荣格所说那些没有注意的心理活动形式的记忆比较接近；唯识学的八识系统中，"末那识"从藏识中形成出来，相状微细，很难认识到；它具有烦恼、本能、冲动等心理内容，具体的是四个根本烦恼：我痴、我见、我慢、我爱，唯识学把它作为"情识"。荣格的个人无意识的情结与"末那识"的隐匿、痛苦情调的心理特征比较相近。"末那识"主要的内容是习气，习气的性质是欲性。唯识学认为无始以来我们造作各种恶业都存下在隐藏形式，这些能量无知无觉地支配我们的一举一动，似乎与我们的本能、冲动的性质一样；这一特点和荣格所说的情结特点是接近的。同时，个体无意识与"末那识"之间也存在区别：首先，对于自我有不同的看法：唯识学认为，"末那识"有倾向保护我们的"我"，区分我们的"我"和"他人的我"，所以任何因素触犯到自我就发生心理矛盾；要么寻找办法消除其他的我，要么自己承受各种苦恼；无始以来我们积累各种习气，这些能量我们无法控制，无法调节，所以唯识学把"末那识"归于无意识的范畴。而荣格即认为"自我"是意识的中心，情结是个人无意识的主要内容，是指某一种执着的心理活动，如自卑情结、崇拜情结等；荣格认为，情结由个人获得经验而造成，而唯识学认为"末那识"在我们出生之前已经存在了；情结虽然有自己的动力但还是片断，不完整。其实，荣格说的这种情结和唯识学的自我没什么区别，意识不是以自我为中心而是以自我情结为中心的一种心理内容的结合；因为意识的统一感理论在基础上是模糊的，所以才被无意识支配。这说明我们的无意识的力量非常大，可以支配我们生活中的思想和行为，使我们自己对自己的了解非常有限。㊀

㊀ 阮功信. 意识和无意识的解剖——从佛教唯识学和荣格分析心理学的角度解析 [J]. 改革与开放, 2016 (14)：39-40.

因此，我们可以认为，意识的主要功能在于"想"，而"末那识"的主要功能则在于"行"，这里的"行"可以理解为一种"自动化行为"，它就某个客体升起的不由自主的、自动化的想法、思维或动作，而和"末那识"的沟通，才是最终达到解脱的关键。从心理疗愈的角度，和潜意识的沟通，在意识觉察的前提下，让潜意识得到充分的表达，才是使心理得到疗愈的必经之路。

（三）"集体无意识"与"阿赖耶识"

第八识"阿赖耶识"，则和荣格的"集体无意识"概念有着一定的共通之处。

"阿赖耶识"指的是"能够含藏诸法觉及万事万物在意识和感觉中的表现之种子"。㊀其中，"能藏"就是阿赖耶识之当体功能，能含藏一切法之种子，如世间仓库一般具有含藏万物之功能；"所藏"就是"阿赖耶识"中所藏的一切种子；所谓"执藏者"是说"阿赖耶识"恒常被第七识所执为自内我体。㊁

而集体潜意识是荣格理论中的重要概念。荣格认为，集体潜意识是精神的一部分，它与个人无意识截然不同，因为它的存在不像后者那样可以归结为个人的经验，因此不能为个人所获得；构成个人无意识的主要是一些我们曾经意识到，但由于遗忘或压抑而从意识中消失了的内容；"集体无意识"的内容从来就没有出现在意识之中，因此也就从未为个人所获得过，它们完全得自遗传。个人无意识主要是由

㊀ 冯川. 荣格的精神 [M]. 海口：海南出版社，2006：124.

㊁ 徐东来. 唯识种子断论 [J]. 上海大学学报（社会科学版），2006（01）：128-133.

各种情结构成,"集体无意识"的内容则主要由原型构成。㊀

　　集体潜意识反映了人类在进化过程中累积的经验,是人格的最有力量、最为深刻的组成部分。这个部分主要来自于遗传和种族的历史,包括生物性的信息,以及原始的生存环境、神话、宗教、文化等信息,是人类在漫长的进化发展过程中积累而来的。荣格曾说过:"正如人类的身体相当于全部人体器官的博物馆,每个器官背后皆有其漫长的进化过程一样,我们应当期待去发现,人类的心理也是以一种与之相似的方式构成。心理不再可能是存在于身体之内却没有其自身历史的产物。说到历史,我的意思并不是在讲这样一种事实:心理依据意识连接过去,通过语言和其他种种文化传统来创造自体。我这里所指的是心理的历史,是心理依然接近动物的古代人的那种生物性的、史前的、潜意识的心理演进的历史。"㊁

　　因此,荣格提出的集体潜意识概念,是指普遍存在于我们每个人身上的一种超越个性和本能的心理基础、具有普遍一致性的心理结构;它是人的心理的深层结构,是个人的意识和无意识的基础,是一种人们先天具有的、普遍一致的永恒的无意识,它揭示了人类远古生活的共同经验。

　　荣格指出:"然而除此之外,我发现无意识中还有一些性质不是个人后天获得而是先天遗传的。例如,在没有自觉动机的情况下,因为一种冲动而去执行某些必要行动的本能就属于这种性质。在这一

㊀ 荣格. 荣格作品集·第一卷 [M]. 张月,译. 南京:译林出版社,2014:861.

㊁ 荣格. 荣格作品集·第一卷 [M]. 张月,译. 南京:译林出版社,2014:80.

'更深'的层面我还发现了一些先天固有的'直觉'形式,即知觉和领悟的原型。它们是一切心理过程必需事先具有的决定性因素。正如本能把一个人强行迫入特定的生存模式,原型也把人的知觉和领悟方式强行迫入特定的人类范型。本能和原型共同构成了'集体无意识'……本能本质上是一个集体现象也就是说是一种普遍的、反复发生的现象,它与个人独特性没有任何关系。原型也和本能有着同样性质:它也同样是一种集体现象。"[一]

  荣格发现精神无意识的基础绝不是丑恶可耻的,而是崇高的,超越个体的,并且是可以自主调节的。荣格提出,集体无意识源自原始祖先潜藏的记忆经验,由逐渐影响我们行为的各种本能和原型组成。那些遗传经验表现为"原始意向";唯识学也认为,"阿赖耶识"的本质是无记,即无善、无恶,它像仓库一样,能藏一切事物,从外在事物的印象到无始以来的生命经验。一切心理内容在"阿赖耶识"中以种子的形式存在。唯识学认为,每个人在这个世界的共有的特点就是爱染,即凡夫性。这种先天固有共同的凡夫性无始以来被含藏在"阿赖耶识"中。"阿赖耶识"沿袭并继承的,是自身生命延续过程中形成的所有种子,这些种子具有一切生命经验。在很多内部和外部因素的共同作用下,内在的种子又可以变成外在事物;因此,《成唯识论》讲:**"阿赖耶识因缘力故,自体生时,内变为有根生,外变为器。"**"集体无意识"积累了人类从原始社会就开始形成的心灵形象,所以那些荣格说的原始意象是人类共同的遗传产物,把那些原始意象叫"集体无意识"以区别于个人无意识。另外,荣格认为,"集体无意

[一] 荣格. 荣格文集 [M]. 冯川, 译. 北京:改革出版社,1997:6.

识"没有含藏理性内容,他说"集体无意识"与意识没有关系,"集体无意识"的状态是混沌的,没有被分化,意识就不能意识到;而在唯识学中,第六识和"阿赖耶识"是有关系的,第六识从"阿赖耶识"发生,它的活动熏习自见分和相分的种子,同时还能为"阿赖耶识"留下种子;"阿赖耶识"的见分包含理性的内容,如感觉、判断等理性内容,在第六识运行时,所有功能都从"阿赖耶识"中取得,所以第六识和"阿赖耶识"的关系比较密切。佛教修习者通过修炼禅定的方法,进入无意识的大海,清除一切烦恼并获得完全清净的智慧,荣格也相信如果我们将无意识全部开发出来,使无意识的一切被意识到,那么智慧就会发扬光大。㊀

唯识宗认为,"阿赖耶识"的种子包括了名言种子和业种子;而荣格认为,"集体无意识"中的内容包括了本能和原型。本能是先天的行为模式,原型是先天的思维倾向。㊁本能和原型分别和"阿赖耶识"中的"业种子"和"名言种子"有类似之处。如下文所分析。

1."原型"与"名言种子"㊂

佛教大乘瑜伽行学派从其修行的经验出发,提出了唯识学的心识结构理论。其理论中,"阿赖耶识"被看作生命身体、心理,乃至所

㊀ 阮功信. 意识和无意识的解剖——从佛教唯识学和荣格分析心理学的角度解析 [J]. 改革与开放, 2016 (14): 39-40.

㊁ 叶浩生. 心理学史 [M]. 北京: 高等教育出版社, 2005: 185-186.

㊂ 张海滨. 佛教唯识学"种子"与荣格"原型"之比较研究 [C]. 第十八届全国心理学学术会议摘要集——心理学与社会发展. 2015: 1146.

感知世界的存在根本。生命凭借"阿赖耶识"中的"种子"来感知世界并产生思想、行为。

荣格提出的"集体无意识"中的"原型"决定着人的感知经验和生命模式。

从概念上看,"阿赖耶识"的"种子"和"集体无意识"的"原型"都是无法用意识感知的心灵深层结构。

从来源上看,"种子"来源于个体生命经验,而原型主要是通过遗传获得的人类祖先经验。然而,唯识学也承认父母"增上缘"在生命产生时对个体生命的重要影响。

从功能上看,"种子"和原型都决定着人的认识方式。荣格认为原型是通过遗传而来的心灵图式,这种先天的结构包含了过去的经验以及伴随的情绪和情感,它使得我们按照一种内在的倾向性去体验当前的生活。唯识学认为"种子"中的"名言种子"规定了我们对世界的认识模式和能力。人类之所以能理解在周围的世界,能用各种符号表征世界,主要凭借"阿赖耶识"的"名言种子"。与荣格理论的不同之处在于,唯识学还认为认识对象——"境",是由认识主体"识"所变现的,并且不能离开"识"。此外,"种子"和原型决定着个体生命活动的模式。荣格认为本能是驱使人类生命活动的一种内驱力,原型是这种活动的潜在模式,也就是生命运动表达的那种异常精密的秩序性和协调性,显示出一种结构化的特征。人类被驱迫着成为他自身,并拥有自我协调的隐秘方法和目标。在唯识学所立第八识中,"名言种子"规定了我们认识世界的模式,同时也规定了事物在我们心中呈现的方式。

2. "心理能量"与"业种子"⑴⑵

但"名言种子"的力量微弱，必须借助另一类种子的作用才能成为现行，这便是"业种子"。"业"被认为是延续生命进程的直接动力。作为一种生命动力，"业种子"的作用类似于本能，它驱使生命不断活动，因此"名言种子"和"业种子"的关系同原型和本能的关系也非常类似。

综上所述，"阿赖耶识"和"集体无意识"具有共同之处。但是，但仔细比较，两者有质的差异：从广度而言，"集体无意识"的范围比"阿赖耶识"要小很多，只限于人类。⑶而"阿赖耶识"则是世间一切法的缘起，包含了我们生活的整个宇宙、时空，故众生的一己之念与整个宇宙息息相通，即儒家所谓的"民胞物与"（张载）；从深度而言，现行与种子互为因果关系，种子生种子生生不息，是一条循环不止的通路。故佛教尤其强调通过此一生的身心的作为（即现行）可以转化并储备为新种子，达到自主命运的宏旨；而原型只能通过遗传获得，只是一条自上而下被动的路径，原型与"现行"之间并没有这种因果互动关系。总之，"阿赖耶识"是极深刻的关于心灵内在结构的理论建构，已经超出了现代心理学意义上无意识的范畴，它

⑴ 张海滨. 佛教唯识学"种子"与荣格"原型"之比较研究 [C]. 第十八届全国心理学学术会议摘要集——心理学与社会发展. 2015：1146.

⑵ 彭彦琴，张志芳. "心王"与"禅定"：佛教心理学的研究对象与方法 [J]. 西北师大学报（社会科学版），2009，46（06）：127-131.

⑶ 尹立. 无意识与阿赖耶识——佛教与精神分析片论 [J]. 西南民族大学学报（人文社科版），2007，187（03）：63.

既是世界的本体，同时又显现为个人心理的一种深层无意识。⊖

三、情结与"我执""心中之贼"

在前文中我们探讨了"末那识""我执"等概念。在前著中，本书作者曾结合荣格的分析心理学和马斯洛的需求层次理论，将个人的基本情结大致分为 4 种："生死情结""安危情结""爱斥情结"以及"尊卑情结"，这 4 种基本情结不断地分化和结合，形成了大大小小的各种各样的情结。本书作者结合实例重点分析了后 3 种情结，而对第一种情结"生死情结"的论述则相对较少。

"生死情结"可以说是心理结构中最为底层、最基础的情结，它本质上是生存面具能量和死亡阴影能量的分裂、对立、冲突。它可以理解为"生和死的博弈"，也可以理解为"存在和非存在的博弈"。

本书作者认为，"生死情结"和"我执"更是有着相通之处，每个人都有"我执"，它是我们生存在这个世界的基本动力，"我执"即是对于某种存在感的执着。对"我"的执着可以说是人们内心最大的执着和情结。弗洛伊德所提出的"本我、自我、超我"的心理结构模式中，本我更接近于阴影能量，超我更接近于面具能量，而行使自我防御功能的自我，则毫无疑问地更接近于情结能量，它本质上是面具能量和阴影能量斗争博弈的产物。

除了以上可以理解的自我之外，本书作者在这里提出一个新的看法——生死情结不仅仅包括了现实生活中我们这个"具体的人"的生存与死亡的博弈，还包括了内心中大大小小的性格、行为、习惯、状

⊖ 彭彦琴，张志芳."心王"与"禅定"：佛教心理学的研究对象与方法 [J]. 西北师大学报（社会科学版），2009，46（06）：127-131.

态的生存与死亡、存在与非存在的博弈。

"我"，并不是一个完整统一的事物。荣格认为，人看起来只有"一个"个性，但事实上是由一群带有各自能量的次级人格共同组成的。在生活中，每个人是由形形色色的"状态"组成，每一个"状态"即是每一个"我"：比如"极度上进的我""多愁善感的我""恐惧害怕的我"等，这许许多多、大大小小的"我"，每一个都可以说是一个独立的生命体，这些生命体都有对自身存在感的执着，即都有"我执"。

而心理疗愈，正是要逐渐地觉察、尊重、理解、化解这一个个我执。比如，对于"恐惧害怕"这个我，我们要去理解：这个我是从何而来的呢？从哪个阶段开始表现得明显？在那个阶段发生了什么让我记忆深刻的事情呢？发生这件事情之前我又是什么状态呢？发生这件事情的时候我的状态和感受是怎样的？发生这些事情之后，我为什么会产生和之前不同的变化呢？这又是为什么呢？恐惧害怕的感觉能给我带来哪些"好处"呢？……这些追溯性的问题，是一种自我觉察，也是"化解这一部分我执"的必经之路。

这些回溯性问题我们通常不会想起，因为它们往往被心理防御机制牢牢地桎梏。面具背后的阴影能量和冲突能量我们也往往感受不到，因为它们都被桎梏在坚固的情结空间中。探寻情结，往往意味着个体固有的心理防御机制被打破，个体要重新面对和解决过去的创伤。而只要将"我执"所桎梏的这一部分能量打开，对于个体的自性化之路就会产生有效的促进作用，而对于个体的现实生活、工作、学习等各方面也将产生积极的建设作用。

从这个角度，其他三种相对高层次的情结——安危情结、爱斥情结、尊卑情结，都可以看成是某种"次级人格"，从次级人格本身的角度化解这三种情结其实都意味着生存与死亡的较量、存在与非存在的博弈。因此，化解情结，大多数时候并不是容易的事情，不是靠"讲道理"能行得通的。正如我们每个人都珍视自己的生命，我们不会因为某种道理就放弃自己的生命，这些次级人格/情结也是一样，哪怕是外在呈现出了某种"问题行为"，它们也十分珍视自己的生命，不会因为头脑层面知晓了"这个行为不对"就主动地放弃自己的生命。

这些次级生命体的"我执"，只能在实践中逐渐化解。

下面的案例以本书作者自己曾做过的绘画心理调适案例为基础，读者可以从本案例中，领悟化解"某部分我执"的过程。

以下是中央美术学院的一位研究生同学的自我实践和自我领悟的过程。在疫情期间，该同学在艺术创作上出现了"某种瓶颈"，为了破解瓶颈，找回艺术创作力，他报名参加了本书作者在学校开设的绘画心理分析与心理调适的工作室活动。通过6周的言语交流、绘画创作和实践领悟，他逐渐带领自己走出了"心理舒适区"，最终达到"心的成长"。以下文字是他这一段时间以第一人称所写的简单的心路历程，我们可以从这一段文字中去领悟如何化解我执：

在疫情期间，作为艺术工作者，除了面对居家隔离的现实，还要面对创作方法的改变。刚开始，这一切都显得那么被动。一个偶然的机会，我在网上看到学院为大家开启了绘画心理分析疏导工作，这正是我需要的。于是，我试着找到老师，因为我需要帮助。

刚开始，我把以前的作品（图3.1）发给童老师，并进行了初步的绘画心理分析和交流。当时疫情不过一个月，我基本上无法进入创作状态。这次主要是针对以前的创作，聊了很多心理方面的解读。

第三章
自性化理论及概念

图 3.1　以前的作品

最后在老师的帮助下，我觉察出了自己在平时的三种状态：
1. 努力达到外界（也许是想象中的外界）要求的我；
2. 孤独的、平常被压抑的我；
3. 冷静的、抽离的我。

基于对这三种状态的觉察和感受，我重新回到了创作中。

第二次，我将新的画面（图3.2）展示给老师。

图 3.2　新的画面

这是一张有"规划"的作品，我想让自己的心理处在一个"舒适区"，我是一个很注重"规则"的人，希望按照事先的设想去进行，**我觉察到自己的一个特点——"事先商量好的事，临时变化了，不管**

出于什么原因，我都会觉得心里不舒服，会生气"。

在交流过程中，"茫然、手足无措、恐惧、无助、羞耻"成为关键词，老师建议我允许这些情绪产生，慢慢觉察它们，然后整合。于是有了接下来的创作（图3.3）。

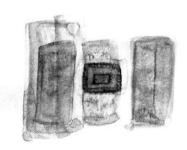

图3.3　接下来的创作

接着，我放大了自己失去控制时的感受，由此**主动选择了流动性更大的绘画材料**。刚开始，我还试图去掌控一切，但"水是'不听话的'，有些东西被打破了，不再那么规范"。（图3.4）

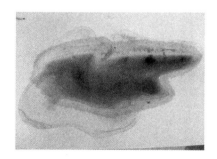

图3.4　更换绘画材料后

当一切完全失去控制的时候，我想："就随它去吧！"那一瞬间，我的心理打开了。

创作还在继续，而我也在这个过程中，看到了生活中的爱，也逐渐成为内心温暖的人。

  规则，给了我安全感和稳定感，但同时，又成了内心的一种桎梏，限制了我内心的自由和创作的潜力。本次我接受绘画心理分析疏导的心路历程，也可以说是我逐渐放下内心桎梏，逐渐走出由规则所构建的"舒适区"的过程，在这个过程中，我切实体会到了"心的成长"。

  语言文字貌似很简单，但是个体在这当中经历了大量的难以用语言表达的具体实践，在实践中主体始终保持着敏锐的觉察和放松的抱持。一方面，从具体的个人的"整体意识"的角度，他整合了一部分安全面具和危险阴影，突破了一部分"安危情结"的束缚；而另一方面，从荣格所说的"次级人格"的角度，他是化解了这一部分"次级人格的我执"，这一部分"我执"在主体的观照之下，突破了"生死情结"的束缚，而突破束缚后的自由流动的能量，对其本人产生了切实的建设和促进作用，促进了"心的成长"，实现了某个角度的自性化。

  此外，"情结"从其消耗性的角度来看，他和王阳明提出的"心中之贼"概念有着互通之处。王阳明曾说过"破山中贼易，破心中贼难"。可以说，"心中之贼"的本质是被桎梏并呈现内耗状态的心理能量，我们会在心中之贼的控制下不由自主地做出自动化的行动，包括自动化的感觉、思维、动作等。被锁住的心理能量即是情节中的能量内耗状态，它们和整合性能量本无区别，但是它们却因为认知和行为桎梏被紧紧地圈禁起来，得不到流动，转而成为一种心中的"贼"，这些心中的贼，正在偷偷地让我们的能量处于冲突内耗状态，偷偷地破坏我们的生活。

四、自性理论与禅宗、道学

"自性"这个词和中国传统文化中的很多重要的概念和思想都有着密切的联系。[一]

从翻译来看,"自性"这一中文翻译其实源于禅宗的思想。禅宗六祖慧能在《六祖坛经·悟法传衣第一》中有这样的阐述:"**何期自性本自清静;何期自性本不生灭;何期自性本自具足;何期自性本无动摇;何期自性能生万法。**"[二]自性即佛性,荣格认为人人都有自性,就像禅宗认为人人皆有佛性。但是这种佛性被无明所笼罩,只有打破这种无明才能照见佛性。自性也是如此,荣格认为心理分析的目的就是自性化。

在荣格的概念中,自性是心灵的核心,它组织和规范着心灵的发展。但自性又是一个非常抽象、不可名状的东西,这就像中国文化的中的"道"。老子说:"**道可道,非常道;名可名,非常名。无,名天地之始;有,名万物之母。故常无,欲以观其妙;常有,欲以观其徼。此两者同出而异名,同谓之玄,玄之又玄,众妙之门。**"(《道德经》第一章)[三]

在此,道是宇宙万物运行的规律,类似地,自性也是人类心灵的核心和动力。自性有自己象征性的表达方式,人们通过意象来感受和

[一] 王文龙. 浅论荣格心理分析的自性观 [J]. 科技视界,2017(19):102-103.

[二] 慧能. 六祖坛经 [M]. 徐文明,注译. 郑州:中州古籍出版社,2008:12.

[三] 王弼,楼宇烈. 老子道德经注校释 [M]. 北京:中华书局,2016:1.

体验自性。而提到意象，就不得不提《易经》。《易经》有六十四卦，每一卦都是一个意象。荣格本人从卫礼贤那里获得关于《易经》的真实体验，这是他在心理学发展中最为关键的时刻。《易经》给他送去了东方的智慧，透过那卦爻意象之间的变化，荣格在感悟之间也获得了勇气与力量。他曾为卫礼贤《易经》的英译本作序，称《易经》给了他探索无意识的方法与途径。

众生回归之佛性也在翻译成为中文时被称为自性。"自性"较之于"佛性"被使用得更为广泛，荣格的"self"在翻译成中文时也碰巧被称为"自性"，而这两种"自性"之间本来似乎又有着某种深刻联系，因此，荣格真正要表达的含义也许正应和了这一巧合。㊀

此外，荣格提出的"自性化"概念的本质正在于"整合"，包括次级人格的整合、个体与整体的整合、意识与潜意识的整合、阿尼玛与阿尼姆斯的整合、内在心理能量与外在客观现实的整合、时间与空间的整合等，这里的"整合"与中国传统文化概念"天地人合一"中的"合一"有着共通之处。"天、地、人"除了指代自然界中客观的天体、大地、人之外，更多地具有原型方面的象征性隐喻。

本书作者基于自身的工作及生活实践，从原型象征和心理动力的角度对易经中的"天地人"提出了以下理解：

"天"代表了当下的时空：从空间上包括了天空、日月星辰等，从原型象征的角度，象征了精神、超我、规则、他人、外因、客体、集体心理动力等。

"地"代表了当下的现实状况；从空间上代表了大地，从原型象征的角度，象征了物质、本我、身体、自己、内因、主体、微观心理

㊀ 陈振宇. 箱庭疗法与禅 [J]. 法音，2013 (06): 22-28.

动力、次级人格等。

此外,"天""地"这二者所象征的意象及它们之间的关系并非是机械的、非黑即白的,而是站在不同角度可以灵活地转换,是对立统一的:比如,站在地球的角度,日月星辰为天;而站在月球表面,月则为地,地球则是一个处于上方的天体;在人际互动中,站在A的角度,B为"他人",而站在B的角度,A为"他人";站在某种次级人格的角度,个人整体的自我意识可看作是若干次级人格共同形成的"集体心理动力",而站在自我意识的角度,"集体心理动力"则包括了我和集体中的他人所共同形成的心理动力;"身体"可以看成是"地",而当个体的头脑和身体无法合一,个体过分认同头脑,而倾向于将身体看成是某种客体时,身体就可以看成是某种形式的"天"。

而自性化的过程实际就是整合天地人的过程,其中"人"起到了通天彻地的作用。人是自性化的主体,"人"象征了人的主观能动力,即意愿力、觉察力、抱持力以及实践力,个体无为而为地运用主观能动力,能够基于当下的现实状况,融入当下的时空中,并自然而然地为当下的时空带来某种整合态,即带来某种整合、秩序、中心、完整、神圣、超越。

第四节 自性化的立体过程

结合以上荣格分析心理学概念和中国传统文化的概念的比较研究,本书作者尝试概括了自性化立体过程,这个过程包括四个概念、两条路径、四种力量和三大提升。其中,自性化涉及的四个概念是指心理能量、面具动力、阴影动力、情结。自性化的过程就是不断打破情结，使面具和阴影动力停止内耗，实现心理能量自由流动的过程；自性化的两条路径包括积极想象和正念觉察；自性化的四种力量包括意愿力、觉察力、抱持力以及实践力，这四种力量既可以看作是自性化的必要前提，也可以看作是自性化的必然结果；自性化的三大提升包括情绪提升、认知提升、集体提升。

在本节中，除了分析心理学概念和中国传统文化概念之外，本书作者也将用到马斯洛需求层次理论来阐释自性化的立体过程。

一、四个概念

自性化的过程是生命的自我完善，即生命的进化。每个生命体的进化之路都是不尽相同的，都是一个独一无二的过程。对于个体来说，自性化的过程就是个体成长的过程；对于集体来说，自性化的过程就是群体进化的过程。

结合以上荣格概念和中国传统文化相关概念的比较分析，本书作者认为，自性化的过程，就是不断打破情结，使面具和阴影动力停止内耗，以实现心理能量自由流动的过程。本书中的自性化，可以理解为一种过程，也可以理解为一种状态；可以理解为一种表现，也可以理解为一种驱力；可以理解为一种原因，也可以理解为一种结果。

以上这句话中，牵涉到四个重要概念即：心理能量、面具动力和阴影动力、情结、自由流动。

（一）"心理能量"——追求光明和自由的生命体

弗洛伊德认为，性欲的满足就是人格发展的动力，并给这种动力命名为"力比多"。荣格也沿用了弗洛伊德的"力比多"这个概念，但是荣格的"力比多"范围涵盖面却比性欲的满足要大，他认为

"力比多"是一种普遍的生命力,性只是其中的一部分,为了避免误解,荣格后来将"力比多"改名为"心理能量"。

除了指代范围的不同之外,弗洛伊德和荣格二人对于"心理能量"的理解还有一个重要的不同就在于:弗洛伊德本质上将心理能量更多地当作是没有生命力的物体,弗洛伊德所述的心理能量,必须用"它"来表述,"它"更像是自然界的狂风、烈火或洪水;而荣格所述的心理能量,则可以用"他"或"她"来表述,因为他们是有生命的,是无善无恶的,是可以成长的,而主体正是在于和这些生命力沟通的过程中,逐渐地去感受、吸收、融合"他/她",最终"我"和"他/她"融合,共同获得了某种成长性和超越性,这一过程正是自性化过程的某种体现,而这一过程中甚至没有明确的主体和客体之分。

我们每个个体,包括每个集体,本质上都是由一个个心理动力构成的,心理能量即是心理动力,也可以看作是生命力。每一个心理原型和情结都有拥有自己的动力,人们内心中很多动力都处于内耗状态,内耗的双方大致可以划分为"面具动力"和"阴影动力",它们双方共同组成了情结,情结也拥有自己的动力即"情结动力"。

(二)"面具动力"和"阴影动力"——心理能量之间的冲突

人格面具和阴影是一对原型概念。本书作者认为,人格面具和阴影作为心理结构具有自己的心理动力,这两类心理动力互相是分裂、对立及冲突的。

结合马斯洛的需求层次理论,本书作者提出这样的观点:在每个人的成长经历中,需求是不可能完全得到满足的,当没有满足的时候,个体就会产生痛苦,个体往往既没有力量去接纳事实,也没有能力去改善外部世界。于是只能选择发挥自我的功能，用歪曲现实的方式来保证个体的内部平衡，这就启用了"心理防御机制"，也就是发生了"人格面具"和"阴影"的分裂，个体不得不通过认同面具、排斥阴影的方式保持内心的暂时平衡，这导致了原本合一的能量体，分裂成了对立冲突的人格面具能量和阴影能量。

"缺失性需求"有生理、安全、爱与归属、尊重这4类，当这4类需求得不到满足，个体面临极大痛苦又无能为力时候，从内部而言只能启用心理防御机制，去防御这些痛苦，从外部而言则会选择各种各样的人格面具，去防御阴影带来的痛苦。

可以这样理解人格面具——我们并没有完全拥有我们认为好的某种外在环境、内在特质，或者并没有达到某种心理境界，但我们自欺欺人地认为自己已经拥有了或做到了，或者极端期待自己拥有或做到，并不接纳自己无力的那一部分，从而创造出了一个人格面具。

也就是说，当这4类缺失性需要得不到满足而又没有足够的力量时，个体会采用歪曲现实、认同面具的方式，假装自己满足，暂时不去面对痛苦阴影，以保证内心平衡。

个体所认同的面具，借用马斯洛的需求概念，也相对应地分为4种大类型，本书作者将其命名为：生存面具、安全面具、归属面具、价值面具。这4大类面具是基于人类集体潜意识中的需要而产生的，而对于不同个体而言，由于其个人所处的文化环境、生存经历而导致的个人情结的不同，这4大类面具包含不同的内容，并进一步进化为各种不同类型的小面具。

1. 生存面具：往往包括了生命、活力、自由、健康、希望、创造等内容。

2. 安全面具：往往包括了勇气、有序、控制等内容。

3. 归属面具：往往包括了关注、归属、接纳、爱等内容。

4. 价值面具：往往包括了高贵、高尚、洁净、富有、美丽、能力等内容。

和 4 大类面具同时存在的是和其相反的 4 大类阴影，本书作者将其命名为：死亡阴影、危险阴影、排斥阴影、卑劣阴影等。

1. 死亡阴影：往往包括了死亡、衰弱、绝望、腐烂、僵化、禁锢、束缚等内容。

2. 危险阴影：往往包括了恐惧、混乱、失控等内容。

3. 排斥阴影：往往包括了忽视、孤独、排斥、厌恶、憎恨等内容。

4. 卑劣阴影：往往包括了低劣、卑贱、肮脏、丑陋、无能、鄙夷等内容。

作为普通人，我们每一个人的心理层面，或多或少都存在着这 4 大类阴影，以及为了对抗这 4 大类阴影而发展出来的 4 大类人格面具。

每个人内心中，或多或少地存在着无力感，当感知到无力的时候，往往第一反应是羞耻、内疚或恐惧，紧接着对无力感采取忽视、逃避、对抗的方式，即去创造某种人格面具，来反抗这种让人不快的羞耻感、恐惧感、内疚感。

面具能量和阴影能量之间时时刻刻都处于冲突中，这些由冲突而产生的能量即是冲突能量，而促使面具能量、阴影能量和冲突能量和解并统一的能量，即为整合能量。因此，本书作者将心理能量分为面具能量、阴影能量、冲突能量及整合能量这 4 种。后文中也会根据情况将"能量"称为"动力""力量""势力"等，用词看似或有褒贬，但实际本质并无区别，每一种心理能量，都希望被主体所看到，都希望生活在阳光下，也都具有向上流动的特性，也就是说，每一种心理能量在本质上都可以被看成是追求自由和光明的独立生命体，这种独立生命体，也即荣格所说的"次级人格"。在本书中，作者会结合具体案例来分析这些"面具"与"阴影"在个体及集体中的分裂状态及它们的斗争及和解过程。

（三）"情结"——"固着"和"循环"

个体内心的固着不止一个，而是有许许多多个，每一个固着，都对应着成长中未曾得到关注的某种创伤或某种认知阻碍。这些固着就是"情结"，它的外在表现为某种循环。

情结是荣格提出的概念。我们可以从情结的产生、情结的内在性质和情结的外在表现这三个层面来理解情结概念，即片段、空间和循环。

1. 从情结的产生来看，我们可以将情结理解为一种"心理片段"。

荣格认为，情结是一种"心理片段"，其起因通常是创伤、情感打击等类似的东西，它们将心理分裂为片段。[一]这种创伤的过程，可以看作是原本一体的内心，分裂为阴影能量和人格面具能量的过程。

2. 从情结的内在性质来看，我们也可以将情结理解为一种"能量场"，这种"场所"可以被称为"情结空间"。

在没有被个体觉察及接纳的状态下，"面具动力"和"阴影动力"的分裂，会形成一种能量场，这种能量空间即是"情结"的内

[一] 荣格. 心理结构与心理动力学 [M]. 关德群, 译. 北京：国际文化出版公司，2011：72.

在本质。

所以，本书作者认为，从性质的角度，情结可以看作是"非觉察状态下"的面具动力和阴影动力的互相作用的场地空间。作为能量场地的情结，我们也可将其理解为"情结空间"。情结空间对于"面具动力"和"阴影动力"都具有桎梏性。

在前文中，我们分析了4类面具动力和4类阴影动力。而每一个情结空间，都包含了某种面具动力和与之相反的阴影动力的纠缠冲突：比如"安全面具和危险阴影"分裂而产生的情结、"归属面具和排斥阴影"分裂而产生的情结、"价值面具和卑劣阴影"分裂而产生的情结以及"生存面具和死亡阴影"分裂而产生的情结。这4种情结可称为"基本情结"。

本书作者将这4大类基本情结可分别命名为：生死情结、安危情结、爱斥情结以及尊卑情结。这些基本情结又可以不断地分化与结合，形成了很多大大小小的情结空间。比如，"利欲情结"可以看成是尊卑情结的某种分化；"玛丽苏情结"可以看成是爱斥情结和尊卑情结的某种结合。

3. 从情结的外在表现来看，我们也可以将情结理解为一种"命运循环"，这种循环通过"自动化行为"的方式来操纵个体，这也是个体命运被情结操纵的本质。

每一个情结空间，都是某种封闭的场地，在这个场地中，某种面具力量和与之相反的阴影力量不断地厮杀对抗。这种内在的厮杀对抗通常是被心理防御机制隔离在个体的意识之外，但是却会用"自动化行为"的方式，让个体的外在的生活不断地遭到某种循环式的困扰，而这正是情结控制个体心理和行为的方式。

在情结的操纵下,个体会不知不觉地陷入某种自动化行为中,自动化行为包括两个方面:内在自动化行为(即思维)和外在自动化行为(即行动)。

以上是对情结概念的三个层面的理解。个体没有觉察的情况下,会被面具动力和阴影动力所形成的对立冲突的情结空间所操纵,从而让自己的人生陷入某种循环状态的困境中。

相反,如果个体开始觉察人格面具和阴影这两种内在的分裂动力,并经过充分的接纳、抱持和正念过程之后,这两种分离动力会倾向于整合,并自然而然地向更高层次流动。整合过程是一个超越二元对立的实践过程,是自性化过程的某种体现。

心理疗愈的过程,其本质上就是通过观察自身的自动化行为来觉察到情结的存在、回溯情结产生的创伤起因、逐渐打开情结空间的桎梏、整合情结空间中的相反动力,让原本呈现分裂内耗状的心理动力整合为一种自然而然地向上流动的、对内具有积极建设性的、对外具有正面辐射性的心理能量,最终改变命运的过程。心理疗愈的过程本身就是自性化过程的某种阶段性体现。

(四)"自由流动"——马斯洛所说的"自我实现"

可以将心理能量的流动方向和马斯洛的需求层次理论结合起来,有助于理解心理能量的发生发展过程。

在需求层次理论中,生理需求、安全需求、爱与归属需求、尊重需求这4种需求属于缺失性需求,个体依赖它们才可以生存下去,而自我实现的需求属于成长性需求,是为了实现人的自我价值(见图3.5)。

图 3.5　马斯洛的需求层次示意图

人的需求有一个从低级向高级发展的过程，而这种由低级到高级的变化，正表现了心理能量从低级到高级流动的过程。当人生的某个阶段，某种相对低级的需求无法得到充分满足时，心理能量即生命力就会产生分裂、内耗和冲突，从而导致某种生命力桎梏在情结空间中无法继续向高层次流动。

而自性化的过程，则是让呈固着内耗状态的心理能量重新流动起来，流动的方向会自然而然地指向更高层的需求，此时，个体的外在表现上往往是越来越多地不再执着于缺失性需求，而是越来越多地、发自本心地指向自我实现的需求。

二、两条路径

自性化的路径是实践。

荣格将"积极想象"作为自性化的重要途径，本书作者结合正念疗法及中国传统文化观念，认为除了积极想象之外，正念觉察也是自性化的重要途径，而积极想象和正念觉察在本质上是相同的。

自性化的路径本质上是"实践",这个实践包含了和心理意象的当下沟通和对身体感受的当下觉察两个方面。

荣格提出的"积极想象"更偏向于心理意象层面;而"正念觉察"则更偏重于身体微感受层面。"积极想象"更偏重于和原型象征的含义的追溯;而"正念觉察"更偏重于心理能量的整合。如果说"积极想象"解决的更多的是意识和潜意识碰撞后的认知升级问题,那么"正念觉察"所解决的更多的是二者碰撞后,打破心理防御机制后的面具能量和阴影能量直面产生的情绪冲突问题,这种情绪冲突往往会表现为某种身体微感觉。

从以上维度可以看出,"积极想象"和"正念觉察"是密不可分的,因为意识和潜意识的界限被打破的过程所面临的不仅仅是心理意象、认知提升,也包括了心理防御被打破后随之而来的冲突性心理动力、情绪问题。

如果说"积极想象"是"天","正念觉察"则是"地",那么它们的实施主体,即意识的觉察力,即是"人"。天、地、人的共同参与,是自性化的重要途径。

(一) 正念觉察——自性化的当下之点

在禅宗的影响下,西方心理学界于 20 世纪 70 年代开始,出现了正念疗法,它由美国麻省大学教授乔·卡巴金创立,1979 年,他在麻省大学医学院开设减压诊所,协助病人以正念禅修处理压力、疼痛和疾病。至此,正念疗法正式诞生。1995 年,卡巴金在麻省大学设立了"正念医疗健康中心",从疼痛、压力等身心互动的角度研究正念疗法的效果,并将研究结果进一步应用到临床中。

卡巴金认为:正念就是有意识地觉察、活在当下、不作判断。通过有目的地将注意力集中于当下,不加评判地觉知一个又一个瞬间所呈现的体验，而涌现出的一种觉知力。① 根据卡巴金的理解，**正念疗法主要包括以下两个特征：①注意力集中在当下；②对当下的一切只感受，不评价。**

正念思想来源于本然状态的人性论思想，它主张人的本性就是人的本来面目，也就是每个人都具有的本然状态。本然状态具有两个特点：第一，没有分别心，即不强调善恶、好坏、对错等两极的区分，对所有的一切都平等地对待，不因自身的好恶来区别他物；第二，没有执着心。② 没有分别心，可理解为没有面具动力和阴影动力的对立；没有执着心，可理解为没有被情结空间所束缚。

理查·德莫斯根据荣格的曼陀罗理论—自性理论，提出了专注当下与自性的关系；他认为，只有觉察当下（now），才能体验真实的自我；如果个体受情结控制，他们则脱离了此时此刻真实自我的情感与思维，从而失去了内心的平衡；如果个体的觉察或注意力离开了当下，他们则难以感受到真实自我的存在。③④

专注当下，正是正念疗法的重要特征，因此，正念练习，可以看成是实现荣格所说的自性化过程的重要助力，它可有效解决及转化自

---

① Kabat-Zinn J. Mindfulness — based interventions in context: past, present, and future [J]. Clinical Psychology — Science and Practice, 2003, 10 (2): 144-156.

② 熊韦锐. 正念疗法的人性论迷失与复归 [D]. 长春：吉林大学，2011：Ⅱ.

③ Moss R. *The Mandala of Being: Discovering the Power of Awareness* [M]. California: New World Library, 2007: 158-161.

④ 陈灿锐，高艳红，郑琛. 曼陀罗绘画心理治疗的理论及应用 [J]. 医学与哲学，2013，486 (10)：19-23.

性化过程中的情绪冲突问题。对于我们每个人来说，开启自性化之路的时间，不是在过去，也不是在未来，而是在"当下的这一瞬间"。

(二) 积极想象——自性化的王者之道

荣格学者冯·弗兰兹认为，荣格将积极想象视为自性化的王者之道。㊀积极想象是分析心理学的核心技术，它主要来源于荣格的自我分析体验。荣格在很多著作和场合中都谈到了"积极想象"这个词。㊁

荣格在《超越功能》中第一次提到积极想象的话题与操作方法，提出具有象征意义的意象是从意识与无意识之间的对立中涌现的；在塔维斯托克讲演中，荣格首次用"积极想象"命名该方法："但是积极想象，如词语本身所指，意象拥有自己的生命，象征性事件按照它们自己的逻辑发展——当然，如果你的意识理智不干涉的话。你可以从专注于一个起点开始，我会告诉你一个我自己的经验作为例子……你可以看见这幅照片是如何开始变化的。同样，当你的精神集中在一个心理图像上时，它便开始骚动，意象会被细节丰富，它会变化和发展。……所以当我们专注于内在的图像并小心翼翼地避免干扰事物的自然流动时，我们的无意识会产生一系列的意象，使故事变得完整。"㊂荣格强调积极想象中无意识的自发性、自主性和意识的积极性、主动性，意识不加干涉地主动觉察无意识自主且自发的活动，是

㊀ 申荷永，高岚. 荣格与中国文化 [M]. 北京：首都师范大学出版社，2018：212.

㊁ 李北容，宋斌，申荷永. 积极想象的理解与应用 [J]. 心理科学进展，2012，20 (04)：608 - 615.

㊂ 荣格. 荣格文集·积极想象 [M]. 长春：长春出版社，2014：170 - 171.

积极想象的关键。荣格认为，意识的态度是片面的，其排斥或压抑的内容便处于无意识之中（包括个人无意识和集体无意识），因而无意识对意识具有补充或补偿的作用，意识与无意识的统合才构成完整、健全的心灵，于是，消除意识与无意识之间的分离便成为治愈心灵之道，通过积极想象，无意识内容显现、赋形，创造性意象在意识与无意识的对立之中涌现，并被整合到意识领域。意识因而得以扩展和丰富，心灵便获得整合。㊀

根据荣格的观点，积极想象有三个重要的特征：①关注某个心理意象本身；②意识不去干涉这个意象的发展和变化过程，只观察、感受这个过程，不评价、干涉这个过程；③积极想象的作用是为了消除意识与无意识之间的分离。

从积极想象的特征来看，它和正念疗法本质上其实是统一的。

正念疗法的创始人卡巴金博士人为，正念的源头之一是《四念处经》，经中认为正念修行主要包括4个觉察对象：身、受、心和法。我国台湾学者胡君梅基于实践领悟对这几个部分做了阐释："身"可以理解为身体感觉，"受"可以理解为情绪、心情或感受；"心"可以理解为想法、认知或观点；"法"可以理解为前三者和世界万物的互动、分化、整合、发生作用等一切过程。

因此，积极想象的过程，非常类似于正念疗法中以"心"为觉察对象的实践过程。对"心"的正念觉察，即对于想法、认知或观点的正念觉察；积极想象的觉察对象是"心理意象"，而在心理过程中，心理意象是属于表象的范围，属于"认知"的范畴。因此，积极想象

㊀ 李北容，宋斌，申荷永. 积极想象的理解与应用 [J]. 心理科学进展，2012，20（04）：608-615.

法可以看成是正念疗法的一种形式,其专注对象是认知。

因此,可以发现积极想象和正念疗法的内在联系:积极想象可以看成是专注于心理意象的正念疗法;而通常所说的"正念疗法"可以看成是专注于"身、受(身体感觉、情绪感觉)"的正念疗法。这二者本质上是统一的。因此,自性化的途径包括了身、受、心、法的统一。

积极想象的本质,也是无为而为地让混乱的状态区域有秩序。荣格在各种场合探讨积极想象技术时,都要讲一个"求雨者"的故事:

> 举一个"入道"及其共时性效应的例子,我将引用卫礼贤告诉我的胶州求雨者的故事:卫礼贤生活的地区发生了严重的干旱,数月没有下一滴雨,情况近于灾难。天主教徒做了游行,新教徒做了祈祷,当地中国人焚烧祭拜,并用枪炮想吓跑旱鬼,但都没有效果。最后,有位中国人说,"我们要去请求雨者了"。于是,从外省来了一位干瘪的老头。他只要求一处安静的茅屋,将自己锁在里面三天的时间。到了第四天,天空中乌云密布,下起了暴雪。那里没人想到这时节会下雪。事情非同寻常。有关求雨者的消息不胫而走。卫礼贤赶去询问这人如何能做到。他问道:"他们称你为求雨者,你能告诉我你是如何造雪的吗?"这位中国老头说:"我没有造雪,下雪不关我事。"卫礼贤接着说:"那你这三天都做什么了呢?""噢,这我可以解释,"这老头说,"我来自有序之乡。这里杂乱无章,触犯天条,国已失道。由于我在失道之国,我也有失本然。因此我只有等待三天,直到我回归于道,雨自然就下了。"㊀

㊀ 申荷永,高岚. 荣格与中国文化[M]. 北京:首都师范大学出版社,2018:211.

求雨的过程就隐喻了积极想象的过程，积极想象本质上也是一种"共时性"，这是一种由个体主导的共时性，这种主导是"无为无不为"的，这也可以理解为一种内心的"吸引力法则"——当你的内心足够有秩序了，你也就会自然而然地吸引来有秩序的外在环境，原先面临的问题也会无为无不为地得以化解。

在本故事中，面对干旱，"天主教徒做了游行，新教徒做了祈祷，当地中国人焚烧祭拜，并用枪炮想吓跑旱鬼，但都没有效果"。这些方法为什么没有效果呢？因为他们存在着某种希求心，希求心的本质是一种面具动力，即对某种理想化状态的渴求，本质上是一种侥幸或妄想。他们期望在"外相上"得到某种"理想化状态"，在二元对立的层面，希望面具动力能够战胜阴影动力，这违反了自然规律，违反了"道"的本质，所以大概率会失败。

而中国老头则不然，他没有希求心，他说："我没有造雪，下雪不关我事。"他的关注点并非在"解决某个具体的、外在的问题"上，而是首先将自己充分体验在某个问题情境中，通过自身敏锐的觉察力去感受处于这种情境中自身的"内在的混乱状态"，此刻，他的关注点在内而不在外，其心理能量投注在自身，而并非投注在外界。

当心理能量投注在自身的时候，通过对这种混乱状态的充分的觉察、对自然而然出现的心理意象和身体微感觉的充分的展开和抱持、充分地感受和意象层面的充分的表达……最终，内心原先对立、冲突的各种心理动力自然而然地得以整合，并呈现出某种有序状态，这种个体心理动力的整合和有序必然会辐射到外界、辐射到集体、辐射到时空，从而吸引及创造外界的有序的状态（这是吸引力法则的本质，也是共时性原则的本质）。值得注意的是，在整个过程中，这个求雨者是"名求雨"，而非"真求雨"，他并没有某种希求的心，一切都是自然而然、无为而为地发生的。

另一个值得注意的地方是，村民们希望"求雨"，而最终求来的却是雪，虽然表现形式和村民们一开始头脑中的理想化状态不一致，但最终问题还是得以解决了。这隐喻了在解决问题的实践过程中，当外界的问题会随着自身心理动力的整合秩序而得以解决时，解决的具体路径往往和一开始我们头脑层面的理想化状态并非是完全一致的。所以，在具体实践中，我们要对"计划外状态"保持充分的抱持感和灵活的顺势而为，而不要被头脑计划或想象观念所桎梏。

举个例子，本书作者在中央美院开设的艺术治疗相关课程中，经常会引导学生将积极想象融入艺术创作中。学生有时会接触到难以驾驭的艺术材料，这往往会导致意料外的突发情况出现，导致创作计划无法顺利实施。每当此时，本书作者就会引导学生尽量顺势而为地接纳这些计划外状况，即对一切突发状况保持一种好奇、接纳的心理，破除对立心，尽量不要将突发状况当成是某种"错误"，而是将突发状况当作是一种资源来应用，融入创作中，这往往会使创作得到一个意想不到的正向结果。

三、四种力量

自性能动力包括了 4 个方面：觉察力、抱持力、实践力和意愿力。这 4 个方面并不是抽象的思维概念，而是真实的身体感觉。通过"正念"训练，自性能动力可以逐渐地、无为而为地、自然而然地被我们重新贴近及获得。

这四种力量既是自性化的必要前因，也是自性化的必然结果，条件和结果之间互为因果，互相影响，最终会共同让个体或集体能量进入良性循环。

在本书作者的另一部专著《光影荣格：在电影中邂逅分析心理学》中，曾将这种力量命名为"主观能动力"，但是经过这一段时间的实践和领悟后，决定将其更名为"自性能动力"。这一来是为了更为契合荣格的终极理念；二来"主观"二字，会直观地让人误解为这种力量是有为的、主动的、由意识小我（ego）而生的，这未免和荣格的思想及中国传统文化中的精神相违背，因为实际上这种力量更多地源自"自性"，它是无为无不为的、顺势而为的。

主体在真心诚意的愿力（意愿力）下，以洞若观火的智慧（觉察力）、感同身受的慈悲（抱持力）、行云流水的流动（实践力），对于我们内心的每一种心理动力进行充分觉察、充分尊重，并以适当的方式，让心理动力充分流动、充分表达。

很多人在二元对立思维的桎梏下，会将"让某种心理动力充分地流动和表达"错误地理解为"被某种心理动力操纵"。

这是有失偏颇的。比如，同样是表达愤怒这种常见的冲突力量，在充分觉察和充分抱持下的表达愤怒，意味着你是主人，而愤怒是你的力量和资源，你可以清醒地、合理合法地、行云流水地运用真诚的愤怒力量为自己服务，力所能及地获得你渴望获得的心理或社会资源。

而"被愤怒操纵"，则意味着愤怒的当下这一瞬，你对愤怒情绪产生的心理意象及身体微感觉缺乏充分的觉察和充分的抱持，这意味着你是傀儡，而愤怒是主人，你将在愤怒的操纵下，自动化地、头脑不清醒地做出某些害人害己、事后后悔不已的行为。

某种心理动力是否出现、是否存在——这是我们不可控的；但是，它出现后，是否能在充分觉察和充分抱持的情况下，尽量得到充分的、合理的实践（即流动，也即表达），这才是我们生而为人的"可控半径"。

自性能动力、整合能量和马斯洛所述的自我实现的力量，这三个概念本质上也是相通的：意愿、觉察、抱持和实践，既是整合的必要条件，也是整合的必然结果；既是静态的状态描述，也是动态的实践过程。每个人都拥有这种自性能动力，只不过大多数时候，它被"二元对立"的感知思维模式所桎梏。

当对立内耗中的能量被整合后，它们就不会继续被禁锢在情结空间中，而是自然而然地向上流动，最终达到马斯洛所阐述的自我实现的状态，所以，自性能动力、整合能量也可以看成是促进自我实现的力量。

如果说面具能量更贴近超我的功能，阴影能量更贴近本我的功能，心理防御机制更贴近自我的功能，那么自性能动力显然是更贴近自性的功能。在自性能动力没有被个体充分觉察的情况下，它容易被面具能量或阴影能量分裂所导致的情结空间所吞噬，导致自我更加弱小；而相反，如果人们觉察到自性能动力的存在并愿意和它逐步沟通，那么自性能动力会主动地吸纳、转化面具能量和阴影能量，从某种程度上来说，面具能量、阴影能量以及二者冲突导致的冲突能量，都可以作为自性能动力的"食物"即滋养来源。

我们结合"正念"来具体讲述觉察力、抱持力、实践力和意愿力的具体表现：

在实际操作过程中，意愿力可以理解为对于脱离某种情结空间桎梏的期待，对于这种情结空间背后的循环消耗性本质有清晰的认知和感受。在现实生活中，意愿力往往在遭受生活磨难及内心冲突后出现，它的出现是原有的心理平衡被打破后的积极结果。

在心理咨询的过程中，部分来访者是主动地来到心理咨询室寻求帮助，而部分来访者是被家人"强制性"带到心理咨询室寻求帮助，这两种情况，前者较之后者，往往能够得到更好的心理调适效果，这种现象正反映了"意愿力"的积极作用，正是来访者本人内心的想要改变现状、想要突破自我的巨大意愿力，让心理咨询的目标能够更顺利地达成。

意愿力在个体发展过程中是非常重要的自性能动力，但具体到实践过程中，很多人会将其和"面具动力""侥幸"或"妄想"等相混淆。本书作者在此提出 4 个鉴别方法：①意愿力是可控半径之内的，而面具动力则往往是可控半径之外的。②意愿力是整合性质的，而面具动力往往是对抗性质的。③意愿力脱离了某种循环，而面具动力则是对循环中某种状态的极端希求。④面具动力存在侥幸心理。

那么，什么又是身体感受层面的真实的觉察力、抱持力、实践力呢？可以参考以下心理咨询中的这段对话：

咨询师："我们尝试去感受一下内疚感，尝试回到这个情景中，允许内疚感存在一会，去感受一下自己的身体感觉。"

来访者："感觉心脏难受，肚子憋气。"

咨询师："让这种感觉存在一会儿，你去静静地感受它。"

来访者："感觉有火在喉咙和胸口。"

以上这段咨访对话片段，可以让我们了解正念疗法的几大要点——觉察力、抱持力、实践力：

觉察力：即觉察内心的心理动力以及心理动力在身体上的微感觉：可以将某种抽象的情绪，转化为某种身体感受。

比如，上文中的来访者将"内疚感"转化为"心脏难受，肚子憋气……"的身体感受。这是自我觉察的过程。

抱持力：以不对抗的心（即尽量放松的、尊重的身体微感觉），允许这种以上这种身体感觉存在。

如上文中咨询师所说的"让这种感觉存在一会儿，你去静静地感受它。"

在情结空间的自动化行为的控制下，个体本能地去回避这种"心脏难受、肚子憋气"的身体感觉，因为个体有一种根深蒂固的评价性的信念："这种感觉是不好的、不应该存在的。"所以，个体不允许它存在。而抱持力则是用正念的方式，用全身放松的方式尊重这种感觉，允许这种感觉存在。

这个环节重要的是"不对抗、放松"，但是，大多数时候，感觉是否出现，是无常的、是个体难以控制的，所以，如果真的出现了"对抗、紧张"，那就顺势而为，感受这种"对抗、紧张"的身体微感觉，也即对"对抗"的"不对抗"。

实践力：即以不对抗的心，以放松的身体，去追踪感受的变化和流动过程，并以适当的方式表达这种感受。

如上文中来访者的感受，由一开始的"感觉心脏难受，肚子憋气"变为"感觉有火在喉咙和胸口。"

因为感觉的变化是无常的、超出我们控制的，所以我们尽量去感受这种变化过程。

除了感受这种变化，还尽量去顺势而为地表达某些心理动力，让这种内心的动力能够和外界环境发生作用。在表达强烈冲突感受的时候，有时会伴随着明显的外显情感表达如哭泣、怒吼等，这也是自我实践中让心理动力自然而然地流动的过程。

以下是中央美术学院绘画心理分析工作室的同学的作品《不止一

色——正念觉察中的领悟》（见图3.6），该同学用绘画的方式，表达了其在日常生活中的正念练习心得，以下文字也是创作者的内心表达：

"心理疗愈的本质在于体验、接纳与和解，而正念练习可以帮助我们更深入地领悟这一过程。本作品即是用绘画的方式表达了我在正念觉察过程中的领悟。

本作品中"手"象征了正在体验生命的我，而五彩斑斓的色彩则象征了我的多姿多彩的情绪，对于情绪，我们只应去客观地体验和接纳，而并非是评判和逃避。

从前的我，遇到悲观的情绪常常感到自责，对自己一时的不够乐观感到不满、自卑。渐渐地，在不断的正念练习中我发现，如果我们只愿紧握愉悦、幸福这些正面情绪，而一味逃避愤怒与悲伤等负面情绪，那么我们只会在其中奋力挣扎，越陷越深……越是想要控制，反而越是容易走向失控的迷途。

倘若我们轻轻松手，任五彩缤纷的色彩随风飘舞，那孤独、甜蜜、压抑、愉悦——它们自在地旋转交融。一开始我有些难以接受，但在一次次地讲出自己的情绪状况，一次次地在正念练习中感受自己的各种情绪带来的呼吸变化，感知着它们与身体的连接以后，我发觉即便是负面悲观的情绪，同样是我的一部分，同样值得尊重。

无须逼迫它们的去留，我们可以试着用平等的爱意抚摸着它们。急躁痛苦时，我选择把注意力转到呼吸，用呼吸引导着向内感受着自己，和情绪待在一起，我发现我的情绪同样也需要我的陪伴与爱护，我不再控制它马上要变成其他情绪，用所谓的"糟糕的情绪"来训斥它，而是尊重它的产生同样是合理的，陪着它，听它倾诉。渐渐地，从体验到接纳——不是强硬地控制，而是与内心自然产生的一切五彩斑斓的颜色和解了。不给情绪加上"好与坏"的枷锁，我们便能更加珍惜每个当下的自己。

从此，我的手不再紧绷。

我，感受着各种色彩在我的掌中与指尖流淌。"

图 3.6 《不止一色——正念觉察中的领悟》

在以上案例中，该同学通过真实的日常实践，深入觉察了正念过程中对于自己涌现出的各类情绪的处理方式。觉察力在这一过程中体现为对各种各样的正面及负面情绪的充分体验；抱持力体现出这一过程中体现为"松手"即对所有情绪的全然放松接纳的状态；实践力体现为在日常生活中认真实践正念这一过程，也包括了用绘画的方式充分表达了这一过程；意愿力体现为其对于自身生命力量完善和潜力充分发挥的渴望。

以上只是一种参考，具体到每个个体，在实践中都能够摸索出属于自己的最适宜的正念练习模式。通过正念的方式，我们可以越来越多地感受到觉察力、抱持力、实践力和意愿力，这四种力量彼此之间也是相辅相成的，每一种力量的增强，都会为其他三种力量的增强创造条件。所以，时时刻刻通过正念的方式观察自己，会不断促进自身的生命能量进入良性循环。

四、三大提升

自性化的过程包括了情绪提升、认知提升以及集体提升这三大方面。

其中，个体自性化的过程包括"理"和"情"即"认知"和"情绪"这两个方面的整合和升级。情绪方面的主要任务是让原本呈内耗状态的心理能量重新整合，主要涉及"人格面具"和"阴影"原型之间的整合。这一过程中涉及的主要技术是"正念身体觉察"。认知方面的主要任务则是意识和潜意识的整合，主要涉及的技术是"积极想象技术"和"智慧老人"原型。

随着情绪和认知两个方面的不断整合和不断升级，个体的意向也会发生着自然而然的、无为而为的改变，会往相对好的方向改变；这两个方面是一体两面、相辅相成的，能量整合的过程中会自然而然地产生认知升级，同样，认知升级的过程也会反过来促进能量整合。

除了这两个方面之外，自性化的提升还包括一个重要的部分，就是为集体带来某种贡献，促进集体能量的整合，给集体带来某种整合性、秩序性、完整性和超越性，促进集体中他人的自性化过程。这是内在整合态的心理能量自然而然地向外辐射的过程。

第五节　自性化的表现

综上，本书将从自性化的路径表现、自性化的状态表现这两个方面，来阐释自性化。

一、自性化的路径表现

前文中，我们分析过，自性化的实践路径离不开积极想象和正念觉察，前者更主要的是促进意识和潜意识的整合，解决的是认知升级问题；后者更主要的是解决面具能量和阴影能量直面过程中的负面情绪感受，解决的是情绪内耗问题。这两方面是一体两面的。

因此，从自性化的过程来看，"觉察"和"表达"是关键词，这也是自性化过程不可或缺的途径。

在中国古代，很多人通过绘画、诗歌、小说或戏剧创作等来抒发情志，可以说，这正是一种积极想象指导下的表达性心理治疗；寄情山水和打坐修行也是古代人自我疗愈的重要方式，这即是正念觉察下的身体力行的实践过程；积极想象和正念觉察，可以看作是自性化的两条重要途径。

因此，通过对艺术创作中的心理象征的分析，我们可以分析古人的积极想象以及正念觉察的实践过程。

二、自性化的状态表现

自性化的状态表现包括两个维度的四种表现。两个维度即是"能量-认知"维度和"个体-集体"维度。

从"能量-认知"维度来看，自性化的状态包括能量整合和认知升级；从"个体-集体"维度来看，自性化的状态表现包括个体提升和集体提升。

（一）个体状态表现——个体自性化在本人身上的体现

自性化的个体状态表现包括个体能量表现和个体认知表现着两个方面。

前文中，我们分析过，自性化过程包括"心理能量""面具动力和阴影动力""情结""自由流动"这几个概念，以及在"觉察力""意愿力""抱持力""实践力"的作用下的持续互动过程。

因此，自性化的个体状态表现，表现往往是面具动力和阴影动力的内耗减少、情结被转化、心理能量整合并向上流动，总体表现为情绪内耗减少；随着情绪内耗减少，个体内在的智慧老人原型会自然而然地吸引来某种外在显现，个体的注意力资源会被某个更高层次的信念或理论所吸引，走出原本相对低层次的认知桎梏，实现认知升级，显现某种创造力，形成某种整合性的思维方式，产生某种智慧结晶。

因此，通过对古人的文章诗歌、哲学思想、文学评论、传统文化经典评论的分析，我们可以从内耗减少、自我接纳程度提高、倾向于表达真实的情绪和观点、务实性、认知升级、创造力、整合性思维方式、智慧结晶等角度来分析自性化过程的个体表现。

（二）集体状态表现——个体自性化带给集体的贡献

每一个个体的自性化提升，都会无为而为地辐射到外界，为集体带来升级突破。

自性化的集体表现，是指高度自性化的个体，会将自身的具有整合性质的心理能量自然而然地辐射至外界，给外界集体带来某种程度的建设性，这种建设性包括整合性、秩序性、完整性和超越性，让集体更多地呈现出某种整合态。

和自性化的个体表现一样，自性化的集体表现也包括能量整合和认知升级这两个方面。

自性化的集体表现即是为集体带来某种突破性，这种突破性可以体现在思想观念上，也可以体现在社会制度上。

高度自性化的个体会促进集体能量整合和集体认知升级。比如：高度自性化的个体能够让内在个体心理本能和外在现实状况整合而非对立；高度自性化的个体，由于其情结空间中的被桎梏的能量较少，所以执念较少，"我执"较少，相对能够更多地破除私心、破除伪心，建立真正的公心；比如政治家身居高位没有沉湎于个人享乐，而是专注当下，以高位为平台，勤勉克俭，切实地将自身的本能心理动力和为国为公之心相结合，为国家带来正面的辐射力；更倾向于整合貌似对立的观点，如哲学家、思想家整合了社会上几种不同学派的观点；或者为集体带来某种全新的观点或全新的思维角度；倾向于带领集体突破某种循环，如政治家改革了前朝的弊病，为集体带来某种提升，如促进横向集体心理能量的平等和谐、促进纵向心理能量的稳定循环、促进集体能量之间的有序博弈，等等。

因此，通过对古代杰出人物的政策策略、哲学思想、时代影响力等方面的分析，我们可以分析自性化过程的集体表现。

从自性化的路径表现来看，这些人物往往涉及正念觉察过程（如务实、专注等），以及积极想象过程（如诗歌表达、绘画表达、戏剧表达、观点表达等），见表3.1。

从自性化的个体状态表现来看，这些人物往往涉及自身能量整合（如情绪愈加稳定、对现实能愈加更好地接纳、对自身真实状态和发展方向均表现得愈加充分尊重、自身心理动力愈加整合、自身心理原型愈加整合等），以及认知升级（如创新型观点的提出、创新性思考角度的总结、突破思维定势、摒弃不合理观念、认知观点的巨大改变等）。

从自性化的集体状态表现来看，这些人物往往涉及为集体带来某种整合能量上的整合态（如减少了集体的内耗状态、给集体带来了某种秩序、促进了集体中不同小集体的和谐、促进了集体的健康循环、促进了集体心理能量之间的有序博弈等），以及促进了集体认知的升级（如为集体带来了某种新观点、新的思维角度、整合了集体中原本相对立的观点、承担了集体智慧老人的角色等），见表3.2。

表 3.1　自性化的路径表现

自性化路径	积极想象	正念觉察
自性化的路径表现	绘画、诗歌、小说或戏剧创作、观点表达等	专注、务实、寄情山水、心理能量投注当下等

表 3.2　自性化的状态表现

自性化的状态表现	能量	认知
个体状态表现	情绪愈加稳定、对现实能更好地接纳、自身心理动力愈加整合、自身心理原型愈加整合、对自身及他人真实状态和发展方向表现得愈加尊重等	创新型观点的提出、创新性思考角度的总结、突破思维定势、摒弃不合理观念、认知观点的巨大改变等
集体状态表现	减少了集体的内耗状态、给集体带来了某种秩序、促进了集体中不同小集体的和谐、促进了集体的健康循环、促进了集体心理能量之间的有序博弈等	为集体带来了某种新观点、新的思维角度、整合了集体中原本相对立的观点、承担了集体智慧老人的角色等

在第四章至第七章中，我们会根据表3.1和表3.2，从自性化的积极想象路径表现、自性化的正念觉察路径表现、自性化的个体能量状态表现、自性化的个体认知状态表现、自性化的集体能量状态表现、自性化的集体认知能量等6个层面来分析朱元璋、徐渭、李贽、张居正独特的自性化历程。

第四章
内圣外王——
洪武皇帝朱元璋的自性化

明朝开国皇帝朱元璋的经历极具传奇色彩,以淮右布衣之身最终问鼎九五至尊之位,开创了长达300多年的稳定的大一统的王朝,这在中国甚至世界历史上都是凤毛麟角的。

按照荣格的共时性观点,外境的改变会对应着内心的剧烈转变,反之亦然。因此,这位开国皇帝的外在命运的惊人转变,

图4.1　明朝开国洪武皇帝朱元璋

必然对应着其心灵上的蜕变;而心灵上的每一次蜕变,也会悄悄地吸引着外在命运发生着齐驱并进的新生。因此,对这位开国皇帝从布衣到皇帝的心路历程进行自性化角度的分析,能够让我们更加深入地领悟和理解个体的自性化之路。

《御制皇陵碑》成文于洪武十一年,当时朱元璋已经五十岁左右,早已建立了大明帝国并定都南京,整个社会趋于稳定。有关该文的成文背景,朱元璋亲述:**"予时秉鉴窥形,但见苍颜皓首,忽思往日之艰辛。况皇陵碑记,皆儒臣粉饰之文,恐不足为后世子孙戒。特述艰难,明昌运,俾世代见之。"**

所以,《御制皇陵碑》可以看成是苍颜皓首的洪武皇帝,力求抛却儒臣虚假粉饰之辞的、相对真实的回忆录。因此,我们将结合这个简短的回忆录及其他史料,追寻这位开国皇帝从早年到称帝后的真实心路历程,这一过程可以看作是朱元璋修身、齐家、治国及平天下的

第四章
内圣外王——洪武皇帝朱元璋的自性化

过程，是心理能量的内在修通并不断地辐射到外界的过程。

如果说《御制皇陵碑》是洪武皇帝实践过程的总结，那么《御注道德经》则是他认知水平的体现。在《御注道德经》中，他通过与内心的智慧老人的深入沟通，结合自身真实的人生课题，证悟而得无与伦比的治国智慧。本书作者就以《御制皇陵碑》和《御注道德经》为主要材料，结合其他史料，来分析洪武皇帝的实践历程和内心领悟。

本章结合现有史料，从洪武皇帝朱元璋的自性化的实践路径、自性化的个体能量状态表现、自性化的集体能量状态表现、自性化的个体认知状态表现等，分析阐释了朱元璋的自性化历程。第一节结合朱元璋晚年自传《御制皇陵碑》，分析了朱元璋从苦难少年到皇帝的实践历程和心路历程，重点阐述了他与阴影心理能量和冲突心理能量的沟通过程；第二节结合史料，从能量的吸引力、内在心理能量和外在现实状况的一致性、促进横向集体能量的平等和谐、促进纵向集体能量的稳定循环、防止情结带来的集体内耗等5个方面，分析了他的内在自性化境界给集体带来的整合态；第三节结合朱元璋的《御注道德经》，分析朱元璋在内心的智慧老人原型指引下的自性化过程中的智慧结晶。

第一节 从"修身"到"平天下"
——《御制皇陵碑》中的实践历程

一、阴影能量的内化——苦难的"潜龙"

明皇陵是明代最早建制的皇陵,位于朱元璋的家乡濠州钟离县(今安徽省凤阳县),是他为自己的父母兄弟建造的陵墓。

在这座皇陵中,埋葬着朱元璋的父亲仁祖淳皇帝朱世珍和母亲淳皇后陈氏、大哥南昌王朱兴隆和大嫂南昌王妃王氏、二哥盱眙王朱兴盛和二嫂盱眙王妃唐氏、三哥临淮王朱兴祖和临淮王妃刘氏、侄子山阳王朱圣保和侄子招信王朱旺儿等亲属。

然而,这些亲属的帝、后、王、妃等尊贵封号,都是在朱元璋登基后为他们追封的,在生前,这些人都是挣扎在社会最底层的、饱经战乱摧残的、连基本的生存需求和安全需求都难以满足的苦命人。

朱元璋在早年曾经历过难以言喻的心理创伤。他个人的苦难可以看作是社会悲剧的缩影,他不幸生在元末这样的乱世,腐败不堪的朝廷和贪污成性的官吏,将百姓视为可以任意宰割的鱼肉和随意践踏的蝼蚁,在这个普通人生存和安全得不到任何保障的社会环境中,一丁点儿动荡都会造成巨大的严重后果。在这个整体背景下,天灾和人祸、饥饿和战乱一个接着一个地夺去了朱元璋的亲人的生命。

《御制皇陵碑》中开头就记载了这样一幅悲惨画面:

"昔我父皇,寓居是方,农业艰辛,朝夕彷徨。俄尔天灾流行,眷属罹殃,皇考终于六十有四,皇妣五十有九而亡。孟兄先死,合家守

第四章
内圣外王——洪武皇帝朱元璋的自性化

丧。""田主德不我顾，呼叱昂昂，既不与地，邻里惆怅。""忽伊兄之慷慨，惠此黄壤。""殡无棺椁。被体恶裳，浮掩三尺，奠何肴浆。""既葬之后，家道惶惶；仲兄少弱，生计不张；孟嫂携幼，东归故乡；予亦何有，心惊若狂；乃与兄计，如何是常；兄云去此，各度凶荒；兄为我哭，我为兄伤；皇天白日，泣断心肠。兄弟异路，哀恸遥苍。""值天无雨，遗蝗腾翔。里人缺食，草木为粮。""汪氏老母，为我筹量，遣子相送，备醴馨香；空门礼佛，出入僧房。"

朱元璋17岁那年，家乡惨遭旱灾，旱灾之后又遭遇了蝗灾，蝗灾过后紧接着又是瘟疫，在这场连锁灾难中，朱元璋的父母和大哥先后离世；至亲离去后，朱元璋哀求地主刘德赐予片土埋葬亲人，却被对方拒绝了，并遭到了对方的呵斥辱骂。幸好刘德的兄长是一个善良的人，他施舍了一片土地给朱元璋，让他的亲人在死后能够入土为安。亲人们被埋葬的时候身上只是盖着破衣裳，被那三尺浮土掩埋了，坟前也没有供奉任何吃喝祭奠之物。埋葬了父母亲人后，还没来得及充分表达悲伤，家族成员们就需要面对巨大的现实恐慌，天灾人祸之下，周围都已经没有吃的了，明天说不定就会被饿死。在现实的生存压力和死亡威胁下，整个家庭分崩离析：大嫂带着侄子回娘家了，朱元璋自己也不得不和二哥分开，各谋生路。在善良的邻人汪妈妈的帮助下，他走上了出家礼佛之路。

短短的一个月时间，朱元璋遍尝人间苦难——至亲死亡和离别时的心酸和无奈、上位者拒绝和辱骂时的无助和羞耻、自身最基本的生存需求得不到保障时的恐惧和焦虑以及对这个世界的深深的无力感和失控感……在人间17年时间建立的内心秩序，顷刻间就因为外界无常的力量毁于一旦，此时，巨大的死亡阴影、失控阴影、无助阴影和卑劣阴影等，不可避免地内化进他的内心中。

但是，经历过世间的阴影面，他也更能识别和体会到善良的可贵，在苍颜皓首之年，他依然能清晰地回忆起来自刘德的兄长刘继祖、邻居汪妈妈等人的慈悲而不求回报的帮助。根据《万历野获编》记载："**洪武十一年，诰封刘继祖为义惠侯，其词略云：朕微时罹亲丧，难于宅兆，尔发仁惠之心，以己沃壤，慨然见惠。安厝皇考妣，大惠云何可忘！因赠以侯，并赠其妻娄氏为侯夫人，仍为文以祭。宅兆即今泗州祖陵是矣。不讳龙潜之事，不忘马鬣之恩，存故旧，报德施，大哉圣孝，真只千古矣！刘继祖，字大秀。**"㊀洪武皇帝以德报德，让刘继祖及其后代获得了与明朝国祚同寿的丰厚回报。

二、与孤独和羞耻的相处——礼佛与云游

17岁的朱元璋在汪妈妈的帮助下进入寺庙出家为僧，以期能够求得稍许安稳的生活。然而，在这个乱世中，普通人想寻得某种外在庇护，以满足自身的生存需求和安全需求，这注定是一种奢望和幻想。"**居未两月，寺主封仓。众各为计，云水飘扬。**"不到两个月，寺主就告诉大家没有吃的了，让大家各自出去云游。求得最基本的生存和庇护的幻想也被打破了，朱元璋不得不踏上了名为游方僧实为乞丐的道路。

任何一种磨难，背后都暗含着某种命运的馈赠。在顺境中，人们很难主动地去打破情结空间的桎梏，因为打破情结空间意味着需要直面阴影能量和冲突能量带来的痛苦感受，而这往往违背人们的本能。因此，顺境中的人们的阴影能量，往往会本能地被现实防御和心理防御牢牢地

㊀ 沈德符. 万历野获编·下 [M]. 北京：中华书局，1959：787.

第四章
内圣外王——洪武皇帝朱元璋的自性化

桎梏住。而在逆境中，人们在外在的命运力量的摧残之下，现实防御和心理防御均被打破，所以更容易直观地感受到这种阴影力量，不得不主动地和阴影能量进行沟通。看到阴影能量并和阴影能量沟通相处，这是打破情结空间桎梏、促进内心整合的必然前提。

而朱元璋对于自己云游过程中的感受，描写得极为细致："**我何作为，百无所长。依亲自辱，仰天茫茫。既非可倚，侣影相将。突朝烟而急进，暮投古寺以趋跄。仰穹崖崔嵬而倚碧，听而凄凉。魂悠悠而觅父母无有，志落魄而佪偟。西见鹤唳，俄渐沥以飞霜。身如蓬逐风而不止，心滚滚乎沸汤。**"

以上对负面感受和消极心理意象的详细描述过程，正是朱元璋对逆境中阴影能量的最直观而积极的想象过程和正念觉察过程。对"仰穹崖崔嵬""鹤唳""飞霜""身如蓬逐""沸汤"等心理意象的象征性含义的充分领悟和表达，正对应着积极想象的过程，这些心理意象背后的象征含义是"孤独弱小"，也是他这段描写的关键词。他觉察到，自己是弱小的、是"百无所长的"、是孤独的、是没有任何人任何力量可以依靠的；他没有自欺欺人地否认这一事实，而是坦然承认这个事实的存在——这里"承认"并不仅仅是头脑意识层面的认可，而是指每一个身体细胞对于这个事实带来的负面感觉的接纳、抱持、放松和流动，这就是和阴影能量沟通实践的过程，其中同时包含了积极想象过程和正念觉察过程。（值得注意的是，如果只是头脑意识层面的"认可"，而身体细胞层面和头脑意象层面没有接纳这个事实的话，就会陷入"知行不合一"的境地，让内心形成情结内耗。）

"反者道之动，弱者道之用"，真正从内心中承认接纳了自己的弱小感，并允许了这种弱小带来的相关感受的存在、流动，弱小感就逐渐转化为自性化的资粮，在自性的指引下，阴影能量开始由破坏性逐渐向建设性转化。

一晃三年过去了,朱元璋已经二十岁了,三年的云游时光,可以看作是他和孤独阴影、卑劣阴影充分沟通的时间,孤独阴影和卑劣阴影的能量被主体充分转化和整合。所以,这三年的磨难在他的人生之路中是宝贵的财富,他领悟了对阴影能量的转化过程,也即进行了人生中第一次"蜕变"。

三、与危险和死亡的沟通——回归与造反

在外云游三年之后,二十岁的朱元璋又回归了家乡的寺庙。他为什么又会选择回归呢?我们可以从《御制皇陵碑》那春秋笔法的隐晦文字中,推测出真实的原因,那就是"他恐惧了"。

"时乃长淮盗起,民生攘攘,于是思亲之心昭著,日遥眄兮家邦。已而既归,乃复业于於皇。"因为他云游的长淮地区盗贼横行,所以他才赶回了家乡。在这个乱世中,独自一人在外的他,不可避免地会遇到以杀人越货为业的盗贼,他必然时时刻刻面临着巨大的安全威胁,所以他逃回了寺庙中。

三年的云游时光,让他可以充分地直面孤独阴影和卑劣阴影。然而,死亡阴影和危险阴影则比孤独阴影和卑劣阴影更低级,对个体的控制力量也更巨大。所以,直面死亡和危险阴影,要比直面羞耻和孤独阴影需要更大的勇气。君子不立危墙之下,朱元璋说到底也是一个普通人,因此,他做出了"逃离是非之地、回到熟悉的家乡"这个普通人都会做的选择,这个举动反映了人类对于安全感和控制感的追寻。

他在庙里又度过了三年相对平静的时光。然而,阴影力量令人无奈的地方在于"越怕什么越来什么",暂时的平静生活最终还是被意料之

第四章
内圣外王——洪武皇帝朱元璋的自性化

外的无常力量给打破了。

"住方三载，而又雄者跳梁。初起汝、颖，次及凤阳之南厢。未几陷城，深高城隍，拒守不去，号令彰彰。友人寄书，云及趋降，既忧且惧，无可筹祥。傍有觉者，将欲声扬。"在庙里住了不到三年，又有豪强起义出现了，从汝州和颍州开始，后来又波及凤阳的南厢，起义军借着深高城厚的优势，拒守不去，并开始自行发布各种号令。这时候，朋友（汤和）来信邀请朱元璋投奔义军。很快，朱元璋身边有人发觉了，很可能去告发他。

此刻，朱元璋再也无法逃避危险阴影了——应汤和之邀参加起义？那意味着他要放弃现在看似有口饭吃、得过且过的生活，而踏上一条凶险而生死未卜的道路；拒绝汤和的邀请？可是周围已经有人知道他和起义军通信之事，并且很可能去告发他，他依然面临着巨大的生命危险。

去还是留？无论往哪个方向走，都必然面临着巨大的危险和不确定性。这正是人类的无奈，在现实生活中，两难选择无处不在，并没有什么绝对正确的选择，没有哪一种选择，可以让我们绝对避免阴影力量和冲突力量带来的负面感受。

对于这一段心路历程，朱元璋用了真实的**"既忧且惧，无可筹祥"**这八个字，恐惧、忧愁、不知道该怎么办，是他这一时间段的心路关键词，也是他和危险阴影沟通时真实的内心感受。

"无可筹祥"反映了他对于"不确定性"的真实觉察。人们是无法从逻辑的角度去解决生活中的不确定性问题的。当面临不确定情境时，我们要在内心和这种不确定性和平共处，允许这种不确定性带来的恐惧和焦虑存在、流动，并对它进行充分的抱持，这是和危险阴影沟通的核心本质。

朱元璋深刻地领悟到这一点，是逃跑，还是留下？抑或是参加起义军?——这是无法用逻辑思考来解决的问题。因为不管往哪个方向走,都会面临危险。"**当此之际,逼迫而无已,试与智者相商。乃告之曰:果束手以待非?亦奋臂而相戕!智者为我画计,且祷阴以默相。**"当逻辑解决不了问题时,他和"智者"进行了商议——这里外在的这位智者,可以看作是他内心智慧老人原型的外在投影。最后在"智者"的建议下,他决定采取"占卜"这种超越逻辑的方式来解决问题。

占卜结果是:"**卜逃卜守则不吉,将就凶而不妨**。"逃跑和留守都不吉利,投奔义军的卦象却是有惊无险,凶而无妨。得到这一占卜结果后,他"**即起降而附城**",马上去投奔起义军去了。

其实,在智慧老人原型指引下的占卜,表面上看起来是"偶然",其实并非如此,"投奔义军"这个举动,其实是一种必然,因为这契合着他在自性动力指引下的真实智慧的选择——如果这个占卜结果和他潜意识的真实心理动力不符,他意识层面就会倾向于用各种理由去"反驳"或"忽略"它,而不是立即在它的指引下做出投奔义军这一举动。

他在多年的和阴影力量沟通的过程中,在冥冥之中已经意识到,此时此刻,已经无处可逃了,既然已经无处可逃,那就主动地将自己置于起义军队这种拥有更多外界支持者形成抱持感的冲突情境下,让冲突外显化,这种情境下,自己可以发挥更多的自性能动力去解决问题;而让自己单枪匹马地面对被告发、被抓获的情境,只会更加陷入被动,更加阻碍自身自性能动力的发挥。是相对主动地掌握自己的命运,还是存在某种侥幸心理,将命运交给相对不可控的外部世界?(比如,寄希望于别人不去告发他。而别人是否去告发他,这个决定权取决于别人,而不是取决于他自身。)于是,两害取其轻,他选择了前者。可以说,这个选择是他尊重自性能动力的结果。

侥幸心理,可谓是人类与生俱来的"劣根性"之一,它本质上是出于对生存感、安全感、归属感或价值感方面的理想化幻想，也即是对安全面具、归属面具或价值面具的追寻。当人们无法化解整合阴影能量时，便更倾向于通过追寻面具能量，以维持内心的暂时平衡。而朱元璋则能够发挥最大限度的自性能动力，对自身的阴影能量进行主动的觉察及化解，所以，从很多史料中可以看出，朱元璋的个性极其沉稳踏实，他克服了"侥幸心理"这个人类与生俱来的劣根性，这也是他最后能够走向成功的关键。

总之，这三年间，回归庙宇和投奔义军，分别是他主动"建立心理舒适区"和主动"走出心理舒适区"的过程，也是他和危险阴影能量的不断沟通的过程。这一过程中，他完成了人生中第二次"蜕变"。

安危情结中的安全面具和危险阴影中的能量如果没有充分整合，在行为上就会出现两种极端情况：要么被面具力量所操纵，对现实中的危险缺乏清醒的觉察，表现为行动上的"冒进"；要么被阴影力量操纵，对危险过于夸大，而躲在安全区中躲避，行动上表现为"胆小"，但阴影能量的特性之一就在于越怕什么越来什么，"躲在心理安全区"最终也会成为泡影，尤其是在乱世这种高度冲突化情境下，所谓的安全区其实不堪一击。

历史上，和朱元璋同时代的两位枭雄——陈友谅和张士诚，正是以上这两种极端行为模式的代表。朱元璋凭借敏锐的觉察力，分别给予了对手陈友谅和张士诚以"志骄"和"器小"的精准评价。"志骄"的本质在于刻意忽视了现实中的危险，而被头脑中幻想的安全面具力量所操纵；而"器小"的本质原因在于被危险阴影力量所操纵，不敢去触碰现实中的危险，而逃避现实中的危险、挑战和机遇，幻想能够躲在心理安全区中，投射到外界，就是幻想在乱世中也能够永远偏安一隅。前者是理想化状态被放大了，后者是弱小无力被放大了。

陈友谅和张士诚的外在行为模式虽然是截然相反的,但是其内在的心理动力模式却是一致的,都是在安全面具-危险阴影分裂而成的安危情结的操纵下表现出的极端行为,都是侥幸心理的具象体现。如果他们都足够长寿,而内心能量又持续没有得到整合、内心境界一直没有得到切实提升的话,那么他们的行为同样都会不断地从一个极端走向另一个极端,同样都会在"志骄"和"器小"之间不断地循环摇摆,直至他们自己觉醒从而逐渐脱离这种循环。

四、积极实践和直面冲突——务实和秩序

加入起义军之后,朱元璋正式开始了历练过程。战场,是一个冲突力量完全外显化的环境,正是在这个环境中的充分历练,将他的内心磨砺得更加强大。

在外相上看,这一过程他有得到,也有失去;有过成功,也有过失败,他不断经历着大大小小的冲突:

"从愚朝暮,日日戎行,元兵讨罪,将士汤汤,一攫不得,再攫再骧,移营易垒,旌旗相望。已而解去,弃戈与枪,予脱旅队,驭马控缰,出游南土,气舒而光。倡农夫以入伍,事业是匡,不逾月而众集,赤帜蔽野而盈冈,率度清流,戍守滁阳。"

无论是对于得到、失去、成功、失败,他始终是镇定而抱持的。无论是《御制皇陵碑》中的自述,还是从现存的各种史料来看,在大大小小的战争中,各种心理压力极大的情况下,都几乎看不到情绪化的朱元璋,他始终不被情绪所牵引,他时时刻刻都是情绪的主人,主动地运用情绪的力量来达成自己的意愿,并对当下的自身的情绪和外界的瞬息

万变的状况进行着敏锐的觉察和抱持。

这一历程也是他内心能量和外界状况的积极互动的实践过程，实践力、抱持力、意愿力和觉察力等自性能动力被历练得愈加强大和敏锐。在本阶段朱元璋本人身上，自性能动力的外在表现主要为务实性和秩序性。

（一）务实性

首先是务实性。《明太祖实录》中记载朱元璋自己说过："**吾平日为事，只要务实，不尚俘伪……不事虚诞。**"朱元璋从来不务虚名，不求近利。[一]

实即真实。务实即抛弃幻想和侥幸心理，愿意发挥自身最大的自性能动力，和真实世界进行着实践互动。遗憾的是，在很多时候，人们分不清事实和头脑想象，这种情况应该多进行专注当下的正念练习，随着正念觉察的不断细致，人们能够自然而然地、愈加清晰地觉察到何为想象、何为事实，从而能够愈加贴近这种"务实性"。

前文分析过，侥幸心理来源于对生存面具、安全面具、归属面具或价值面具的追寻，所以，一个能够真实地接纳阴影能量的人是无须追寻侥幸心理的，也更能觉察到侥幸心理背后的消耗性本质。

务实的第一个特征是摆脱了安危情结的束缚，既不认同安全面具，也不认同危险阴影。

我国历史学家张宏杰曾对朱元璋的务实和谨慎做过深入的分析：[二]

[一] 张宏杰. 朱元璋的制胜法宝之二：出众的大局观 [J]. 家族企业，2021（01）：44-45.

[二] 张宏杰. 朱元璋的制胜法宝之二：出众的大局观 [J]. 家族企业，2021（01）：44-45.

朱元璋一生做事，信奉稳扎稳打，积小胜为大胜。朱元璋的一切活动特别是重大的军事和政治行动都是经过精心筹划，三思而行的；他很少冲动冒险，也不追求侥幸。

在北伐战争中朱元璋谨慎个性得到了突出表现。那时朱元璋的队伍在统一南方的战争中战无不胜，顺利异常，迅速平定了广大中国南部，只剩下北元一个敌人。而北元内部又分崩离析，战斗力并不强。由于接连的胜利，大部分将领主张"直捣元都"，一举统一中国。

而朱元璋没有被胜利冲昏头脑，一如既往地谨慎小心，绝不遗漏对每一个风险点的分析。朱元璋彼时分析说："元建都百年，城守必固，若悬师深入，屯兵于坚城之下，粮饷不足，援兵四集，非我利也。"他力排众议，果断地提出，先取山东、撤其屏蔽，旋师河南、断其羽翼，拔潼关而守之、据其户槛，全局在握，然后进兵元都，"则彼势孤援绝，不战可克其都"。

应该说，在当时"我强敌弱"的情况下，一举攻克元都的可能性还是很大的。但是风险也确实存在，当时的元朝还保有相当的军事实力，只是将领们正忙于争权夺利，自相残杀，没有联合起来对付北伐军。朱元璋的军事部署则把风险降到了最小，虽然成本大大增加。

朱元璋宁可多做十倍的努力，也不愿冒哪怕只增加了十分之一的风险。正是按照朱元璋的这一战略，北伐一步一步进行，逐渐消耗了元军力量，毫无悬念地取得了胜利，从出师北伐到克元都仅仅用了十个月的时间。

在冲突情境下能够保持谨慎，在相对安全的情境下，朱元璋依然谨慎。开国之后，当将帅臣僚还处在胜利的狂喜和对未来的幻想之中时，他就提出持满取败、居安思危的警告。[一]

[一] 吕景琳. 朱元璋的生活历程和性格心理的变迁 [J]. 东岳论丛，1995 (06)：77-83.

第四章
内圣外王——洪武皇帝朱元璋的自性化

可以看出，朱元璋是个切实摈弃侥幸心理、时刻居安思危之人，这意味着他内心安全面具和危险阴影的整合程度较高，既没有偏安一隅地躲在心理安全区无所作为，也没有忽视现实中真实的危险性去冒进，而是稳打稳扎，一步一步地实现自身的目标。

务实的第二个特征是摆脱了尊卑情结的束缚。他从不好高骛远、他轻虚名而重实利，即不图虚名也不畏骂名。有很多举动都阐述了他的这一特性，比如：

他采用了朱升的"高筑墙、广积粮、缓称王"的建议，这个建议其实也是朱元璋本身的一贯思想……郭子兴死后，他被韩林儿政权仅任命为郭子兴部的三把手，他也不急于正名，而是安于"实际上的一把手，名义上的三把手"这个地位……他早就有能力从韩林儿政权脱身，却依然委身韩林儿政权之下，直到确实有把握才脱离……他称王称帝在多股反元力量中是最晚的一个，但也是最后唯一获得成功的人。㊀

不看重虚名，即对外界的评价性价值面具的不予以认同：条件不成熟时不图虚名，安心地韬光养晦、养精蓄锐；条件成熟时则不畏骂名，该称王时就称王、该称帝时就称帝，这意味着他内心价值面具和卑劣阴影的整合程度较高，不被任何外界的面具性评价所左右。

（二）秩序性

秩序性是自性的重要特性之一。内心的秩序感投射到外界，就是

㊀ 张宏杰. 朱元璋的制胜法宝之二：出众的大局观 [J]. 家族企业，2021（01）：44-45.

总是试图建立某种纪律和章法。朱元璋是一个非常重视纪律、重视章法的人。

朱元璋对于规则的重视体现在很多方面。其中主要体现在称帝前对于军队的治理上，及称帝后对于国家法律的制定和执行上。

朱元璋治下的军纪是极其严明的，很多史料都证明了这一点。

《国初事迹》中对朱元璋领导下的部队军纪有着这样的记载：兵不离伍，市不易肆，开仓济贫民。⊖

《明史纪事本末》中记载：至正十五年，诸将破和阳，暴横多杀掠，城中夫妇不相保。太祖恻然，召诸将谓曰：诸军自滁来，多掠人妻女，军中无纪律，何以安众？凡所得妇女悉还之，于是相携而去，人民大悦……至正十六年十一月，发仓赈贫民。太祖既抚定宁越，欲遂取浙东未下诸郡，集诸将谕之曰：克城虽以武，而定民必以仁。吾师比入建康，秋毫无犯，故一举而遂定。今新克婺州，政当抚恤，使民乐于归附，则彼未下郡县亦必闻风而归。吾每闻诸将下一城，得一郡，不妄杀人，喜不自胜。⊜

整顿军队纪律，"勿贪子女玉帛"和"勿嗜杀人"——这是中国古代军事史上衡量正义师与非正义之师，评裁以力服人与以德服人的两条重要标准。⊜

乱世中的人们如同惊弓之鸟，他们基本的安全需求无法得到充分

⊖ 刘辰. 国初事迹 [M]. 北京：中华书局，1991：16.
⊜ 谷应泰. 明史纪事本末·卷一 [M]. 北京：中华书局，2015：6.
⊜ 方昌林. 从牧童到皇帝——朱元璋成功原因初探 [J]. 安徽史学，1995（01）：96-97.

满足，长期处于危险阴影的威胁中，内心时时刻刻遭受着恐惧感和失控感的煎熬。此时，朱元璋军队的纪律性，让人们感受到了缺失已久的、弥足珍贵的安全感和可控感。因此，部队所到之处，百姓们无不心之所向，这其实也是朱元璋本人内心的规则和秩序向外投射带来的吸引力。

可以说，朱元璋不幸生在了乱世，生命体持续暴露在高冲突的环境中，他的一生充满了大大小小的劫难，渡之则飞升，不渡则横死。如何去渡？绝不是逃避和忽视，而是直面和转化，将这些阴影能量和冲突能量转化为主体可以运用的智慧和勇气，这才是他能逐渐渡过这些劫难的关键。

千金难买少年苦，当巨大的阴影能量和冲突能量在生命早年不可避免地内化进我们的心灵时，我们要从细微之处和它沟通、和它相处、吸收它的能量、将它们都转化为对生命力的滋养。那么，每个人都能像洪武皇帝一样，顺势而为、以心转境，不但能够创造出属于我们每个人的各自的辉煌，也能够为外界带来某种真实的建设力。

第二节　整合、秩序和超越
——促进集体整合态

前面几个阶段，和阴影力量及冲突力量的沟通及转化过程，既包括了朱元璋的"修身"过程，即自身内在心理能量的逐渐修通，也包括了"齐家、治国、平天下"的过程，即内圣外王，有序的、充满整合力量的心理能量，逐渐辐射到外界，并对于外界的人、事和物带来正面的影响力，促进了集体能量的整合。

个体内部的高度自性化状态会自然而然地辐射至外界，促进外界能量形成整合态即促进集体的自性化，并产生集体自性化的成果即带领集体产生某种"超越性"。洪武皇帝建立明朝之后，在内在心理能量和外在现实状况统一的基础上，在很多方面都带领整个社会实现了不同以往的超越性：比如，和前代相比，建立了更为平等和谐的民族制度、发展了更为规范准则的人才选拔制度、形成了更为严谨有力的监察制度等，这几方面分别对应了促进横向集体心理能量的平等和谐、促进纵向心理能量的稳定循环、促进集体能量之间的有序博弈。这些都是让集体产生了某种超越性的体现。

一、民庶咸仰——心理能量的吸引力带来的良性循环

以朱元璋为中心的政治军事团体呈现出越来越大的吸引力，人们纷纷被吸引加入了这个团体，随着越来越多人的加入，整个团体呈现出更大的吸引力。所以，这个团体进入了一个良性循环。

首先被吸引的朱元璋的家人："思亲询旧，终日慨慷，知仲姊已逝，独存驸马与甥双。驸马引儿来我栖，外甥见舅如见娘。此时孟嫂亦有知，携儿挈女皆从傍，次兄已殁又数载，独遗寡妇野持筐：因兵南北，生计忙忙，一时会聚如再生，牵衣诉昔以难当。""於是家有眷属，外练兵钢，羣雄并驱，饮食不遑。"在遭遇了乱世带来的流离失所之苦之后，幸存的家人们又纷纷聚集到了身边，同时也一起投入起义事业中。随着事业的越来越大，越来越多的地区的人们被吸引。"予乃张皇六师，飞旗角亢，勇者效力，智者赞襄。"这股纪律严明、秩序井然且充满建设力的政治力量，吸引来越来越多有才能的勇者和智者的加入，这些智者和勇者自身充沛的心理能量，又反过来成为团

第四章
内圣外王——洪武皇帝朱元璋的自性化

队有利的整合资源,让团体的能量吸引力越来越大。所以,这个以朱元璋为核心的政治生命体,逐步进入良性循环。这即是内在心理能量不断向外辐射的过程。最终,"**亲征荆楚,将平湖湘,三苗尽服,广海入疆。命大将军,东平乎吴越,齐鲁耀乎旌幢,西有乎伊洛嵩函,地险河湟,入胡都而市不易,肆虎臣露锋刃而灿若星铓。已而长驱乎井陉,河山之内外民庶咸仰。关中即定,市巷笙簧,玄菟乐浪,以归版籍,南藩十有三国而来王。倚金陵而定鼎,托虎踞而仪凤凰,天堑星高而月辉沧海,钟山镇岳而峦接乎银潢。**"正面的辐射力量像滚雪球一般越来越大,从荆楚到湖湘,从三苗到广海,从吴越到齐鲁,从关中到南藩……河山内外,民心所向,百姓们纷纷被吸引而仰慕归顺加入这一正面的能量场中来。

洪武元年(公元1368年),40岁的朱元璋攻占大都,正式建立大明王朝。最终,这股政治力量带领全国一起,结束了从元末以来的混乱无序状态,而开创了一个安居乐业、章法有序、井井有条的新国家。这可以看成是内在能量的不断向外辐射,最终给外界带来正向建设的过程。

有一种普遍的说法是:当农民起义获得胜利后,他就会成为新的地主阶级,并继续剥削农民。从集体潜意识的角度,这其实是某种集体阴影能量打败了集体面具能量之后,转化为新的面具能量,集体生命体继续困在了情结空间中,延续了左手打右手的过程。而本书作者认为,角色替换式的朝代更替,可能会昙花一现,如历史上的陈胜、黄巢、李自成等,为了建立长治久安的王朝,其核心领导层则必有"自性化"的一面,有整合性、秩序性、超越性和突破性,即为集体带来整合,为集体带来秩序,超越了自身的某种局限性,让整个社会有了某种成长和突破的一面。

而洪武皇帝显然在某种程度上突破了集体能量互动中的"左手打右手"的政治循环，他带领集体能量有了一定的向上的流动突破。在他成为皇帝后，既没有沉湎于享乐，也没有将自己作为底层人民的对立面，而是更倾向于将自己作为"底层代言人"，将皇帝这个九五至尊地位视为某种平台，并以这个平台为依托，发挥自身真实的自我实现的动力，切切实实地为整个社会带来某种规则、秩序和建设，以一名伟大政治家的胸怀，为集体谋取某种利益。从客观角度是为底层人民谋取一定的福利，巩固自身的统治；从主观角度，他也是为了转化、整合从年少时期就内化进自身的阴影能量，为了救赎年少时期的自己，这也是一种自我心理疗愈。他一定程度上超越了人类的劣根性和局限性，带领集体能量有了一定的向上的突破性，这正是洪武皇帝的伟大之处。

洪武皇帝登基后，整个国家呈现出了越来越明显的秩序性、整合性，和之前的朝代相比，在各项制度上产生了切实的"突破性"，整个社会呈现出某种整合态，这种整合态即是他个人这个小系统辐射到外界环境大系统中的建设性能量。

二、"权力狂人"——内在心理能量和外在现实的统一

洪武皇帝登基后，首先做的就是将权力集中到自己手上。如果说皇帝代表的是决策中枢，那么明初的中书省就是行政中枢，中书省的最高长官为左右丞相。但是，洪武皇帝认为："**今礼所言不得隔越中书奏事，此正元之大蔽，人君不能躬览庶政，故大臣得以专权自恣。今创业之初，正当使下情通达于上，而犹欲效之，可乎？**"[一]他认为中

[一] 明太祖实录·卷五九 [M]. 台北：台北历史语言研究所国立北平图书馆红格钞本影印，1962：1158.

书省的存在会导致大臣专权自恣。

随着对中书省的不满逐渐叠加，洪武十三年，他废除了中书省和延续千年的丞相制。废相后，决策中枢与行政机构之间出现了脱节，于是，洪武皇帝采取了一身兼二任的办法，由他本人同时兼任决策中枢和行政中枢的最高长官。

有人说洪武皇帝是"权力狂人"，所以才会废除相权，独揽大权。其实，将"为国为公之心"和"自身追求权力的心理本能"相统一、相结合，而不是让它们相对立、相冲突，这恰恰是洪武皇帝能够充分利用皇帝这一平台来革新除弊的关键，这也是自性化的整合态（而非对立态）的一个重要表现。在明初的环境下，如果仅有"为国为公之心"而无"追求权力的心理本能"，那么所谓的为国为公之心，往往因缺乏现实心理能量的支撑，而沦为一句口号空谈；另外，如果仅有后者而无前者，那么个体的权力欲往往会给外界带来巨大的破坏力，而不是建设力，个体自身也最终会遭到破坏力带来的反噬。只有将二者相结合，让它们互为助力，才能在顺应自身真实心理能量的同时，给外界带来切实的建设性和秩序性。

这也是我们每个人面临各自的人生课题时，需要时刻警醒觉察的议题，要将自身真实的心理能量和外界现实的状况紧密结合起来，顺势而为，尽量让二者整合而非对立，才能在让自身心理能量尽量通畅流动的同时，也给身心内外尽量带来真实的建设性和可持续发展性。

三、民族政策——横向心理能量的平等和谐

对于一个国家来说，国内的各个民族可以看成是各种横向的集体心理能量。好的国家制度，可以促进这些民族的平等和谐，从心理能

量流动的角度，好的制度可以促进横向集体心理能量间形成整合态。

元朝对全国人民实施的是民族歧视政策，按照人口学变量将人民划分为"蒙古人、色目人、汉人和南人"四个阶层，每个阶层所享有的政治、经济和法律权力都是不同的，这种制度充满了偏颇和歧视。正因为实施这种政策，所以元朝的民族矛盾是尖锐而难以调和的，整个社会的横向集体能量严重冲突内耗。

持续了90多年的民族矛盾自然而然地延续到了明朝初期，针对这一乱象，洪武制定了一系列民族政策。和元朝的"歧视和分裂"性质的民族政策不同，洪武时期的民族政策旨在"平等和融合"，正是这种基于平等和融合而产生的民族政策，促进了国家真正的和谐统一。

早在明朝尚未建立之际，朱元璋命徐达、常遇春率师北伐前发布了《谕中原檄》。檄文中，朱元璋明确宣布："如蒙古、色目……同生天地之间，有能知礼义，愿为臣民者，与中夏之人抚养无异。"[一]明帝国建立之后，洪武皇帝更是延续了其一贯的民族平等主张：对投降和被俘的元朝诸王和蒙古官吏，除了赏给优厚的财物之外，还量才擢用，委任他们以官职；对归降的蒙古牧民，也"因俗而治"，给予多方照顾性政策；完成全国的统一后，对南方少数民族也实行了德怀的政策，尊重南方各族的生活习惯，使他们能留居原地，同时，对于南方各族原有的行政体制，除广置土司外，不做大的变动；对西北地区归附的各少数民族，针对不同的情况，实行不同的管辖制度；把中原地区整顿吏治、轻徭薄赋、休养生息的精神贯彻到边疆地区，以缓和

[一] 明实录·卷二十六 [M]. 台北：台北历史语言研究所国立北平图书馆红格钞本影印，1962：404.

第四章
内圣外王——洪武皇帝朱元璋的自性化

民族矛盾，发展少数民族地区的经济文化；这样一来，元朝以来较为尖锐的民族矛盾在明朝建立后得到了有效缓和；大大加强了中央与少数民族地区的经济、政治与文化联系，进一步巩固和发展了统一的多民族国家。○

个体层面的平等观和集体层面的平等观其实是一致的：在个体层面，我们要时常以正念的方式，去中立地观察和感受我们升起的每一个念头、情绪、感受、回忆、联想……尽量不对它们评价，这种方式即是平等地对待我们内在的每一种生命能量，长此以往，有助于我们内心的整合和生命能量的自然而然的提升。表现在外，就是生命力越来越旺盛、创造力越来越强大；而在集体层面，作为一个皇帝，作为国家集体生命体的决策头脑，也要时常以平等的、和谐的眼光去对待国家中的每一个生命族群，尊重每一种集体心理能量的本然状态，长此以往，才有助于整个国家内在能量的整合和提升。表现在外，就是国力越来越强盛、制度越来越完善。所以，洪武皇帝之所以能够对国内各民族采取平等的民族政策，和他自己内心的整合状态是分不开的，这也是他自身心理状态的向外投射。与之产生鲜明对比的是第二次世界大战时期的德国纳粹首脑希特勒。本书作者曾在前著《绘画心理调适：表达人设外的人生》中对其进行过心理分析，希特勒内心的面具能量和阴影能量呈严重分裂状态，所以，他在机缘巧合之下夺取了国家首脑地位后，就会倾向于运用国家机器将其内心的分裂状态投射到外界，所以，他人为制造了国内各族群的对立，并人为造成了国家的内耗，通过内耗来转移矛盾。

○ 张佳佳. 从明初的经济、吏治、民族政策看朱元璋的治国理政思想[J]. 长江丛刊，2020，473（08）：35-36.

四、科举取士——纵向心理能量的稳定循环

对于一个国家来说，国内的各个阶层都可以看成是纵向的集体心理能量。好的制度除了能够促进各种横向集体心理能量之间的整合态之外，也应有效促进纵向集体心理能量之间的和谐有序，而对于纵向能量来说，和谐有序的主要表现则是形成"有序的健康循环系统"。

如何选拔人才，是古今中外各个社会的重要议题，大致可以分为举贤和举亲两条道路。而举贤和举亲之争，从本质上来说，是"实践"和"教条"之争。"亲"背后隐含的是"血统"，血统是一个人的与生俱来的，从出生的那一刻起就是不可改变的标签，是教条主义的核心表现；而"贤"背后隐含的是"自性能动力"，它是一个人靠着自己的实践努力可以不断提升的自我实现的能力，是实践的一种表现方式。在治国之才的选拔上，是举贤还是举亲？对于不同的利益集团来说各有利弊，因此，在中国历史上从春秋战国时期就开始形成争论。

中国人自古以来就具有信奉实践、摆脱教条的历史和哲学基础。因此，经过长达千年的集体自性化历程之后，最终，中国还是更倾向于举贤之路，举贤之路又经历过数千年的制度进化，终于在宋朝时期发展成较为完善的科举取士制度。科举制度产生于隋朝，与隋朝之前的察举制、九品中正制有很大的不同：察举制下的选拔人才的方式是"乡举里选"，九品中正制下更是形成了"上品无寒门，下品无势族"的局面；而"至于隋，置进士科专试文词，皆投牒自进。""每岁仲冬……举选不由馆学者谓之乡贡，皆怀牒自列于州县。"科举制度创立后开始允许人人报考、自由竞争；考核结果也是以考试成绩定高下，而不再按照门荫、官品、家族、经济与社会政治地位等标签来选

拔，因此科举考试无论从形式还是到内容都奉行公平原则，体现公平理念。⊖

洪武皇帝出身草根、最终依靠自己的实践力走上国家首脑这一平台，他的内心自然更是轻标签而重实力、轻血统而重贤能、轻教条而重实践。因此，在明朝建立后不久，洪武皇帝就下令恢复了宋亡后被冷落了90多年的科举制度，让科举制度成为明朝的一项基本的人才选拔制度。科举制度发源于隋唐，成熟于宋朝，而最终完善于明朝。明朝时期科举制度的规范性、准则性、公平性和建设性，在中国历史上发展到了巅峰。

科举制度对当时的中国来说利远远大于弊，它不仅能为国家选择最精英的人才，也让广大底层群众有了合法向上流动的机会，如果说整个国家是一个有机体，那么科举制度就促进了这个有机体的健康有序的循环和新陈代谢，这也是集体自性秩序性/整合态的核心表现。

五、监察制度——防止情结带来的集体内耗

如果说将整个国家看成是一个人，那么"决策"起到的是这个人的"头脑"的作用，"行政"起到的是"行为"的作用，"监察"起到的则是"觉察"的作用。一个自性化程度较低的个体，其头脑对行为的觉察程度较低，这个人的大多数行为都是出于各式各样情结操纵下的"自动化"行为，其人会长久处于某种被面具动力或阴影动力所操控的混乱状态和内耗状态；反之，一个自性化程度较高的个体，头

⊖ 张丽敏. 论明代科举制中的公平理念 [C]. 明史研究（第11辑）. 合肥：黄山书社，2010：5.

脑对行为的觉察程度是较高的，能够不受情结的控制，甚至能吸收情结中的能量即转化情结，其内在的能量运作模式呈现出更多的有序状态和整合状态，其行为往往更符合自性的指引，为自身及周围环境带来更高层次的建设性。

元朝的监察法制较之唐宋时更加详细和周密，但是其立法和执法之间出现了严重脱节的现象，到了元朝末期，皇帝昏庸，官吏贪腐，使监察法制成为纸上空文，导致政治权力运行的制约作用失效，最终导致元朝的迅速灭亡。㊀从集体生命个体化的角度，决策中枢（皇帝）的昏庸，意味着个体意识头脑层面在信息的收集和行动指引上的茫然和无指向性，呈现出一种混乱态；行政中枢（官吏）的贪腐，意味着个体被自己的情结动力所操纵，在行为的层面完全依据个人本能行事，被某种本能操纵而损害整体的利益，呈现在集体上是官吏贪腐导致整个社会的民不聊生，呈现在个体上则类似于个体为某种本能所操控而损害整个生命的健康和发展，总之呈现出一种内耗态。因此，从集体生命的角度，元朝末年整个社会呈现出低自性化的特质。

朱元璋称帝后，完善了监察管理体制，与前代相比，他对行政过程进行了更细致深入的监察㊀㊁㊃㊄：

㊀ 马妮. 明代监察法制研究 [D]. 昆明：云南大学，2012：25.

㊁ 董广颜. "重典治吏" 与现实反腐刍议 [J]. 企业研究，2012（6）：170.

㊂ 马妮. 明代监察法制研究 [D]. 昆明：云南大学，2012.

㊃ 张剑利. 明代 "重典反贪" 及其得失探析 [J]. 兰台世界，2013，419（33）：111-112.

㊄ 孔丽霞. 朱元璋监察思想对监察制度的影响考究 [J]. 兰台世界，2015，483（30）：62-63.

登基后不久他就在中央设立了都察院,与六部并列为中央政府的主要机关,使监察部门成为一个独立的体系;在地方设置了十三道监察御史,并且不定期地派出官员对某一地区的工作进行监察,从而构成了从中央到地方的完整监察体系,加强了对六部官员的监督;他赋予了监察官以"伸理冤抑,通达幽滞"的权力,强化监察职能。

都察院和六科给事等监督机制都相对独立于行政系统之外,并制定出相对完善的考核制度。重视监察法律的完善,为监察提供了可靠的保障。洪武年间先后颁布的《宪纲》《奏请点差》等条例,详细规定了监察官的地位、权责、遴选及职权范围和监察纪律等,并且进一步制定了各具体部门的监察法规及其实施细则。

除了监察系统对行政的监察外,监察机构之间也互相纠举,形成了高度强化和严密的监察组织体系。

在监察人员的选拔方面,不仅重视其文化素质和品德修养,同时还非常重视其资历和威望。在洪武皇帝看来,没有一定的资历,监察官员是很难明辨是非,为皇帝做好"耳目风纪"的工作。洪武年间,大部分高级监察官员都是从开国勋臣中选举出来的,他们都具有一定的慑服力,因此做起监察工作来也不会过于吃力。不过朱元璋也指出,如果年轻的监察官员有实际才能,而且又有德行,便可破格提拔。

在此基础之上,为确保治下百姓能够告发贪官污吏,明代推行一套独一无二的上访制度:洪武十年,推行了监察御史制度,"遣监察御史巡按州、县,询民间疾苦,廉察风俗,申明教化。"㊀并允许百姓通过通政使司或者直接上奏天子,官员如果阻拦将被处以极重的处

㊀ 摘自《明会要》卷三十四职官六。

罚；皇帝曾下令在午门外安装"登闻鼓"，有专门官吏每天值班，允许普通百姓击鼓申冤。

从自性能动力的角度，"耳目风纪"对应着个体的自我觉察过程和条件，"伸理冤抑，通达幽滞"正是觉察的目的和结果，从个体的角度即时深入细微地观察自身的各种真实心理动力，防止心理动力被防御而产生压抑，从集体的角度即是深入地了解社会各阶层人的真实集体心理动力，防止集体动力产生冤抑和被掩盖的能量幽滞。监察机构、监察纪律、监察人员和监察形式等各项监察制度的完善则体现了有意识地自我觉察的过程，对觉察方式、觉察过程以及对觉察过程本身的觉察模式等进行归纳和强化，这正对应着个体意识发挥觉察功能，对自身的行动进行深入的观察和反省，防止情结产生内耗。从某种程度上他突破了小我而以整个国家为大身，带领整个社会走向相对较高的自性化，让集体心理能量呈现出有序和整合。这正是一个高度自性化的个体带给周围环境的建设性。

第三节　外王者内圣
——《御注道德经》中的认知境界

洪武皇帝即位后，时常为了如何治理好国家而思悟。在遇到不确定状况时，作为国家首脑，他不偏听、不偏信，而是在听取集体建议的同时，更多地"求诸己"，即一如既往地寻求内心中智慧老人的指点，他内心中智慧老人的外在显化就是中国智慧的瑰宝《道德经》："罔知前代哲王之道，宵昼遑遑，虑穹苍之切。鉴于是问道诸人人皆我见，未达先贤。一日试览群书，检间有《道德经》一册。因便但观

第四章
内圣外王——洪武皇帝朱元璋的自性化

见数章中尽皆明理,其文浅而意奥。莫知可通。罢观之后旬日,又获他卷,注论不同。再寻较之,所注者人各异见,因有如是。朕悉视之,用神盘桓其书久之,以一己之见,似乎颇识,意欲试注,以遗方来。恐今后人笑于是弗果。"⊖最终,他于洪武七年十二月著成《大明太祖高皇帝御注道德真经》。洪武皇帝极力推崇《道德经》,认为它是"万物之至根,王者之上师,臣民之极宝",而自己注释《道德经》是为了"悉朕之丹衷,尽其智虑,意利后人"。

《道德经》是中国智慧的宝典,它不以灌输为目的,而是以启发为目的。每个人都可以基于自身的实践经历,对《道德经》予以个性化的、多维度的解读,这些解读并无对错之分,在实践的过程中结合经书进行观照内省,使自身的智慧得以提升,这正是《道德经》乃至中国文化精髓的奇特魅力所在。

在《御注道德经》中,洪武皇帝也基于个人的实践经验,把老子之学与现实的治国之道联系在一起,以"无为而治"为核心,以安民为本为基础,以少私寡欲为品德要求,以宽政简刑为理想方略,精心构建了一套精微高远的治国之道。⊖

同时,洪武皇帝通过仔细阅读发现了一个真相——每个人对《道德经》的解读都是不一样的:"**又获他卷,注论不同。再寻较之,所注者人各异见。**"

不同的人可以基于自己实践和领悟对同一本书作出不同的解读。

⊖ 摘自《大明太祖高皇帝御注道德真经》,《道藏》第 11 册,上海:上海书店,1988:689.

⊖ 覃孟念. 从御注道德真经看朱元璋的治国之道 [J]. 宗教学研究,2010(02):164-168.

这些解读只有"真实的、发自内心的"与"虚假的、迎合外界的"之分，而没有正确和错误之分。每一个真实的、发自内心的领悟和解读，都会以某种方式促进个体和集体的成长和发展，无论是《道德经》还是阳明心学，东方智慧的精髓正在于此。

以下几个方面可以看出这个特点。

一、拒绝被准则洗脑——对"希言"的理解

大多数学者认为，《道德经》中的**"希言自然"**中的"希言"是指少说话，引申之意是少施声教法令；故"希言自然"的意思是说，不施加政令是合乎自然的，这是与老子"行不言之教""清静无为"相类似的主张。㊀这也可以看作是古今大多数学者对于"希言"二字的相对标准的解读。

而洪武皇帝对于"希言"的解释却是：**此云小人之仿行道者如是，且政事方施于心，早望称颂，故谓希言。希言者，希望人言好也。又自然者，复以非常道戒之……故又云天地尚不能久，而况于人乎，所以言者，比希言若骤风雨之状，纵有也不能久，故比云。**

可见，洪武皇帝将"希言"解读为"希望别人称颂、希望别人说好听的言语"，这于上述"标准解读"中所诠释的"少施声教法令"的意思似乎是不一致的。

其实，从分析心理学角度，洪武皇帝理解的"希言"，和"标准解读"中的"希言"，其实是同一回事，都基于真实实践领悟了老子

㊀ 吕锡琛. 论明太祖朱元璋对《道德经》的诠释 [J]. 中原文化研究，2020，8（04）：30-35.

的本意。这两种解读本质上都是对"面具能量"的探讨。

标准解读中的"少施声教法令"是站在国家集体的角度,认为统治者应该尊重国家的本然的状态,给予国家及臣民某种宽松的、抱持的环境,不干涉臣民们内在的自性能动力,这样国家就能自然而然地发展;而不是人为地去颁布某些规则、准则,这些规则、准则反而会限制臣民们的自性能动力。因此,"少施声教法令"其实是在表达不要施加某种人为的面具观念,这会阻碍无为而为的、自然而然的自性能动力。

而洪武皇帝理解的"希望人言好",同样是对于规则、准则的探讨。作为国家最高领导人,制定政策的出发点到底是真正为国为民,还是希望得到外界的称颂赞扬?洪武皇帝认为:**故又云天地尚不能久,而况于人乎?所以言者,比希言若骤风雨之状,纵有也不能久。**连天地也不是长久的,何况是别人口中的、基于某种规则、准则的称颂赞扬呢?洪武皇帝其实也在表达这个意思:不要因为外界的面具准则,而忘记了制定政策的内在初心。

所以,标准解读是在说,不要随便向外界释放过多的面具观念,这会干扰外界本然的自性能动力;而洪武皇帝是在说,不要随便接受外界释放的面具观念,这会干扰到内在的初心。可以说,这二者非但本无差别,而且正好一体两面、阴阳合和、互相补充。

可见,真正的中国传统文化的魅力在于——它仿佛是为每个人"量身定做"的。无论是什么样的身份、立场和文化水平的个体,只要是静下心来,结合自身的具体实践去阅读和领悟经典,都能够基于自身的真实的生命课题做出最真实的(而非外在评价为"正确"的)领悟,这不仅能对个体发展产生促进性的作用,而且能对集体观念作出补充并促进集体能量的升级。

二、对抱持力的看法——柔弱胜刚强

《道德经》第七十六章有云:"人之生也柔弱,其死也坚强。草木之生也柔脆,其死也枯槁。故坚强者死之徒,柔弱者生之徒。"

对于这一段,洪武皇帝给出了这样的注释:**柔弱、坚强、柔脆、枯槁,设喻也,所谓言生死者以其修救是也。能知柔弱柔脆而皆生,坚强枯槁而皆死,其知修救乎?若知修救,则柔弱柔脆之源何?此天地大道之气,万物无不禀受之,在乎养与不养,行与不行耳。若君及臣庶,君用此道天下治,臣用此道忠孝两全,匡君不怠,庶人用此,家兴焉。反此道者,岂不坚强枯槁?**

他首先从养生的角度来解读文意,认为老子是以柔弱、坚强、柔脆、枯槁等语来论述养生之道,懂得持守柔弱柔脆之道者皆能全生,反之则死。㊀

除此之外,他进一步领悟到,这种柔弱之道的来源是:"**天地大道之气**",而天地大道之气是万物都有所禀受的,区别在于万物有没有觉察与实践这个大道之气。

这段话可以看做是他对抱持力的领悟。他领悟到了"抱持力"的重要性,抱持力即意味着对心理能量及其表现形式的接纳和流动,而不是强硬地将其打压或切断。洪武皇帝认为,这种抱持力是天地大道之气,万物本来都有所秉受。

顺应天地的这种本然的抱持力,就是顺应自然规律。每个人都是

㊀ 吕锡琛. 论明太祖朱元璋对《道德经》的诠释 [J]. 中原文化研究,2020,8(04):30-35.

天地万物的一员，如果一个国家的君臣、臣子、百姓都去顺应这个自然规律行事，那么大到一个国家、小到一个家庭都会兴旺。

三、参透"需求"和"欲望"的区别——"顺势而为"和"人为造作"

在《道德经》第二十九章中，老子说："**将欲取天下而为之，吾见其不得已。天下神器，不可为也，不可执也。为者败之，执者失之。**"

这一段中，有三个字非常关键，即"**将欲取天下而为之**"中的"**欲**"、"**不可为也**"中的"**为**"、"**不可执也**"中的"**执**"，这体现了这样一种理念：人们在"欲望"的操纵下，产生了某种"执念"，在这种情况下去"人为造作"地做某件事，往往会遭到损失或失败。

朱元璋结合自身的实践经历，对老子的这一段话感同身受，他说："朕于斯经，乃知老子大道焉。老子云：'吾将取天下而将行，又且不行'，云何？盖天下国家，神器也。神器者何？上天后土主之者，国家也。所以不敢取，乃曰：'我见谋人之国，未尝不败。'不得已，然此见主者尚有败者，所以天命也。老子云：'若吾为之，惟天命归而吾方为之。'"

"我见谋人之国，未尝不败。"作为起义军的领袖，朱元璋的终极意愿当然也是获得天下，但是，他却没有被这种希望蒙蔽和操纵自己每一瞬间的当下认知和感受。结合第二章的荣格所举的"积极想象"中的"求雨者"的例子，求雨者是名求雨、非真求雨，求雨者真正在做的是"聚能于己、无为无不为地让自身从混乱的状态恢复到有秩序"；再比如，在学习的时候，你真正所做的并不是在"考大学"，而是"此时此刻享受解题带来的快乐"。同样，在每一个具体实践的当下瞬间，朱元璋也始终是名谋国、非真谋国，"名谋国、而实聚能于己"者，是让自身的自性能动力无为无不为地表达和实践，这符合大道，最终能获得成功；而"真谋国"者，则意味着自己在当下的这一瞬间被希求心或侥幸心所蒙蔽或操控，活在想象中、而不是活在当下的真实中，这违背了大道，往往会作出错误的判断和选择，最后大概率会"失之、败之"。

什么是天命呢？洪武皇帝的以下这一段话可以帮助我们理解"天命"："朕本寒微……**不得自安于乡里，遂从军而保命，几丧其身而免于是乎。受制不数年，脱他人之所制，获帅诸雄，固守江左，十又三年而即帝位，奉天以代元，统育黔黎。**"

所以，从这一段解读中可以看出，"天命"不是什么玄学，而是切切实实的体验。可以这样理解："天命"是一种基于现实的、为了解决无法回避的痛苦而产生的"需求"，而不是基于头脑想象而产生的"欲望"。朱元璋身为乱世中的底层人士，"**不得自安于乡里，遂从军而保命，几丧其身而免于是乎。**"对于当时的他来说，"**自安于乡里**"，在家乡过着平静而安全的生活，是一种奢求。面临极大的生命安全危机时，他不得不去从军，这是为了保命，是不得已而为之；后来又受到"**受制于人**"的痛苦，数年后在现实条件和现实机遇到来时，他才终于"**脱他人之所制**"，最后才"**获帅诸雄、固守江左……**"受制于人，即无法展开自身的自我实现的动力，自我实现的动力是人类最高级别的需求动力，如果个体的心理能量被大量桎梏在相对低级别的缺失性需求中，那么自我实现的动力极易被心理防御机制所蒙蔽，根本无法被主体所觉察到，在现实生活中，无法觉察及表达自我实现动力的个体，极易表现为"得过且过"或"轻率冒进"这两种极端，只有能感受到这种"受制于人"的痛苦，并和这种痛苦做过深入沟通的个体，才能逐渐地化解这种痛苦，在机遇来临时才能有敏锐的觉察和充分的把握。

这些基于痛苦的实践历练的"不得已而为之"，是在"需求"指引下的行为，也是一种天定的命运即天命；而不是为了满足"谋国""窃国"之类的基于头脑想象的欲望。

这段话显示的也是"顺势而为"和"人为造作"的区别，在"需求"的指引下的作为，是一种顺势而为，起到主要作用的是自性能动力；而在"欲望"的引诱下的作为，是一种人为造作，起到主要作用的是情结动力。

顺势而为，是基于现实条件、在"可控半径之内"的事情的"为"；而人为造作，是基于头脑想象，对"可控半径之外"的事件抱有某种希求心或侥幸心。洪武皇帝参透了这二者的区别，和老子的智慧产生了深刻的共鸣。

四、聚世界于己身的高度自性化——破小我、立大我

洪武皇帝在其对《道德经》的诠释中，不止一次将身体、生命等个体概念和国家、君臣、百姓等集体概念所对应。这体现了他在认知上打破了个体与集体的对立，他领悟到国家作为一个集体也可以看成是一个生命体，而他本人正是这个生命体的头脑部分。人在头脑意识层面都希望自己可以按照一定的方法养生，让自己健康长寿；同样，他作为一个集体的首脑，也希望按照一定的方式，让国家和臣民呈现良性发展的状态。

在认知上打破了个体与集体的对立，将人的身体、生命和国家集体相对应，这体现了"自性化"的整合性特点。

《道德经》第三章云：**是以圣人之治，虚其心，实其腹，弱其志，强其骨。**洪武皇帝对这一段的御注是：**是以圣人常自清薄，不丰其身，使民富乃实腹也，民富则国之大本固矣。**

《道德经》第五章至第六章云：**多言数穷，不如守中……谷神不死，是谓玄牝。玄牝之门，是谓天地根。绵绵若存，用之不勤。**洪武皇帝对这一段的御注是：**此以君之身为天下国家万姓，以君之神气为国王。王有道不死，万姓咸安。**

从上述文字中可以看到，洪武皇帝在心理意象层面将"小我"融入了"大我"，自然领悟到"头脑和身体"与"首脑与百姓"的共同性，他将"君之神气"对应为王，将"君之身"对应为国家万姓，提出了"王有道不死，万姓咸安"，头脑要顺应自然规律去行事，身体才会好；王要顺应自然规律行事，百姓们才能安康。

将"小我"融入了"大我"之中，这更容易发自内心地、真心实意地、自然而然地立下为国、为民、为公之心，而不是陷入"私心"（更多地源自阴影能量）或"伪心"（更多地源自面具能量）这两种极端中去。洪武皇帝也曾说过："**人君以四海为家，何有公私之分别？**"《明史纪事本末·开国规模》，在某种程度上打破了公心和私心之间的界限和对立，这正是荣格所说的"聚世界于己身"，是高度自性化的特征。

第五章
适意明道——
袖里青蛇徐渭的
自性化

图 5.1 青藤老人徐渭的自画像

徐渭(1521—1593),字文长,号青藤老人,又号袖里青蛇,是明朝著名文学家、书画家、戏曲家、军事家。他是中国历史上"泼墨大写意画派"的创始人。

"墨戏"绘画是中国画的一种独特的形式,它最早出现在两宋时期。墨戏画追求水墨的特殊效果,不求形似,试图摆脱过分的法度限制,重视瞬间体验的表达。读这样的墨戏之作,总觉得笔致飞动、墨色翻滚,有一种自由洒脱的意味。㊀

而将墨戏画发展到巅峰并创立了"泼墨大写意"画派的正是徐渭。徐渭的一生极具传奇色彩,他是名扬四海、才华横溢的天纵大才子,却也是屡试不第、名落孙山的科场失意人;是聪慧敏锐、屡立奇

㊀ 朱志良. 道在戏谑:徐渭的"墨戏"[M]. 杭州:浙江人民美术出版社,2020:15.

第五章
适意明道——袖里青蛇徐渭的自性化

功的国之栋梁，却也是疯疯癫癫、杀妻入狱的真凶实犯；他重视亲情、珍视爱情，却偏偏六亲别离、情路艰辛；他积极入世、努力追求仕途，却偏偏蔑视规则、力求打破牢笼……正是这诸多不合常理的矛盾，让徐渭的人生和一般人相比，多了重重磨难，也增添了种种传奇色彩，也最终成就了徐渭。

徐渭的人生可以分为两个阶段，46岁是他的人生转折点，46岁之前可以看作是他"人格分化"的阶段，也即他形成情结空间并被情结空间操纵的阶段，这是一个令人无可奈何的阶段；而46岁之后，则可以看成是他"自性化"的阶段，即是他摆脱情结空间、最终得以大彻大悟的阶段，这是一个智慧觉察的阶段。我们将结合徐渭老年时的自传《畸谱》及其他著作和史料等，从原生家庭、婚姻生活、科场经历、命运循环和大彻大悟等几个方面对他的心路历程予以分析。

本章结合现有史料、自传、绘画、诗歌、文艺评论等，从自性化的实践路径、自性化的个体能量状态表现、自性化的个体和集体认知状态表现等层面，分析阐释徐渭的自性化历程。其中，第一节分析了徐渭被情结操控的前半生。从原生家庭、婚姻生活及科举经历等方面分析徐渭情结的来源、表现及破坏力；第二节从智慧老人原型的角度，分析了徐渭的恩师季本和王畿为他提供的心理支持和促进他认知升级的过程；第三节阐释了徐渭自性化的实践路径，通过对徐渭绘画和题画诗的分析，从心理象征的角度阐释了自性化实践路径即积极想象和正念觉察；第四节阐释了徐渭自性化过程中的理论总结，这些理论是自性化过程中自然而然领悟形成的智慧结晶。

第一节 "人生堕地，便为情使"
——被情结操控的循环魔咒

"人生堕地，便为情使"[一]，这句话是徐渭晚年在其著作《选古今南北剧序》中的开篇卷首语，这也可以看成是历尽沧桑的徐渭对他自己前半生的总结。"情"，可以理解为人内在的本能力量，也可以理解为人与人之间的感情，还可以理解为大大小小的各种情绪，更可以理解为荣格所说的"情结"——这些各式各样的"情"，既可以成为人们的滋养来源，也可以成为限制人们的牢笼和桎梏。

如果说与"情"相处，度化"情"劫，是每个人来到人世间所必修的功课，那么徐渭天资格外之高，功课格外之难，突破之后的艺术成就和人生境界也格外之引人瞩目。

一、寄人篱下——无助的原生家庭

徐渭的冲突生活是从早年开始的。早年在原生家庭的生活就充满了各种矛盾冲突，意识层面的骄傲和现实层面的苦难之间的冲突、对早年抚养者爱恨交加的冲突、物质生活上由富有到贫困的冲突等。

徐渭的父系出身和母系出身的地位差别巨大。明代是一个极其重科举、重功名的年代，而徐氏家族中钟灵毓秀、卧虎藏龙者甚多：徐渭的父亲徐鏓是举人，徐鏓的同族兄弟徐鎰是贡生、徐钥是进士。徐

[一] 徐渭. 徐渭集 [M]. 北京：中华书局. 1983：1296.

第五章
适意明道——袖里青蛇徐渭的自性化

渭曾在《赠族兄序》中说提到自己的家族："吾宗居会稽,自吾祖而上,代多豪隽富贵老寿之人。至吾考,若新河吾叔父、西河二叔父及诸君子,或为州郡,或自部郎,俱阶大夫。横黄金而子孙繁多,大其门户,美其意识。高者以明经为生员,次亦气概雄视一乡。"[1]可见,徐渭的父系家族是名副其实的钟鸣鼎食之家、诗书簪缨之族。从上述《赠族兄序》中也可以看出,徐渭对于自己的父系家族是相当引以为豪的。

然而,徐渭的母系出身却是极其卑微的。徐鏓曾有过一位原配夫人,原配夫人生下了两个儿子,即徐渭的两位兄长徐淮、徐潞;在原配夫人去世后,徐鏓又续娶了第二任夫人苗氏,在晚年又纳了苗氏夫人的婢女为妾室,这位婢女即是徐渭生母,他的生母甚至没能在任何历史文献中留下自己的姓氏。在父亲徐鏓撒手人寰后的几年,他的生母便被嫡母借故逐出了家门。被迫和亲生母亲离别,这给幼小的徐渭造成了极大的心理创伤。

可见,父系的书香门第,让他在头脑层面感受到无比的骄傲自豪,而母系的卑微无力,却让他在现实层面遭受到难以言喻的分离创伤和切切实实的无助感。

从感情上来看,徐渭对幼年抚养者的感情也是十分矛盾的:徐渭的生母被赶出家门之后,他由嫡母一手抚养长大。对于这位嫡母苗氏,徐渭的感情是复杂的。徐渭曾说:"我的嫡母爱护我、教诲我,无以复加,世所未有。我粉身碎骨也难报她的养育之恩。然而似乎就是她夺取了我的生母。"[2]在嫡母病危时,徐渭曾三天三夜没有吃饭,

---

[1] 徐渭. 徐渭集 [M]. 北京:中华书局,1983:951-952.
[2] 张晖. 文化怪杰:徐渭——不入牢笼 [M]. 沈阳:辽宁人民出版社,2015:15.

守候在她的病榻前，却没能够挽救她的生命。⊖

从物质生活上看，徐渭经历了"由富有到贫穷"的矛盾。徐鏓去世时，徐渭尚在襁褓之中，此时，徐家便开始了家道中落的过程；苗夫人去世时徐渭刚满 14 岁，他不得不依附于长兄徐淮生活。后来，徐淮外出经商，受到了当时修仙炼丹的风气的影响，徐淮结交了一些炼丹方士，并赔光了徐家的资产。徐渭的生活也随之由富裕到贫穷。

徐渭早年的心理创伤，被投射到他成年之后和人、事和物的互动中，他必然会经历各种心理冲突内耗。因此，与其他人相比，徐渭的人生将更多地沉浸在各种情结导致的心理内耗中，就是他未觉察状态下的命运。我们在后文中会着重分析。

二、情路坎坷——不幸的婚姻生活

徐渭共有过 4 段婚姻，每一段都以悲剧结束。

徐渭的第一段婚姻是在嘉靖二十年（1541 年）。当时他二十一岁，入赘至绍兴富商潘家。彼时徐渭刚考取了秀才功名，年轻俊逸，妻子潘氏也是青春年少、姿容殊丽，两人可谓是佳偶天成，一对璧人。

结发为夫妻，恩爱两不疑。徐渭和妻子度过了一段情深意笃的美好时光。然而，好景不长，潘氏本来身体较弱，怀孕前就患上了肺病，生育后病情更趋严重，以致卧床不起，死时年仅十九岁⊖，留下

⊖ 张晖. 文化怪杰：徐渭——不入牢笼 [M]. 沈阳：辽宁人民出版社，2015：15.

⊜ 黄天美. 徐渭的婚姻生活 [J]. 文史知识，2010，349（07）：64 - 70.

了一个儿子徐枚。妻子的去世也给了徐渭巨大的打击。他在《悼亡》一诗中对两人初见的场景进行了情真意切的追忆：

掩映双鬟绣新扇，当时相见各青春；
傍人细语亲听得，道是神仙会里人。㊀

在潘氏去世七年后的冬天，即嘉靖三十二年（1553年）冬天，徐渭搬迁书籍，看到媒人刘寺丞送给他的三首绝句，想起结婚时的情景，不胜悲伤，一口气写下七首七言绝句怀念亡妻，其中第七首写道：

箧里残花色尚明，分明世事隔前生；
坐来不觉西窗暗，飞尽寒梅雪未晴。㊁

在潘氏辞世十年之际，潘家将部分遗物送给了徐渭。在整理这些遗物之际，徐渭触景伤情、睹物思人，写下了一首《内子亡十年因感而作》：

黄金小纽茜衫温，袖褶犹存举案痕；
开匣不知双泪下，满庭积雪一灯昏。㊂

从这些文字中，可以读出徐渭是一个内心细腻而重感情的人，也可以感受到第一任妻子的去世给徐渭带来的心灵创伤。

嘉靖二十八年（1549年），二十九岁的徐渭第二次步入婚姻。这

㊀ 徐渭. 徐渭集[M]. 北京：中华书局，1983：341.
㊁ 徐渭. 徐渭集[M]. 北京：中华书局，1983：342.
㊂ 徐渭. 徐渭集[M]. 北京：中华书局，1983：342.

一年，徐渭从杭州买回妾胡氏。这一年，他将生母迎接回家，离别多年后的母子终于再次团聚；此时，长子徐枚已四岁，祖孙三代居住在一起享受天伦之乐。起初，徐渭和胡氏两人之间的生活是融洽的；然而不久之后两人之间的关系就开始恶化，可能是婆媳矛盾和家庭经济的原因，徐渭最后不得不将胡氏卖掉，胡氏提出了诉讼，徐渭为了应对这桩诉讼官司花费了许多精力。㊀

在这段婚姻中，徐渭和胡氏从相契到相怨才不到一年的时间。也可以看出徐渭非常不善于处理家庭关系中的矛盾，他无法有效承担一家之主的责任和义务。徐渭只倾向于用简单粗暴的方式处理问题，不但伤害了别人，也为自己造成了困扰。

"卖掉妾室"这一简单粗暴的行为，和他童年时期"嫡母将生母逐出家门"这一简单粗暴的行为如出一辙，这也是在某种创伤性情结控制下的重复行为，只是，徐渭这里从受害者变成了施害者。正如同很多在原生家庭中经常受到暴力对待的孩子，他们在长大建立自己的家庭后，很多人由受害者转变为施害者，将拳脚加于更加弱小的伴侣或孩子身上，这也是未觉察状态下的阴影能量的传递过程。

嘉靖三十七年（1558年），徐渭第三次步入婚姻，这一年，他三十九岁。这一次是和杭州王家结亲，依然是入赘。但这次婚姻极其短暂，他们在夏天结婚，当年秋天徐渭便离开了王家，在徐渭晚年的回忆录《畸谱》中记载："**夏，入赘杭之王，劣甚。始被诒而误，秋，绝之，至今恨不已。**"㊁至于是王家女还是王家人"劣甚"，怎么个"劣甚"法，徐渭没有留下具体文字，但从他叙述的语气看，好像是

㊀ 黄天美. 徐渭的婚姻生活 [J]. 文史知识，2010, 349 (07): 64–70.

㊁ 徐渭. 徐渭集 [M]. 北京：中华书局，1983：1328.

第五章
适意明道——袖里青蛇徐渭的自性化

被人设局欺骗了，此事对徐渭影响很大，以至晚年还表示"至今恨不已"。

嘉靖三十七年（1558年），徐渭正式应邀进入东南军务总督胡宗宪的幕府执掌文书工作，他因工作能力出众，颇得胡宗宪的赏识。嘉靖三十九年（1560年），为了让徐渭能安心工作，胡宗宪遣币通媒，为他聘定了杭州的张氏为妻，这是徐渭第四次步入婚姻。徐渭为此十分感激胡宗宪，他写下了《谢督府胡公启》："**渭失欢帷幕，动逾十年，俯托丝萝，历辞三姓。过持己见，遂骇众闻，诋之者谓矫激而近名，高之者疑隐忍以有待。明公宠以书记，念及室家，为之遣币而通媒，遂使得妇而养母。**"㊀在这段描述中，徐渭对自己进行了反省，认为过去婚姻失败的主要原因是自己"过持己见"，也就是说自己太固执。㊁

可能是对自己在婚姻关系中的"过持己见"的特质有了一定自省的缘故，他和张氏的关系应该还是不错的。徐渭的现存文章中没有留下对张氏负面的评价；应该说，张氏是比较称徐渭意的，既能照料老母，婆媳关系融洽；又能主持家务，使一家人过上平静的生活；而他自己依然跟随胡宗宪往来于宁波、杭州、衢州等地，从事抗倭战争，与张氏聚少离多。㊂

然而，嘉靖四十一年（1562年），胡宗宪遭到了政敌的陷害，被骗入京城后下狱，后死于狱中。这一年正是徐渭与张氏成婚的第二

㊀ 徐渭. 徐渭集［M］. 北京：中华书局，1983：449.

㊁ 曾润. 明代才子徐渭的四次婚姻［J］. 文史月刊，2012，278（08）：21.

㊂ 黄天美. 徐渭的婚姻生活［J］. 文史知识，2010，349（07）：64-70.

年，次子徐枳也是在这一年降生。

徐渭对胡宗宪的遭遇深感痛心，也担忧自己会受到牵连和迫害，恐惧和愤怒之下，他开始出现类似于精神病的症状，他极度悲观，经常自残或自杀：用铁钉戳耳朵，以椎碎肾囊，或用斧头砍自己的头，经常弄得鲜血直流，自杀前棺材竟已备好。① 据说，在这一时期内，徐渭先后自杀过九次，还写下了一首《感九诗》：

> 负荷知几时？朔雪接炎伏。
> 亲交悲诀词，匠氏已斤木。
> 九死辄九生，丝断复丝续。
> 岂伊眇德躯，而为神所笃？
> 就榻理旧编，扶衰强梁肉。
> 纳策试翱翔，渐可征以逐。
> 天命苟为倾，鬼伯谅徙促。②

随着精神错乱的情况愈加严重，嘉靖四十五年（1566年），可怕的悲剧发生了，癫狂中的徐渭误用铁器将妻子张氏打死。

荣格对于精神病和神经症的起源有过这样的解读：精神病和神经症是两种基本心态类型的极端表现，极端内倾导致"力比多"从外部现实消失，进入一个完全私密的幻想和原型意象的世界，其结果是精神疾病；极端外倾则远离内在的完整感，转向过度关注一个人在社会关系世界中的影响，其结果是神经症；也就是说，精神疾病患者生活

---

① 曾润. 明代才子徐渭的四次婚姻 [J]. 文史月刊，2012，278 (08)：21.

② 徐渭. 徐渭集 [M]. 北京：中华书局，1983：74.

在内在潜意识之中,而神经症患者生活在他们的人格面具中。[○]

也就是说,精神疾病患者被其内在的本能力量所操纵,而神经症患者则相反,被外在的社会规则所操纵。

神经症患者是头脑试图控制身体和情绪,所以,一般来说,神经症患者是要求自己的行为符合社会规范的。而精神病患者则相反,他们是头脑完全让渡了对身体和情绪的控制权,即头脑让渡了"主权"。

本书作者在前著中结合荣格的理论,对精神病患者的行为做出过这样的解释:无论是精神病患者,还是正常人,每个人的内心中都存在着各式各样的、大大小小的互相分裂对立的面具、阴影、冲突能量,只是由于正常人的意识是清醒的,在这种清醒意识的统合之下,这些对立的力量在各种场合根据不同需要在主体意识的控制之下呈现出来,意识会让这些力量去符合现实逻辑及社会规则,从而不会产生明显的逻辑冲突及认知错乱。

而精神分裂症患者由于缺少清醒的意识,因此没有能力将这些对立冲突的力量统合在一个符合现实逻辑和社会规则的框架之下。精神分裂症患者对世界的感知、行为、意向、情绪等心理过程在某些场合下就会经常呈现出"错乱"的特点;同样,正常人在意识模糊而失去统合能力的状态下,也会出现失常的感知或行为:比如,在睡梦中会感受到不合逻辑的、光怪陆离的世界;在醉酒后会出现"发酒疯"等不符合社会规则的行为等。

这就是为什么弗洛伊德和荣格都选择将"梦的解析"作为理解来访者、治愈来访者的重要途径;他们也都曾通过研究精神病人的

○ 魏广东. 心灵深处的秘密:荣格分析心理学 [M]. 北京:北京师范大学出版社,2012.

内心世界来领悟人类的心理结构。因为在意识模糊状态失去统合力的状态下，内心的各部分动力往往能够以更直观、更鲜活的形式呈现出来。

头脑为什么会让渡"主权"呢？和徐渭类似的一位西方艺术家是梵高。梵高的精神病状态的本质，是他为了避免让内心的面具能量和阴影能量互相直面、剧烈冲突而形成的一种防御。换句话说，对于梵高来说，精神病其实是一种自我保护。梵高患精神病期间，内心的阴影能量失去了意识的监控和面具能量的压抑，所以有了难得的表达机会，他这一生中最具代表性的画作都出现在他罹患精神病的这一段时期。然而，随着病情的好转，这种保护性防御被打破了，梵高也没有机缘得到某种使得他领悟出冲突背后的巨大力量的指引，所以，在出精神病院后不到两个月，他就在内心冲突能量的撕扯下不幸走上了自杀的绝路。

徐渭的痛苦和梵高非常类似。徐渭在成长中经历了大量的创伤痛苦，而现实中的挫折将这些痛苦给"激活"了，他不得不直面巨大的阴影能量，又没有能力去面对及化解这种阴影带来的创伤感受。所以，为了防御痛苦，他采取"交出意识主导权和控制权"的防御方式，让自己得精神病，让自己意识模糊，让内心的各种力量彼此隔离，自己就可以不去感知冲突带来的痛苦。

然而，这种隔离在现实中却是极度危险的——当某种严重反社会的本能力量占据主导位置的时候，由于缺乏超我规则和自我觉察的介入，这种本能力量就会操控主体做出一系列严重的反社会行为如杀戮等。所以，他的妻子不幸成了他癫狂状态下的反社会行为的直接受害者。

三、才高运蹇——失意的科举经历

徐渭天资聪慧，才华横溢，他九岁能作举子文，十二三岁会赋雪词，十六岁仿杨雄之《解嘲》而成《释毁》，轰动乡里。据现有资料记载，徐渭著作文集类有《徐文长文集》《一支堂稿》等七种；戏曲类有杂剧《四声猿》、戏曲理论有《南词叙录》等八种；历史类有《会稽县志》《徐文长自著畸谱》两种；纂辑类有《笔玄要旨》《茶经》《酒史》等九种；小说类有《致语》《云合奇踪》等两种，合计四十一种；书画作品流传的《风鸢图》《竹石荷花牡丹》《大江东去词》帖、《李太白诗卷》等三十种，八十四个项目。○

可见，他的知识领域颇为广泛，从文学到艺术，从历史到戏剧，从书画到茶酒……可以感受到，他是一个特别擅长从生活的各个方面进行领悟和创作的人，对感兴趣的外界事物，他始终拥有充沛的好奇心、敏锐的观察力和细微的领悟力，并有着充足的心理能量和心理意愿去充分表达自己的领悟，这才能够形成涉及各个领域的杰出作品。

徐渭不仅在文史领域的造诣颇深，他性情机敏，在军事上也颇为足智多谋。据《明史·徐渭传》记载，"**渭知兵，好奇计，宗宪擒徐海，诱王直，皆预其谋**"。○在东南沿海抗倭斗争的一系列军事行动中，徐渭凭借其出众的智谋立下了不菲的功勋，也正因为如此，他才得到了总督胡宗宪的倚重。

○ 张晖. 文化怪杰：徐渭——不入牢笼 [M]. 沈阳：辽宁人民出版社，2015：66.
○ 张廷玉，等. 明史·卷二百八十八·列传第一百七十六 [M]. 北京：中华书局，1974.

然而，就是这样一位全方位的天才，其科举道路却屡遭挫折，徐渭在《自为墓志铭》中说"举于乡者八而不一售"：他先后八次参加选拔举人的考试，却均以失败而告终。

问题来了：一个拥有博古通今之才的人，科举考试又是他极端重视的事情，那么，为什么他反而会一再失败呢？这正是反映了阴影能量的反噬力——越怕什么就越来什么，越认同什么就越失去什么。

源于阴影的反噬力有一个著名的现象就是"墨菲定律"。在毫无觉察状态下的阴影能量，其反噬力在每个人身上都有体现。一个最常见的例子就是，失眠的时候，越害怕睡不着就越会睡不着，而放轻松之后反而能很快入睡。徐渭本质上就是陷入了这样的困境。

意识层面，徐渭积极地追求功名、积极入仕，即使失败了多次也不放弃。而正是这种意识层面高度重视带来的压力导致了他的一再失败，因为"追求功名、追求入仕"是他超我层面对自己的高要求，是一种面具能量在表达自己。然而，人类的悲哀在于——面具能量有多强大，与之相反的阴影能量就有多强大。并且相对于面具能量，同等状态的阴影能量对个体的操控力、感召力反而要更加强大，所以，正是这种巨大的阴影能量造成了他的失败。

此外，明朝的科举考试的原则是八股取士，考题范围、答题模式、思想内容，都被严格地限定在一套近乎僵化的规则中，这样做当然有这样做的好处，能够尽可能地将答题标准化，让考生之间能够进行直观的比较，能够为国家选拔人才提供相对客观的标准。这种僵化亦标准化的取士规则在嘉靖年间似乎愈加明显，嘉靖皇帝甚至在诏书中严饬有不同思想者："……礼部便行与各该提学官及学校师生，今后若有创为异说、诡道背理、非毁朱子者，许科道官指

第五章
适意明道——袖里青蛇徐渭的自性化

名劾奏。"㊀

  僵化的规则要求的是参与者尽可能地"顺从规则、迎合规则",这种外在超我规则内化到内心更是一种面具能量,正是这种面具能量又进一步导致了徐渭内心中与之相反"打破规则、蔑视规则"的阴影能量的反弹……所以,他内心的阴影层面对于八股考试的形式和内容可能是发自心底的厌恶,因此,纵然才高八斗、学富五车,面具层面也是积极地追求科举功名,阴影层面却会在各种他无法觉察的细节中表现出来,操控他的行为,因而造成了他一次又一次的考场失败。如果徐渭能够在前半生就认识到自己内心中的阴影能量,觉察它的存在,倾听它的表达,而不是一味地用外化或内化的社会规则去压抑它和否定它,那么即使科举不中,他也能拥有更加平静的和更加积极的心态。

  这种面具和阴影形成的内耗情结空间,可以命名为"重大考试失利情结",它本质上是一种由掌控面具(安全面具的一种)和失控阴影(危险阴影的一种)分裂内耗而成的情结空间,即"安危情结"的一种表现形式。如何和安危情结沟通,可以说是徐渭这一生要渡的劫。

  相反,在除了科举考试之外的其他领域,在"安危情结"的掌控之外,即在没有任何心理压力的情况下,徐渭未曾分裂内耗的心理能量则可以充沛地流动。

  徐渭广泛涉猎古文典籍、诗词歌赋、阴阳百家、天文地理甚至稗

㊀ 葛雅萍. 从科举失利与贫病困苦看徐渭的君子之道 [J]. 湖南行政学院学报,2015,95(05):126-128.

官野史；跟随名家陈良器、王政学琴，并学会了制谱，曾自制《前赤壁赋》等琴曲谱；十四五岁时随同乡武举人彭应时学习剑术；向陈鹤学习绘画；跟随长兄徐淮向蒋釜学习仙道；尊崇老庄道学，在狱中还曾炼丹，探究长生不老之术；结交了越中著名的玉芝禅师；对王阳明的心学也有独特的领悟和解读……㊀

徐渭对以上其他领域的兴趣则是自然而然的、无为而为的、具有自我实现性质的、符合自性能动力的。因此，摒弃了目的性和面具桎梏，他反而能创造出这么多优秀的成果和功绩。

情结空间即是执念。在现实生活中，个体想真正拥有一样事物，往往只有放下对它的巨大执念才能真正拥有它，如果执念持续存在，只会让个体心理能量重复陷入纠结内耗中去，心理能量只会投注到对理想状态的期待以及对非理想状态的排斥上，而不是投注在当下的真实上。

徐渭的八次考场失败经历，可以看作是在安危情结操纵下的某种循环，这种循环整整持续了八次之多。明代的秀才考举人的考试又称乡试或秋闱，三年才举行一次，所以，徐渭从弱冠到不惑，从风华正茂到两鬓斑白，整整二十多年都陷入这种无奈的循环中。

其实，循环不仅仅存在于徐渭的科场挫折中，前述他的四次婚姻悲剧，也是这种"循环魔咒"的体现。

前文分析过，徐渭的童年是可悲的，"寄人篱下"是他早年生活的关键词：他出生百日便失去了亲生父亲，10岁时失去了亲生母亲，14岁时又失去了照顾自己的嫡母，和两位兄长年龄差距较大，关系也

㊀ 葛雅萍. 从科举失利与贫病困苦看徐渭的君子之道 [J]. 湖南行政学院学报，2015，95（05）：126-128.

第五章
适意明道——袖里青蛇徐渭的自性化

不甚亲密。可以说，徐渭从小经历的就是寄人篱下的生活，在原生家庭中缺乏亲密的感情支持，是弱小无力、孤单无助的。

巧合的是，徐渭的两次主动选择的婚姻都和入赘有关，入赘是另一种形式的寄人篱下。入赘，在古代算是不得已而为之的举动；赘婿，民间又叫倒插门，在中国几千年的父系社会中，受到社会舆论的蔑视和轻侮；历代不少王朝有强迫赘婿和囚徒当兵的法律，就是说赘婿地位等同于囚徒；入赘时丈夫要写"小子无能，随妻改姓"之类的话……⊖因此，一般来说，只有家庭经济条件十分糟糕，并且本人非常无能的情况下，才会不得已地选择成为赘婿。

徐渭尽管家道中落，但是绝非赤贫之家，那么，徐渭自己是一个"无能之人"吗？答案当然是否定的。就算不提他在各个领域的卓越成就，就算他以秀才之身考取举人的道路十分挫折，但是在明代，秀才本身就已经属于特权阶层了，相当于一只脚已经踏进了统治阶级的门槛，明朝秀才特权体现在很多方面，与其他方面条件相当的普通百姓相比，秀才能够收获周围人更多的尊重和认同。

所以，徐渭出身于科举世家，本人也是科举制度的受益人，对于他来说，成为赘婿绝不是迫于无奈，而是他自己的一种无意识的选择。如果说原生家庭中的寄人篱下是徐渭的一种被动的无奈，那么两次婚姻中的入赘则是他的一种主动选择，他在无意识的情结的操纵下，主动选择了寄人篱下这种安全而熟悉的生活方式，这是他对早年生活的一种复制循环。

这种循环在现实生活中也很常见：比如，很多在家庭暴力中长大

⊖ 张晖. 文化怪杰：徐渭——不入牢笼［M］. 沈阳：辽宁人民出版社，2015：20.

的人，长大后会不由自主地爱上有暴力倾向的伴侣，或是将拳脚相加于更加弱小的孩子身上；很多经历过校园霸凌的人，换了一个环境依然容易吸引霸凌，或是从一个极端走向另一个极端，由霸凌的受害者转化为施害者……

对于徐渭来说，在他的原生家庭中，他缺乏真正的被尊重和被疼爱：他的需求没有真正被看见、真实感受被忽略、自性能动力被牢牢压制住。比如，当他的生母被嫡母赶出家门的时候，他当时一定苦苦哀求，伤心流泪，但无论怎么做，却毫无用处，他的感受和需求被忽视了，他最终还是被迫和生母分离；在他的嫡母病危时，他衣不解带地侍奉左右，默默地祈求她能够恢复健康，但无论做了什么，却依然挽回不了嫡母的生命；他也一定曾抱着对亲情的渴望主动靠近过两位兄长，但却遭到了年长二十多岁的兄长们的忽视和冷待……在原生家庭中，他也许不愁吃穿，但是他内心真正的安全感、控制感、归属感、价值感、自我实现的心理动力被忽视了。原生家庭的经历，让徐渭内心错误而笃定地认同自己在亲密关系中是弱小无力的。

可以说，这种弱小无力感是他的一种习得性无助，是他的心理安全区。在成年后，真正有了力量和这个世界互动之后，他也没有足够的勇气走出安全区，相对于成为"一家之主"而言，他反而更习惯于寄人篱下。这种寄人篱下的情结，本质上是安危情结、爱斥情结和尊卑情结的某种结合。

所以，他的四次婚姻中，两次主动选择的正式婚姻都是选择成为寄人篱下的赘婿，因为这反而是他更熟悉的亲密关系模式。

但是，强制性地"逼迫"自己走出心理安全区则更是危害巨大的，因为走出安全区需要的是和内心情结空间中各种面具能量及阴影能量的耐心沟通和整合，而不是简单粗暴地强制逼迫。强制逼迫走出心理安全区，会造成阴影力量的强力反弹。比如，徐渭本身习惯寄人篱下，寄人篱下就是他的心理舒适区，他不习惯成为一家之主，在没有觉察的情况下，不得不承担"一家之主"的责任时，反而会对其产生更加负面的影响。所以，徐渭的另外两次作为"一家之主"的婚姻更加不幸，由于他内心是排斥成为一家之主的，排斥承担一家之主的责任和义务的，所以这两次婚姻则更加悲剧：一次以诉讼官司收场，另一次更是以杀人入狱收场。

徐渭的科举和婚姻经历告诉我们，无论是偏安一隅地待在心理安全区，即心甘情愿地被情结空间操纵、不去和它对话沟通；还是和这个心理安全区"较劲"，简单粗暴地强迫自己走出情结空间的桎梏，这两种选择，无论选择往哪个方向走，都无法真正地走出情结空间的桎梏，只会是陷入"不是东风压倒西风，就是西风压倒东风""左手打右手"的交替循环的内耗中来。只有真正地理解情结空间产生的前因后果，尊重情结空间中的各种力量，允许它们各自充分地表达、充分地冲突之后自然地逐渐握手言和，情结空间中的冲突力量才能逐渐整合，最终才能自然而然地、无为而为地走出情结空间的桎梏。

第二节　理可顿悟
——整合性思维方式的形成

个体自性化包括了两个重要的方面：积极实践中的能量整合和认知升级。可以说，自性化就是一个在"实践体验中不断整合能量和认知升级"的过程，大道相通，这个过程其实也就是王阳明心学思想中的"知行合一"的过程。这两个方面是相辅相成的，认知升级过程中必然会吸引来"智慧老人",而积极实践则包含了"积极想象"和"正念觉察"。

前文分析过,徐渭和梵高的人生有着颇多的相似之处。但是徐渭比梵高幸运的地方在于,他浸润在中国传统文化的氛围中,他生活的明朝嘉隆万时期正是阳明心学的鼎盛时期,这是一个相对适合展开自性化的时空,也是一个人才济济的时空,他也有大量的机缘得到智慧老人的指引。正是在智慧老人的影响下,徐渭在年轻时就逐渐形成了关于破除对立心、建立整合态的思维方式,这种思维方式至关重要。理可顿悟,事须渐修。徐渭面临挫折和磨难时,就算心理能量暂时没有达到真实的整合状态而面临诸多心理冲突,但是整合性的思维方式却为处理这些心理冲突提供了认知基础,这种认知基础会为个体吸引来心理能量的良性循环。正是这种认知基础,造成了徐渭和梵高的命运差别:同样是面临精神疾病的困扰,梵高没有顺利度过心理冲突期而最终自杀,但徐渭却在精神症状缠身、身陷囹圄、穷困潦倒的连锁困境中,最终走上了一条大彻大悟的自性化之路。

尽管徐渭年轻时的生活充满了执念的桎梏和无法突破执念的无奈,但是他与生俱来的智慧和灵气绝没有因此而被完全消磨,内在的灵气还是会时不时地化作智慧老人指引着徐渭。内在的智慧老人必然会吸引来外在的投影,这种投影可以化现为生活中的对其产生真实吸引力的良师益友,也可以化现为某个能让其内心感受到真实共鸣的理念、话语、著述或学说等。

徐渭人生中的第一位智慧老人,严格意义上说应该是王阳明及其学说。虽然王阳明辞世之时徐渭才8岁,徐渭并没有缘分成为王阳明的直接弟子,但是阳明学说在当时环境中的广为流传也对他产生了潜移默化的影响。徐渭一生遇到过诸多良师益友,他们都可以看成是徐

第五章
适意明道——袖里青蛇徐渭的自性化

197

渭内在智慧老人吸引来的外在投影，他们的理念、学说和为人处世的态度，自然而然地吸引了徐渭的注意和发自内心的共鸣，在这里介绍有代表性的两位——季本和王畿。

一、季本——承担"心理咨询师"角色的良师益友

季本，他是徐渭二十多年的人生中第一位切实促进他认知升级的良师益友。在这段师生关系中，季本的角色更像是一个平等包容的心理咨询师，这段师生关系对徐渭产生了一定的心理疗愈作用。

季本（1485—1563 年），字明德，号彭山，浙江会稽人，正德十二年（1517 年）中进士，授建宁府推官。季本是王阳明的弟子，在他三十多岁的时候，拜王阳明为师；季本专注于讲学著书，其理论主张主要集中于《说理会编》一书，季本的学说"龙惕"为核也展开，以龙喻心，将龙所具有的"惕"之品格与人也联系起来，认为人也内有自然的"良知"，但也需要时时保持警惕，以防人也沦丧于"伪"自然。⊖

季本的学说对徐渭有着非常大的影响。在《徐渭集》中涉及季本的诗文有十余篇：《先师季彭山先生小传》《奉赠师季先生序》《师长沙公行状》《奉师季先生书》等，徐渭在这些著作中对季本给予了高度的评价，认为其"绝学千年启，斯文一线传"，是"六籍儒宗""百年师表"，且"精考索，务实践，以究新建未发之绪"。⊜

⊖ 夏雲. 徐渭的"真我"说及其艺术实践［D］. 沈阳：辽宁大学，2016：8.

⊜ 牛丽芳. 徐渭"真我说"及在文学创作中的体现［D］. 金华：浙江师范大学，2021：19.

在《奉师季先生书》中，徐渭谈到了与季本之间的"教学互动过程"：**渭始以旷荡失学，已成废人，夫子幸哀而收教之，徒以志气弱卑，数年以来，仅辨菽麦，自分如此，岂敢以测夫子之深微。而夫子过不弃绝，每有所得，辄与谈论，今者赐书，复有相与斟酌之语，渭鄙见所到如此，遂敢一僭言之。**[一]可见，季本虽然是徐渭的老师，但是他们之间的教学互动过程是相对平等的，季本每次有所领悟之后，都会找徐渭谈论，互相之间会经常平等地讨论和斟酌问题，在这个过程中，徐渭逐渐地敢于打开自己的心扉，和老师平等地、"僭言地"阐述自己的领悟和观点。在《师长沙公行状》中徐渭又谈到了季本之间的师生关系："**先生于渭，悯其志，启其蒙，而悲其直道而不遇，若有取其人者。而诸子又谓渭之为人，颇亦为先生所知也。**"[二]徐渭用了"悯""启""悲""知"这四个字来概括季本对他的态度，可见，季本对于徐渭不仅仅是知识理念上的影响，他对徐渭的成长经历和心路历程，也充满了发自内心的理解和共情。

在这段师生关系中，作为老师的季本并不是高高在上的指导者，而是地位平等的启发者，他将自己放在和学生同一水平面上，通过和徐渭平等地讨论问题来启发徐渭的智慧，并勇敢地鼓励徐渭表达自己的领悟；此外，他耐心地倾听徐渭成长过程中被压抑的心理动力，对其表示感同身受的理解和共情……这种感受在徐渭此前的人生历程中很少体验到，在原生家庭中，徐渭只能扮演一个被牺牲感受的习得性无助的低位弱者，而在季本这里他才感受到自己是一个可以表达自己内心的、平等的人。

[一] 徐渭. 徐渭集 [M]. 北京：中华书局，1983：457.
[二] 徐渭. 徐渭集 [M]. 北京：中华书局，1983：650.

从这一角度，季本不仅仅是徐渭的老师，也更像是一位心理咨询师，这段师生关系对徐渭起到了一定的心理疗愈的作用。

所以，徐渭感受到，在遇到了季本之后自己才真正有所进步，此前的二十年都虚度了。在《畸谱》的纪师中徐渭曾言明：**廿七八岁，始师事季先生，稍觉有进。前此过空二十年，悔无及矣。**㊀和季本的互动让他感受到了认知启发和某种内在力量的萌芽。

二、王畿——观念冲突引发的整合性思维

和季本一样，王阳明的另一位弟子王畿也是徐渭的良师益友，他也是徐渭的不可或缺的智慧老人。然而，王畿的观点和季本的观点，在某种程度上有"冲突"的部分，而正是这种冲突性，以及徐渭对冲突的思考和领悟，切实促进了徐渭的认知升级。

王畿（1498—1583 年），字汝中，号龙溪，浙江山阴人，嘉靖十一年中进士，曾官任南京兵部武选郎中。王畿是王阳明的嫡传弟子，在心学方面有着很深的造诣，甚至"代王守仁分教新入学弟子"㊁，为阳明先生的教学承担了部分助教工作。他开创心学的"浙中派"，提倡"四无"说；他通过讲学的方式表达自己观点，对心学的传播起到了极大的作用；他提倡"以自然为宗"，其以王学为基础，提出应遵循自然天性，而"致"的造诣上，亦主张自然，且表明这种目的的实现产生于"自证自悟"的个体自由意识。㊂从徐渭的相关作品来看，

㊀ 徐渭. 徐渭集 [M]. 北京：中华书局，1983：1332.

㊁ 王守仁. 王阳明全集 [M]. 上海：上海古籍出版社，1992：1306.

㊂ 牛丽芳. 徐渭"真我说"及在文学创作中的体现 [D]. 金华：浙江师范大学，2021.

他与王畿的关系亦十分亲密。徐渭在《畸谱》"师类"中首先提到的就是王畿，且在《继溪篇》中以孔丘曾晳为喻，亲切地称龙溪为"吾师"，字里行间透露着对王畿人格的尊重，以及对其学术理论的肯定。徐渭现存诗文中有不少与王畿赠答交流的记载，如《答龙溪师书》《洗心亭》等作品，因此王畿的思想，尤其是"其自然为宗"的主张，对徐渭形成本色自然的人生观和美学观起到了不容忽视的作用。

徐渭在《龙溪赋》中表达了对王畿的敬仰："天有龙云，地有龙支。山有龙冈，水有龙溪。……栖志诗书，研精典籍，知乐水之称智，乃临流而托迹，悟江海之处下，合弥谦而受益。斯则琳珰不足以易其守，而恬澹乃足以适其情，故为士林之所贵，而君子之所称。"⊖这里形象地描述了王畿的为学与为人。

值得注意的是，心学思想的精髓是实践领悟而非教条灌输，所以，真正在学习和生活中践行阳明思想的人，往往会基于自身的独一无二的实践经历，对阳明学说进行独一无二的解读、验证、补充、质疑、修正和发展——鼓励个体独一无二的实践、允许被质疑、被修正——这恰恰是阳明心学的精髓，这也是思维被桎梏在二元对立中的个体所无法理解和领悟的真相；阳明学说只有"真实"和"虚假"之分，而无"正确"和"错误"之分。所以，很多真正的阳明弟子，他们各自倡导的观念从外相上来看，是不一致的，甚至是相反的。这其中并无非黑即白的对错之分——从自性即整合态的角度，这些观点在不同的时空、个体成长的不同阶段、集体的不同区域、生活的不同侧面……都有其真实性和适用性，它们并不是非黑即白的对立冲突，

⊖ 徐渭. 徐渭集［M］. 北京：中华书局，1983：878.

第五章
适意明道——袖里青蛇徐渭的自性化

而是万法融通的互相补充。从这个角度来看，阳明心学和荣格的分析心理学也有着大道相通的地方。

比如，徐渭的两位老师季本和王畿的为学取向和理论旨趣则是有差异的，王畿的"自然"观与季本的"龙惕"观，其实就是对"致良知"本意的不同阐发：季本主"惕"，认为**"圣人之学止是以龙状心也。惊惕者，主宰惺惺之谓也，因动而见，故曰惊惕。能惊惕则当变当化，而化不滞于迹，不见其踪，此非龙德之自然乎……动必惕然……见有不同，故其用力疾徐亦因而异，然因时知惕则一而已矣。此皆龙德之所为也"**○；王畿以"自然"为宗，他认为"惕"是实现"自然"的手段与工具，说警惕而主变化，不如自然而主变化更得理。○

智慧老人化作了两种有差异的观点，这两种观点以及两种观点之间的差异，都对徐渭产生了巨大的影响。徐渭也是一位真正意义上的阳明学弟子，尽管对两位老师都是发自内心的崇敬，但是对老师的观点也不是教条性地吸收，而是用自身的自性能动力对两种观点予以发自内心的实践领悟。在实践领悟的过程中，这两种观点自然而然地整合了。促进两种观点的整合——这也是自性化的一个重要方面。从集体生命这个大系统的角度看，这是徐渭这个小系统通过自身的觉察和实践，促进整个大系统整合态的一个重要贡献。

徐渭在《读龙惕书》中对"惕"与"自然"的辩证关系进行了详细的探讨，认为**"惕之与自然，非有二也。然惕也，惕亦自然也，然所要在惕不在于自然也"**○。他认为"惕"和"自然"的关系应该是统

○ 季本. 说理会编 [M]. 天津：天津古籍出版社，2017.
○ 吴迪. 徐渭"真我论"的文艺观研究 [D]. 淮北：淮北师范大学，2016：8.
○ 徐渭. 徐渭集 [M]. 北京：中华书局，1983：678.

一的，而不是对立的，而其中的要点在于"惕"。

为什么要点要在"惕"呢？这是因为，人心没有判断自然与否的功能。**"况于人之心，其在胎妊之时，已渐有熏染之习，驯至知觉之后，又不胜感悟之迁，小体著于嗜好而无有穷已。""夫聪明运动耳目手足之本体，自然也，盲聋痿痹，非自然也，而卒以此为自然者，则病之久而忘之极也。""若执念自然于心，自然也就成了心之障蔽，病在己心，则无自然可言。"**㊀ 人心受到"熏染"已久，所以人心本身不具有"判断自然与否"的功能，对于"自然"与否，仅靠人心是难以辨别的，也就是说，人心容易受到蒙蔽、容易因为执念而作茧自缚，所以容易将某种"非自然"的状态误以为是"自然"的状态。

所以，人心很难判定"自然"与"非自然"。但是，"惕"却是人心可以把握的。**"故人心既失，其颠倒悖逆，甚于耳目手足之病，而惕体依然。"**㊁

可见，徐渭对于"惕"和"自然"的关系的解读是十分精彩的。本书作者认为，上述解读，也可以从心理学角度来理解：他实际上是阐述了"心理动力""意识""觉察"这三者之间的关系，意识的根本作用在于觉察而不在于判断。"自然"可以看成是"未受到情结/执念/心理防御机制束缚的心理动力"，而"意识"（人心）则容易被情结/执念/心理防御机制所束缚和蒙蔽，所以，单靠"意识"，人们无法判定某种行为是否出自本心自然，"意识"容易在情结/执念/心理防御机制的操纵下陷入某种偏颇中去。相反，"意识"的作用在于"觉察"（惕），个体要作为主体积极地去用意识的"惕"的功能去观

㊀ 徐渭. 徐渭集 [M]. 北京：中华书局, 1983: 677.
㊁ 徐渭. 徐渭集 [M]. 北京：中华书局, 1983: 679.

第五章
适意明道——袖里青蛇徐渭的自性化

察这些心理动力，而不是反而被心理动力所操控。如果是主体被心理动力所控制了而不自知，那么就会陷入"伪自然"的境地中去。

所以，徐渭其实是强调了意识的"只觉察、不判断"的功能，这正契合了前文中提到的"正念疗法"的核心。这篇《读龙惕书》成文于徐渭26岁左右，可见在此阶段，他在头脑层面已经对自性化的方向有所领悟。

1552年，31岁的徐渭在其第四次科举考试失败之后，对生命有了新的感悟，在归途中，他写下了《涉江赋》：

无形为虚，至微为尘，尘有邻虚，尘虚相邻。天地视人，如人视蚁，蚁视微尘，如蚁与人，尘与邻虚，亦人蚁形。小以及小，互为等伦，则所称蚁，又为甚大，小大如斯，胡有定界？物体纷立，伯仲无怪，目观空华，起灭天外。爰有一物，无罣无碍，在小匪细，在大匪泥，来不知始，往不知驰，得之者成，失之者败，得亦无携，失亦不脱，在方寸间，周天地所。勿谓觉灵，是为真我，觉有变迁，其体安处？体无不含，觉亦从出，觉固不离，觉亦不即。立万物基，收古今域，失亦易失，得亦易得。控则马止，纵则马逸，控纵二义，助忘之对……㊀

本书作者认为，这篇文章包括了对"定界""真我"的思考，他通过"天地、人、蚂蚁、微尘"的每一层视角的剖析，对"万物之间的界限"有了觉察，发出了"胡有定界？"的感悟，并认为"方寸（心）的无挂无碍"的"觉"是破除小我之挂碍，而臻于大道之精神

㊀ 徐渭. 徐渭集[M]. 北京：中华书局，1983：36.

的关键。这篇文章背后的本质是对万物"整合态"的某种领悟，可以说这是人在痛苦中，在自性指引下的一种认知蜕变。

季本和王畿都出现在徐渭的前半生，正是在他们的影响下，徐渭在年轻时就逐渐开始形成了关于破除对立心、建立整合态的思维方式，这个思维方式为处理心理冲突提供了认知基础。

第三节 事须渐修——聚焦当下的积极想象

"袖里青蛇"是徐渭送给自己的一个独特的名字。蛇作为一个符号，在荣格的作品中扮演着重要角色，在《红书》中，蛇是最重要的单一母题之一；在1925年的分析心理学研讨会上，荣格表示：蛇是动物，是神奇的动物；几乎没有人与蛇的关系是中性的，当人们想到蛇时，总是与本能联系在一起；马和猴子对蛇有恐惧症，就像人类一样，你必须想一种本初的恐惧感，黑色与这种感觉同出一辙，也与蛇的性格相得益彰；它是隐藏的，因此很危险；蛇通向阴影，它具有阿尼玛的功能；它带你进入深处，它连接了上面和下面；因此，参考荣格对蛇的解释，将蛇作为连接上层精神和下层世俗的象征。[一]

因此，蛇在《红书》中的形象，起初是无意识欲望或欲望中的一部分，最终成为连接意识与无意识的纽带，也就是说，蛇具有转换的功能，它是邪恶与智慧的转换，也是不自觉无意识欲望与自觉无意识欲望的转换。[二]

[一] 张明鉌. 荣格《红书》符号系统研究[D]. 汕头：汕头大学，2022：37.
[二] 张明鉌. 荣格《红书》符号系统研究[D]. 汕头：汕头大学，2022：38.

第五章
适意明道——袖里青蛇徐渭的自性化

在荣格的自我疗愈之路中，其所绘制的曼陀罗作品《普天大系》中就包含了一个"长着翅膀的老鼠"和"长着翅膀的蛇"的独特意象，二者分别象征了科学和艺术。这个意象更体现了上述"转换"性，即将人类集体潜意识中某些看似黑暗的能量，转化为伟大的艺术作品和科学成就。

集体潜意识是人类所共有的。徐渭的"袖里青蛇"名号和荣格的"长着翅膀的蛇"这一心理意象有着异曲同工之处，充分体现了徐渭对艺术"转换"过程的真实实践领悟，他晚年的充足的创作能量正是他成长过程中的阴影能量的转换。徐渭晚年在书画方面取得了巨大成就，从出生直至中年其坎坷的生活经历是其创作灵感的源泉，没有这样的生活积淀做基础，徐渭的书画艺术就是"无源之水，无根之木"。[一]生活的刀光剑影给他的心灵留下了千疮百孔，然而，他最终却依靠自性的力量，用艺术疗愈的方式，将千疮百孔转化为一颗颗笔底明珠。

理可顿悟，事须渐修。自性化的过程离不开实践力，徐渭大彻大悟的自性化之路是在艺术创作这一重要的实践过程中进行的，即专注当下，真实地表达内心的心理意象，并领悟心理意象背后的象征性含义，徐渭的绘画和题画诗很好地表现了这一点，我们可以以此为材料分析自性化的实践路径。

徐渭精神病发作杀死张氏是在46岁那年，这一年可以看作是他人生的重要转折点。按照《大明律》的规定，杀人者应当偿命，但是精神病患者犯病期间杀人可轻判；加上有曾经的同窗和同僚的四处活动，徐渭最终没有被判死刑。他被革除了秀才功名后下狱，在狱中被

[一] 李征. 试论徐渭晚年绘画的文人式游戏 [J]. 兰台世界, 2013, 407 (21): 157-158.

关押了 7 年。

这一年可以看作是他的人生跌入谷底之时。他不仅身陷囹圄，而且伴随着杀人污点和秀才功名被革除，他心心念念的举业对他彻底关闭了大门，他再也无法参加科举考试了，生活将他推到退无可退的境地了。

但正所谓不破不立，如果说在这之前，他最大的人生目标还是科举入仕，大多数心理能量都投注在对于理想状态的追寻和对于未发生的恐惧的对抗逃避上（即投注在幻想、在未来上），那么在这之后，他的心理能量则开始逐渐内聚到当下的真实上，即聚焦于当下、聚焦于现实。这可以看作是他内心自我疗愈的开始，也可以看作是他真正的自性化过程的开始。

聚焦在当下的真实中——这即是自性化的钥匙。徐渭入狱后的时光，可以说是真正开始对生命有所领悟。徐渭正是通过艺术创作来进行自我心理疗愈的。正是从狱中生活开始，绘画的过程可以看成是他自然而然地表达积极想象意象的过程；对艺术过程的聚焦觉察，可以看成是他正念觉察的过程。

关于徐渭的学画时间，据周群、谢建华在《徐渭评传》中的总结，代表性的说法主要有两种：其一是认为徐渭 31 岁时已擅画，持此观点者以何乐之所著《徐渭》为代表；其二则认为徐渭 48 岁开始学画，持此观点者以郑为《含泪的讥诃动人的墨谑——论徐渭的艺术创作》和骆玉明、贺圣遂《徐文长评传》为代表；虽具体时间学界尚未统一，但徐渭学画时间确系在中晚年时期。㊀

关于这两种说法，本书作者较为倾向于后一种。徐渭的真正有灵

㊀ 牛丽芳. 徐渭"真我说"及在文学创作中的体现 [D]. 金华：浙江师范大学，2021：34.

性的书画之路，也正是从狱中开始的，这也正是他通过绘画来表达自己的积极想象的"表达性心理治疗"的开始。

据《绍兴府志》载：徐渭在狱中大量作画，**"既在缧绁，盖以此遣日"**；53岁出狱后，为了生计，他大量作画卖画，直到去世。○入狱之前，徐渭或为家庭的烦琐所困，或为考取功名而耽误时日，特别是在胡宗宪府任幕僚期间其书画作品都带有很强的功利色彩，这些书画作品也相当优秀，但与"入狱"后的书画作品相比明显少了一种"灵性"和"高度升华的东西"；"入狱"之后的徐渭万念俱灰，这使得他的书画保留了传统文人的"以书画自娱"的功能，即以一定的传统题材去抒发内心的真实感受，这实际上是一种以"去功利"为核心的书画态度。○

徐渭开创的泼墨大写意画派使用纯粹的水墨，不用颜色，在墨的使用上，他领悟出了"疏墨法""积墨法""破墨法"等。○在技法上将墨的使用运用到了独特而精妙的地步，他的绘画作品在色彩、内容以及笔触上，都极具个人特点。

徐渭的存世画作的创作时间比较集中，基本都创作于万历三年乙亥（1575年），徐渭55岁"准释"之后，到万历二十一年癸巳（1593年），徐渭73岁去世之前的这18年的时间里。⑩徐渭中晚年时

○ 陈传席. 徐渭的大写意绘画及其影响［J］. 艺术品，2021（05）：8-19.
○ 李征. 试论徐渭晚年绘画的文人式游戏［J］. 兰台世界，2013，407（21）：157-158.
○ 戴孝军. 愤怒泼墨写心声——简论徐渭书画的艺术特点［J］. 美与时代，2007（06）：55-56.
○ 庞鸥. 陈淳徐渭绘画风格成因、分期及鉴定依据［J］. 中国书画，2017，175（07）：31-49.

期的绘画更多地体现出一种对本然状态的接纳和转化,这一点可以从其相对早年的作品《五月莲花图》和中晚年作品如《墨牡丹》《雪竹图》和《鱼蟹图》等作品的"题画诗"的对比中展现出来。

一、"纵令遮得西施面,遮得歌声渡叶否"

如图 5.2 所示,这幅《五月莲花图》是徐渭 37 岁时的作品,可以看成是他的早期作品。从作品的风格和题诗来看,此时的徐渭正处于心理冲突中。

图 5.2 《五月莲花图》

第五章
适意明道——袖里青蛇徐渭的自性化

从远处构图上看，绘画元素的分布整洁而错落有致，荷叶、荷花、茎秆也都栩栩如生，象征着控制感的长线条远看也是井然有序。

然而，如果将作品近看或放大其细节观察，如图5.3所示，则难以推断出绘画内容是荷叶、茎秆，只能看见凌乱而无序的线条和墨块。

 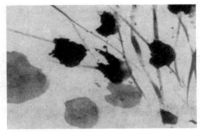

图5.3 《五月莲花图》局部

笔触象征着最深层次的特质，远看构图上的错落有致和长线条的井然有序，和近看笔触上的狂放凌乱，这一矛盾一方面象征着徐渭人际关系中互动中远距离和近距离的差别。在相对较远的人际关系如同事、朋友关系中，徐渭作为儒家知识分子的代表，也是彬彬有礼和冷静克制的，很多时候，他打破陈规、发泄压抑愤怒的对象是自己，或是亲密关系中的人；另一方面也象征着在意识的控制下，他能够显示出儒家文化所倡导的礼仪和规范，他在行为和意识层面也是积极地追求社会所认可的科举功名，尽管考场屡屡不顺，却依然没有放弃希望和追求。然而，潜意识层面，他却是希望能够特立独行、打破陈规，甚至对社会规则的态度是蔑视的。这样的笔触特点，可以看作是徐渭的一种潜在的抗争。

潜在的抗争，可以理解为一种内耗状态，本质上是面具能量和阴影能量之间的冲突。

在本书作者的前著《绘画心理调适：表达人设外的人生》中，曾对面具画和冲突画进行过对比分析：在面具画中，作者对于画面中冲突的双方存在某种倾向性；而冲突画中，作者只是本然地描绘冲突状态，对冲突对立的双方或多方，没有表现出态度上的倾向性。

在本画中，"美丽的莲花"和"杂乱的荷叶"可以看作是对立冲突的双方。37岁的徐渭对这冲突双方存在态度倾向性。结合他给《五月莲花图》的题诗：**"五月莲花塞浦头，长竿尺柄挥中流。纵令遮得西施面，遮得歌声渡叶否？"** 可以看出，在冲突的双方中，"美丽的莲花"是他意识层面更加认同的，而"杂乱的荷叶"则是他意识层面不认同的。因此，本画虽然描绘的是心理冲突，但是本质上是面具画，这表明37岁时的徐渭处于被面具能量所控制的阶段，依然处于对某种理想化状态的追寻中。遗憾的是，面具能量有多强大，与之相反的阴影能量就有多强大，它们共同形成的情结/执念，让徐渭在今后的人生中需要面临诸多挑战。

二、"五十八年贫贱身，何曾妄念洛阳春"

《墨牡丹》（图5.4）是徐渭58岁时的作品。徐渭独爱墨色，他的作品几乎都是水墨画，从色彩上来看都是黑色。他不仅用黑色来描绘山水人物，还用它来描绘花鸟。一个显著的例子就是对牡丹花的描绘。牡丹花在中国文化中是一种极具代表性的植物，它往往象征着富贵和辉煌。自唐代以来，牡丹就成了文人墨客喜欢描绘的花卉，在大多数画家的笔下，牡丹花都是绚烂多姿，富贵辉煌、花团锦簇的形象。

然而，徐渭却开创了墨色牡丹的绘画风格，他笔下的牡丹也是他一贯使用的纯墨色,从色彩到造型上感受不到任何富贵和荣耀。

图 5.4 《墨牡丹》

每一种色彩都有其原型层面的象征含义[○],从远古时代开始,对黑暗的恐惧是人类的基本恐惧之一。在原始社会,黑暗的夜晚往往代表着危险、恐惧、寒冷。无论是人类,还是动物和植物,死亡腐烂或是烧焦之后呈现出的色彩都是阴暗的黑色,植物的枝叶衰败之后的色彩也是黑色。此外,由于黑色是收缩色,和浅色物体相比,黑色的物体看起来比实际的重量要沉重。所以,在人类的进化中,黑色逐渐和象征着死亡、衰败、沉重、抑郁等联系在一起。在人们的集体潜意识中的反映是,在很多国家和民族的文化层面,黑色都象征着沉重、阴暗。

徐渭选择用象征着沉重、阴暗的黑色墨水来描绘牡丹这种象征富贵的植物,正是其抑郁、悲凉的心理状态的直观反映。

对于这种状态,徐渭也曾专门赋诗来解释:"**五十八年贫贱身,何曾妄念洛阳春?不然岂少胭脂在,富贵花将墨写神。**"短短的 28 个字,真实表达了他前半生的无奈。从诗歌中可以看出,徐渭的墨色牡

○ 王琳. 色彩原型的生成与进化 [J]. 中外企业家,2010 (14):132-133.

丹系列是典型的阴影画。

从这首诗可以看出，此时的徐渭，已坦然地接纳命运，并能够专注当下，细致地描绘命运带来的负面心理能量。从心理学角度，隐喻着此时的他已不再追逐面具能量，而是坦然地接纳阴影能量。而接纳阴影能量，则是转化阴影能量，最终破除情结/执念的必经之路。

三、"画成雪竹太萧骚，掩节埋青折好梢"

除了绘画色彩之外，徐渭的绘画内容也有其个人特色，从他笔下所描绘的竹子中可以读出其个人经历。

一些心理学家认为，树木更能够反映出受测者主观感受到的与周围环境间的关系。[一]在中国古代，文人最爱描绘的植物就是竹子。竹子有坚韧、不屈、气节、理想的象征意义。和众多古代画家一样，徐渭也爱描绘竹子，所不同的是，他笔下的竹子，多数是在风、雨、雪等严酷的自然环境之下，很多时候，徐渭借竹来写风、写雨、写雪。在描写雪中之竹时，徐渭曾写过一首题画诗，前两句是：**"画成雪竹太萧骚，掩节埋青折好梢。"** 其中，掩、埋、折等动词，都表现了冰天雪地的恶劣的外部环境对竹子的压迫和摧折。

图5.5 《雪竹图》

对竹的描绘可以看作是徐渭和周围环境互动的投射。在他的绘画

[一] 蔡颖，汤永隆，吴嵩，等. 投射测验体系中的树木意象 [J]. 心理科学进展，2012，20（05）：782.

中,竹子所处的暴风骤雨、冰天雪地的环境,则是其成长历程中一直无处不在的恶劣严苛的外界环境。从客观层面来说,徐渭的生活环境,尤其是童年时代的生活环境,确实是恶劣的。然而,从主观层面来说,这种童年时期和外部环境的互动模式已经内化到他的内心中,以至于成年之后他即使长大了,有了才华、有了能力之后,也不断选择将这种内化了的互动模式投射到和现实外部世界的互动中,一次次重复着童年那弱小而无助时期的悲剧,主观幸福感较低。所以,成年后的他在和外界环境的互动中,始终沉浸在童年的悲剧中,对自己的生活造成了负面影响。

题画诗的后两句是:"**独有一般差似我,积高千丈恨难消。**"结合这首诗可以看出,徐渭自己已经深入地觉察到内心冲突,并对内心冲突的没有否定、没有逃避,只是对冲突产生的原因、冲突的严重程度以及冲突长期存在的必然性等进行客观的觉察和表达。因此,虽然本画和前文中的《五月莲花图》都是在描写心理冲突,但是《五月莲花图》是面具画,本画则是冲突画。

四、"生憎浮世多肉眼,谁解凡汝是白龙"

动物意象往往和无意识的本能力量相关,有时甚至是原型意象,是人类普遍具有的心理内容。

在徐渭的很多诗歌书画中,都有着梦鱼、观鱼和画鱼的相关记录。可以说,鱼是徐渭生命中的重要心理意象。《徐渭集》中和鱼蟹相关的诗词歌赋总共超百篇,专论鱼蟹的有《蟹六首》《设为鱼虾所诘》《鱼蟹》等,《论中》篇中有一部分还专门以鱼为论述的对象展开论证。在其传世的众多绘画作品中,鱼蟹题材的写意作品为占不小

篇幅，也有涉及鱼篮观音形象的人物画，多散落在各个册页之中。⊖

55岁的徐渭出狱后游历南京时做了一个和鱼有关的梦，他将其记录在《燕子矶观音阁》中："……沽酒不成醉，颓然倒方床。犹梦立阁中，遥观大鱼翔。"他醉酒后梦见了飞翔的鱼这一奇异场景。如果说长着翅膀的老鼠象征着科学，长着翅膀的蛇象征着艺术，那么飞翔的鱼也无疑具有类似的隐喻象征，象征着本能力量或阴影能量的升华或转化，这是一个具有正向隐喻的梦境。

除了梦鱼之外，"观鱼"也是徐渭的日常生活雅趣之一。徐渭将观鱼之思写进了文章中。如"大乘闻讲后，小水看鱼流水"，徐渭在寺庙听经之后"日斜鱼聚放生池""一树高枝全绕蔓，两池寒水自潜鱼"。徐渭貌似观察的是外镜中的鱼，实际是在觉察自己内心的心理动力。从他的诗作《偶也》中可以窥见他的观鱼心得：

偶也难亿诈，为鱼岂无知。假令鱼为偶，亦安避薪为。此亦岂无谓，听我歌此词。当鱼在沼时，沼阔不容坻。沼既不容坻，研复朝洗之。洗多墨岂少，墨积盈沼池。从此再三洗，喝唵恒在兹。唇外无滴漪，缝唇墨即入，何况相沫唏。君在大气中，塞海皆氛霾。君今口与鼻，能免不埃噫。苏武在房中，磕头皆羊羝。死生凭羝辈，起处亦羝隈。岂惟起处隈，嬉宁谢羝嬉。君侪人如此，而况我也鱼。我闻君里谚，契我鱼也志。非伴情所知，事急随则随。

在这首诗中，徐渭以鱼谓己，通过心理意象的对话和领悟，抒发了对世间万象的领悟和自己人生的感悟。

⊖ 顾家豪. 从形到意：徐渭作品中的鱼蟹审美意象[D]. 西安：陕西师范大学，2021：13.

第五章
适意明道——袖里青蛇徐渭的自性化

同样，鱼也成了徐渭绘画的重要主体。以《鱼蟹图》（图5.6）为例，这幅画虽然没有年款，但依据诗画的表内容和书法用墨的特点，可以说是徐渭晚期比较典型的作品。[一][二]

图5.6　《鱼蟹图》

这幅画的题画诗是"满纸寒鲲吹鬣风，素鳞飞出墨池空。生憎浮世多肉眼，谁解凡妆是白龙"。同样出现了"鱼""墨池"等心理意象。

本书作者在中央美术学院开设的绘画心理调适工作坊中，也曾遇到过"鱼""墨池"相关的意象：[三]

来访者描述的意象是：混乱的物体逐渐转化为一个大水池，水池中的水全部都是黑色的，水中有一条怪鱼，这条怪鱼本身就是水池的一部分，它的全身也都是黑色的。怪鱼长着一双眼睛，没有嘴巴。怪鱼和自己呈现敌对状态。

[一] 顾家豪. 从形到意：徐渭作品中的鱼蟹审美意象 [D]. 西安：陕西师范大学，2021：41.

[二] 庞鸥. 陈淳徐渭绘画风格成因、分期及鉴定依据 [J]. 中国书画，2017，175（07）：31-49.

[三] 童欣. 绘画心理调适：表达人设外的人生 [M]. 北京：机械工业出版社，2019：225-226.

针对这一积极想象内容，咨询师和来访者进行了这样的探讨：

咨询师：你觉得怪鱼想向你表达什么？

来访者：不知道。我感觉不到它想干什么。

咨询师：你看着它的眼睛，猜一下它此刻是什么情绪或者想法？

来访者：它很可怜。

咨询师：为什么可怜？

来访者：它很无奈，它很痛苦，但它没有嘴巴，不能说话。

咨询师：你觉得如果它有嘴巴的话，它想说什么？

来访者：我觉得这条鱼就是我自己，它现在说："我们和解吧，不要再争斗了。"

咨询师：现在呢？

来访者：我骑在鱼背上，在水池中飘荡。

在这个案例中，"怪鱼"是来访者阴影面的具象表达，从这次面询开始，来访者逐渐能够感受到阴影部分的想法，感受到阴影部分"很可怜"，并且愿意与阴影部分和解和待在一起；"墨池"这个场地则象征着困住阴影能量的情结空间，在本案例中，"骑在鱼背上，在水池中飘荡"这个意象，则象征着来访者愿意和阴影能量待在一起，去探寻情结。

大道相通。在徐渭的诗歌中，也出现了"墨池"这一意象，如果说墨池象征着情结空间的话，那么"飞鱼"飞出了"墨池"，也隐喻了潜意识中摆脱了情结空间的束缚这一自性化过程。从自性的角度来讲，飞出了情结空间的心理动力，不再是情结空间中被束缚呈现内耗状态的能量，而是具有整合性、创造性和自我实现动力的自性能动力了；尽管在旁观者眼中还是普通平凡的鱼，但是在主体的角度，这种

第五章
适意明道——袖里青蛇徐渭的自性化

动力已经化鱼为"龙"了。"生憎浮世多肉眼,谁解凡汝是白龙"这句话体现了对其基于真实的实践,对生而为人的自性能动力的认同。他逐渐摆脱了"肉眼"及基于社会规则、外在超我或面具能量而形成的评判标准,他的人生不再执着于"达到某种理想化人生状态"这一指向未来的目标上,而是顺势而为地对当下平凡状态的领悟和接纳,并体会出了平凡的伟大,这意味着他开始注重平凡却不凡的当下,而不是将自己的心理能量继续消耗在想象中的未来。

从徐渭潜心书画开始,可以看作是他不再被命运操控,而开始主动去观察命运、理解命运、尊重命运、表达命运的阶段。在经历了半世磋磨之后,他终于放下执着,并能够以一种真实的、接纳的态度来讲述自己的人生故事。这时的他,已逐渐不再被情结空间所束缚和执着,内心逐渐整合的能量能够以流畅的方式表达自己,以艺术的形式展现在纸面上,这可以看成是自性化过程的开始。

随着晚年对生命的顿悟,徐渭的精神状态稳定了许多,不但精神疾病的发病次数减少了,而且书画水平有了突飞猛进的提高,徐渭对于"平淡、恬静"的精神状态从被动地适应开始主动地追求,最终获得了一种纯粹"自我式"的狂放表现,甚至是"忘名、忘利、忘我"的高度自觉自由的挥发状态;在这种状态下徐渭的书画已不仅仅是文人在"以书画自娱",而是更像是一种"游戏"。㊀

经历了半世磨炼,鱼终于飞出了墨池转化为龙,徐渭终于摆脱了内心的执念,晚年的他摆脱了情结空间的束缚,让心理能量重新自由地流动起来,拥有了更高的生命层次。

㊀ 李征. 试论徐渭晚年绘画的文人式游戏 [J]. 兰台世界,2013,407 (21):157-158.

第四节　理论总结
——艺术创作的原则和目标

　　上述的绘画创作过程可以看作是徐渭的积极想象的实践历程，除了绘画之外，徐渭在戏剧创作和戏剧理论研究上也有着卓越的成就，和绘画相比，徐渭对于戏剧的理论研究更为丰富，因此，徐渭流传至今的戏剧创作观和艺术评论文章，都可以作为其认知升级的重要证据。因此，我们可以通过徐渭总结的戏剧理论，来分析其自性化过程中的认知境界。

　　徐渭的戏剧艺术观包括了摹情弥真、宜真宜俗、愈出愈奇、作者适意、观者明道等五个方面，这五个部分，前三个是他总结的艺术创作的原则，后两个则是他总结艺术创作的目标。这些理论，是他自性化实践过程中自然而然领悟而形成的智慧结晶，对应着认知升级的过程。这些智慧结晶在当时和后世影响了很多人的创作风格，因此，从这个角度，徐渭本人也承担了集体心理层面的智慧老人的角色。

　　徐渭的艺术疗愈的过程，正是在于"真""俗""奇"三字，其中，"真"和"俗"都可以看作是真诚，"真"意味着对个体心理动力的真诚的表达，"俗"意味着对集体心理动力的本然状态的真诚的表达；而"奇"则意味着心理动力的表达希望以一种出其不意的、充满力量、万众瞩目的方式表达出来，因此"奇"隐喻着表达的充分性。

　　因此，徐渭的"真""俗""奇"三字，用分析心理学的语言来阐释，其实是在诉说这样一种理念：艺术创作的过程，是一个真诚

第五章
适意明道——袖里青蛇徐渭的自性化

地、充分地表达心理动力的过程，这正对应着积极想象和正念觉察的过程。

一、"摹情弥真"——表达个体情感的真实状态

真实的表达才是有力量的，徐渭深刻领悟到了这一点。他在《萧甫诗序》中对诗歌艺术的创作过程进行了总结：**"古人之诗本乎情，非设以为之者也。是以有诗而无诗人。迨于后世，则有诗人矣。乞诗之目，多至不可胜应，而诗之格，亦多至不可胜品，然其于诗，类皆本无是情，而设情以为之。夫设情以为之者，其趋在于千诗之名。千诗之名，其势必至于袭诗之格而剽其华词。审如是，则诗之实亡矣。是之谓有诗人而无诗。今穷理者起而抹之，以为词有限而理无穷，格之华词有限而理之生议无穷也，于是其所为诗悉出乎理而主乎议。"**㊀

《选古今南北剧序》是徐渭晚年在故里所编的一部以收录元、明时期表现男女之间情爱、婚姻悲欢离合为主题的曲作选集。在序言中他写道："**人生堕地，便为情使。聚沙作戏，拈叶止啼，情昉此已。……令人读之喜而颐解，愤而眥裂。**"徐渭的这段话，体现了他对戏曲艺术创作中真情实感的理解和感悟，也可以说是徐渭艺术创作的"真"的原则的直接体现。所谓"**人生堕地……情昉此已**"，真实情感的自然流露，才能获得"**喜而颐解，愤而眥裂**"的艺术效果，才能真实地触动人地内心。

在上述文章中，徐渭探讨的都是艺术创作中的"真"的话题。文论是写诗还是创作剧本，一个真正好的作品应该是真实地表达个体的

㊀ 徐渭. 徐渭集［M］. 北京：中华书局，1983：534.

情感，而不是为了获得"诗人""剧作家"的名号，也不是为了向大众灌输某种道理。艺术创作的过程，应该是内在真情实感的真实表达。基于真实的创作才是最能够打动人心的，一个好的艺术家，应该摹情弥真——这种艺术创作观念，正契合了荣格的积极想象和表达性艺术治疗的核心。

徐渭的这一段是自我实现的动力和面具能量的探讨。获得诗人名号，是为了个体内心追逐价值面具能量；而向大众灌输某种道理，是为了向整体灌输某种面具能量。心有所求而创作，是出现不了好作品的；真正的好作品应该是内心本然动力的表达，是"心无所求"而成、以"无所得心"而得。

二、"宜真宜俗"——还原集体情状的本然状态

如果说古朴悠远的先秦文化就如高山流水，瑰丽宏伟的盛唐文化就如霓裳羽衣，典则俊雅的两宋文化就如翡翠白玉，那么明朝嘉隆万时期的文化，则如充满俗世烟火气息的紫铜火锅……相比较而言，紫铜火锅无疑更贴近每个普通人的生活日常。

"紫铜火锅"的可贵之处正是在于它的"俗"，它用"下里巴人"的方式来演绎"阳春白雪"，用"道近易从"的原则来取代"曲高和寡"……正是这种"基于本真的俗气"，逐渐打破了庙堂之高和江湖之远的界限，甚至逐渐瓦解了知识分子和普通民众的观念隔阂。正如王阳明在《传习录》中说："与愚夫愚妇同的，是谓同德；与愚夫愚妇异的，是谓异端。""良知良能，愚夫愚妇与圣人同。"而阳明后学王艮说："圣人之道，无异于百姓日用，凡有异者，皆是异端。"王畿则在强调"同于愚夫愚妇为同德，异于愚夫愚妇为异端"的同时，进

第五章
适意明道——袖里青蛇徐渭的自性化

一步说到**"著衣吃饭，无非实学"**……可以说，在阳明学说的影响下，和其他封建社会相比，明朝中后期越来越倾向于打破知识精英和没有受过教育的民众之间的隔阂，整个集体社会自然而然地呈现出某种"整合"趋势，用荣格式的语言来阐释，这既是社会开始重视"集体潜意识"的体现，也是整个社会进化/集体自性化的标志。这一切离不开阳明心学兴起后，知识分子们努力将"哲学"和"生活"相联系，将"艺术"和"市井"相结合。

而徐渭就是这些知识分子中的卓越代表。如果说前文中的"摹情弥真"更多地强调对个体真实心理动力的尊重和表达，那么"宜真宜俗"则是更多地强调对集体真实心理动力的尊重和表达，"俗"同样是"真"的重要表现。

在艺术创作中，徐渭尤其尊重和推崇这种"基于本真的俗气"。他所作的《南词叙录》是我国最早一部系统研究南戏的专著，也是一部为南戏这种通俗文学争取社会地位的论著。南戏是宋元两代发源于浙江温州地区，随后逐步流传于我国南方一带的戏剧；徐渭在探讨南戏的起源时就言："永嘉杂剧（南戏）兴，则又即村坊小曲而为之，本无宫调，亦罕节奏，徒取其畸农市女顺口可歌而已。"可看出他不但没有掩饰南戏"村坊小曲"的出身，而且表明了南戏带有较为浓厚的民间色彩、含有质朴俚俗的风格，肯定了南戏的民间性和语言通俗性……南戏在当时的封建正统文人心中毫无地位，有些士大夫甚至对南戏采取了极端鄙夷的态度；但徐渭却一反当时剧坛重北轻南的偏见，对通俗化、大众化的南戏给予了很高的评价；批评那些"酷信北曲，至以妓女南歌为翻禁"者为"愚子"，并指出："夷、狄之音可唱，中国村坊之音独不可唱？原其意，欲强与知音之列，而不探其本，故大言以欺人也。"表明他对南戏这种民间通俗艺术的重视和积

极扶持态度。[一]

在《西厢序》中，徐渭专门就"本色"和"相色"的关系进行了这样的探讨：**世事莫不有本色，有相色。本色犹俗言正身也，相色，替身也。即书评中婢作夫人终觉羞涩之谓也。婢作夫人者，欲涂抹成主母而多插带，反掩其素之谓也。故余于此中贱相色，贵本色，众人啧啧者我呴呴也。岂为剧者，凡作者莫不如此。嗟哉，吾谁与语！众人所忽，余独详，众人所旨，余独唾。嗟哉，吾谁与语！**

在评论他人作品时，"本色"成为徐渭重要的衡量标准。例如，在《题昆仑奴杂剧后》中，他表示："**语入要紧处，不可着一毫脂粉，越俗越家常，越警醒，此才是好水碓，不杂一毫糠衣，真本色。若于此一恧缩打扮，便涉分该婆婆，犹作新妇少年哄趋，所在正不入老眼也。至散白与整白不同，尤宜俗宜真，不可着一文字，与扭捏一典故事，及截多补少，促作整句。锦糊灯笼，玉镶刀口，非不好看，讨一毫明快，不知落在何处矣！此皆本色不足，仗此小做作以媚人，而不知误入野狐，作娇冶也。**"

在徐渭的戏曲评论中，被他当作反面典型的是《香囊记》：以时文为南曲，元末、国初未有也；其弊起于《香囊记》。《香囊》乃宜兴老生员邵文明作，习《诗经》，专学杜诗，遂以二书语句匀入曲中，宾白亦是文语，又好用故事作对子，最为害事；夫曲本取于感发人心，歌之使奴、童、妇、女皆喻，乃为得体；经、子之谈，以之为诗且不可，况此等耶？直以才情欠少，未免辏补成篇。吾意：与其文而晦，曷若俗而鄙之易晓也？《香囊》如教坊雷大使舞，终非本色，然有一二套可取者，以其人博记，又得钱西清、杭道卿诸子帮贴，未至

[一] 晏柳. 论徐渭"本色论"中的"重俗"与"尚情"[J]. 唐山文学，2016（04）：110-111.

澜倒；至于效颦《香囊》而作者，一味孜孜汲汲，无一句非前场语，无一处无故事，无复毛发宋、元之旧。三吴俗子，以为文雅，翕然以教其奴婢，遂至盛行；南戏之厄，莫甚于今。㊀

明朝的"时文"即科举八股文或类似的文章，八股文的体裁和形式都被牢牢地限制在某种框架中。而徐渭抨击的就是这种"**以时文为南曲**"的现象，八股文作为政策论文，其目的是"穷理"，而戏剧作为个体情感的本然表达，其目的是"摹情"，用穷理的方式来摹情，用做八股文的方式来进行戏剧创作，就好比现代社会用写《申论》的方式来写小说一样，自然是不伦不类、充满弊端。《香囊记》及很多效颦《香囊记》的作品，就是徐渭认为的这种"以时文为南曲"的典型，徐渭认为这种创作方式给南戏带来了灾难。骆玉明、贺圣遂等认为：在整个明代戏曲创作领域中，徐渭扭转了封建道德说教泛滥的风气，以浪漫主义的手法宣扬具有历史进步意义的异端思想……㊁

三、"愈出愈奇"——心理动力希望被万众瞩目地表达

在《答许口北》中徐渭有言："公之选诗，可谓一归于正，复得其大矣。此事更无他端，即公所谓可兴、可观、可群、可怨，一诀尽之矣。试取所选者读之，果能如冷水浇背，陡然一惊，便是兴观群怨之品，如其不然，便不是矣。"㊂

㊀ 中国戏曲研究院. 中国古典戏曲论著集成（第3卷）[M]. 北京：中国戏剧出版社，1982：243.

㊁ 骆玉明，贺圣遂. 徐文长评传 [M]. 杭州：浙江古籍出版社，1993.

㊂ 徐渭. 徐渭集 [M]. 北京：中华书局，1983：482.

徐渭追求的艺术效果为"冷水浇背、陡然一惊",正如《与钟天毓》中所述"佳作愈出愈奇,令人惊诧"[一]一样,这里的"惊诧"与俄国形式主义"陌生化"带来的效果是相似的,艺术上违背常规、超越常境,给人一种情感的震颤和惊奇;徐渭这种贵"奇"的审美追求与当时崇古复古的僵化模式是截然相反的。[二]

此外,徐渭在《与季友》中就对唐代诗人进行了评价:"韩愈、孟郊、卢仝、李贺诗,近颇阅之。乃知李杜之外,复有如此奇种,眼界始稍宽阔……何况此四家耶,殊可怪叹。菽粟虽常嗜,不信有却龙肝凤髓,都不理耶?"[三]韩愈的奇崛瑰怪、孟郊的精思险奇、卢仝的奇崛险怪、李贺的幽冷奇崛,此四位作家的创作风格都因奇特的风格,能带给人耳目一新的感觉。徐渭与李贺的内心苦闷有相通之处,李贺僻性高才,但因避父讳而不能参加科举考试,使得抱负无法施展,只能将全部心力倾注于为诗作文;徐渭与李贺类似的在科举上的挫折,使得他更注重隐藏在李贺诗作中的奇崛和不平之气。[四]

徐渭曾评价李贺的诗歌:"细腻中有老刺,老刺中有娇丽,且复间出新鲜,真可称大作家也。嚼之不已,更有余味,健羡健羡。"[五]徐渭看重李贺深藏在荒诞的意象和奇幅的意境中的不平之气,以及诗歌外在形式下传达出的内心感受,如此看来,徐渭追求"奇"实际也是

[一] 徐渭. 徐渭集 [M]. 北京:中华书局,1983:1123.
[二] 夏雲. 徐渭的"真我"说及其艺术实践 [D]. 沈阳:辽宁大学,2016:20.
[三] 徐渭. 徐渭集 [M]. 北京:中华书局,1983:461.
[四] 牛丽芳. 徐渭"真我说"及在文学创作中的体现 [D]. 金华:浙江师范大学,2021:14.
[五] 徐渭. 徐渭集 [M]. 北京:中华书局,1983:1122.

以个体感性生命与日常生活为基础的，是主体对自身力量的全面开发，追求的是个体生命的力量之美。㊀

这里的"个体生命力量之美"本质上是心理动力希望以万众瞩目的方式来表达自己。心理动力作为生命体，它展示自己的存在的方式就是向外界传达自己的力量，这种力量能够内化到观众的内心中，能引起观众的发自内心的领悟和思考。

四、"作者适意"——对"表达性艺术治疗"的理论升华

上文中我们总结了徐渭艺术创作过程的"真""俗""奇"原则，艺术创作的原则实质上是为创作目标服务的。徐渭的创作目标在《师长沙公行状》中有着清晰的表述：**是以先生所为诗文至多，期于适意明道。**㊁其中，"适意"和"明道"这两个词语，既可以看作是徐渭的艺术创作的目标，也可以看作是徐渭的自性化之路的终极理念。

在《曲序》中，徐渭用自己的方式阐释了"表达性心理治疗"的疗愈作用：**睹貌相悦，人之情也。悦则慕，慕则郁，郁而有所宣，则情散而事已，无所宣或结而疹，否则或潜而必行其幽，是故声之者宣之也。**㊂

徐渭认为，看见美丽的外貌就心悦，这是人之常情，有心悦就会有恋慕，有恋慕则会有郁结。这段话其实是在强调面具动力和阴影动力的分裂过程，在二元对立的层面，对某种外境有了心悦的感受后，

㊀ 夏雲. 徐渭的"真我"说及其艺术实践 [D]. 沈阳：辽宁大学，2016：19.

㊁ 徐渭. 徐渭集 [M]. 北京：中华书局，1983：648.

㊂ 徐渭. 徐渭集 [M]. 北京：中华书局，1983：531.

会自然对其有所恋慕，这种恋慕可以看作是指向理想化状态的面具动力的自然表达，然而，面具背后必然包含了与之相反的阴影动力，面具动力和阴影动力共同形成了郁结（情结）。随后，徐渭又强调了如何解决这种郁结，那就是"宣"，"宣"即表达，用适当的方式表达了这种"郁"，则会"情散而事已"，否则就会"结而疹、潜而必行其幽"。也就是说，如果阴影动力、情结动力等得不到适当表达，则会对个体身心健康不利。

以上这段话，与当代的表达性心理治疗的观点不谋而合，这也是徐渭基于自身的真实领悟贴近的大道。从分析心理学角度，所谓"作者适意"，作者在真诚地、充分地表达自己内心的心理动力地过程中，达到了"适意"的目的，让自己内心得到舒适的感受。从自性化的角度，这是在促进个体内心心理动力的整合，是个体自性化过程中不可或缺的方式。

五、"观者明道"——对"欣赏性艺术治疗"的理论升华

"明道"是徐渭站在观众的角度提出的艺术功用观。对观众而言，体物入情，在欣赏过程中同样也会获得大量的审美享受。而作品之所能够引发欣赏者的兴趣和激情，也是因为其中灌注了创作主体真实的情感，及对世间万物的爱憎取舍，正是这种强大的情感的力量才能带给欣赏者心灵的震颤，同时也能够引起他们的艺术共鸣，从中获得愉悦的感受。㊀

㊀ 夏雲. 徐渭的"真我"说及其艺术实践 [D]. 沈阳：辽宁大学，2016：20.

我们可以从"阅读疗法"的角度来阐释徐渭所述的"观者明道"。西方的阅读疗法已有100多年的历史。1995年,国际阅读协会出版的《读写词典》对阅读疗法的解释是:有选择地利用作品来帮助读者提高自我认识或解决个人问题。⊖国内最早于1990年引入了阅读疗法的概念,王绍平在《图书情报学词典》中将阅读疗法定义为:为精神有障碍或行为有偏差者选定读物,并指导其阅读的心理辅助疗法。⊜我国学者王波在兼顾阅读疗法所有定义要点的基础上,将阅读疗法定义为:以文献为媒介,将阅读作为保健、养生以及辅助治疗疾病的手段,使自己或指导他人通过对文献内容的学习、讨论和领悟,养护或回复身心健康的一种方法。⊜除了对阅读疗法的定义做了总结性阐释之外,王波还从心理学角度总结了阅读疗法的五大心理学原理,即共鸣说、净化说、平衡说、暗示说、领悟说。其中,共鸣、净化和领悟可以说是阅读或者说是审美心理活动中彼此衔接的三个链条,领悟是读者在经过共鸣、净化之后,对欣赏对象深层意蕴的追问和思索,这种追问和思索就叫做"悟",一旦悟有所得,人就仿佛觉得突然之间被智慧的灵光所击中,顿时感到生命发生巨大的飞跃,人格境界得到了升华,有一种豁然开朗、大彻大悟的喜悦。⊗许多证明阅读疗法实效性的实证研究相继出炉,众多文章纷纷谈论怎样在咨询和教育情境中使用阅读疗法。认真拣选阅读疗法的材料被证实对提高自我知觉相

⊖ 王波. 阅读疗法 [M]. 北京:海洋出版社,2014:9-11.
⊜ 王绍平. 图书情报学词典 [M]. 上海:汉语大词典出版社,1990:768.
⊜ 王波. 阅读疗法 [M]. 北京:海洋出版社,2014:15-16.
⊗ 王波. 阅读疗法 [M]. 北京:海洋出版社,2014:22-28.

当重要，能帮助成年人及儿童应对诸如虐待等各种生活危机，引导其转变态度，减少他们的压抑情绪和负性情感体验。㊀

因此，徐渭的"观者明道"，就是从"阅读疗法"的角度，让观众在欣赏作者真诚而有力量的作品时，能够自然而然地有所领悟，贴近大道。徐渭自己创作的戏剧，无论是基于阅读的平面方式，还是基于戏剧舞台演绎的立体方式，都能让观众产生发自内心的情感共鸣和认知领悟，从而起到"观者明道"的作用。这是从观众的角度，对"欣赏性艺术治疗"的理论升华。

综上，"作者适宜"和"观者明道"，前者是促进个体内心心理动力的整合，后者是促进集体心理动力整合；前者是有利于个体的自性化，后者则是承担了集体"智慧老人"的角色，有利于集体、有利于他人的自性化。

无论是"适意"还是"明道"，都是徐渭在自身实践过程中所领悟的真实的自性化的途径，这不仅对于徐渭个人的自性化之路有着非凡的意义，也是他这个小系统对于整个集体自性大系统的贡献。徐渭的书画文章及戏剧作品都对后世影响极大，某种意义上，他的一颗颗笔底明珠，也最终成为启发他人自性化之路的一盏盏明灯。

㊀ Pardeck J T, Pardeck J A. Using bibliotherapy to help children cope with the changing family [J]. Social Work in Education, 1987, 9 (2): 107－116.

第六章
革故鼎新——
温陵居士李贽的
自性化

李贽,福建泉州人,号温陵居士,是心学泰州学派的一代宗师。他生于嘉靖六年(1527年),他的父亲是一名教书先生,母亲早亡,家庭并不富裕,他是家中长子,因此承担了养育弟妹的责任。李贽的科举和仕途还算顺利,他二十六岁就中了举人,考中举人后,他主动放弃了进一步的进士考试。以举人身份,他自三十岁开始做河南教谕,此后一直仕途顺利,逐渐从教谕做到了知府。

图6.1 温陵居士李贽

他五十四岁主动辞官,流于黄安麻城,晚年开始讲学,他对当时的伪道学有了很多披露,对封建的礼教也有了很深刻的批判,后来因为遭到当局的破坏,以"敢倡乱道,惑世乱民"的罪名被押入监牢……李贽著作等身,一生著有《焚书》《藏书》《续焚书》《续藏书》《卓吾大德》等书,其中《焚书》等为当时的畅销书,轰动一时。[○]

如果说每个人来到世界上都有自己的使命,那么李贽的使命就是对内回归童心,体察生命的本真和意义;对外革故鼎新,促进新思想内化到民众的集体潜意识中。李贽的自性化之路也和这两大人生使命息息相关。

○ 罗来玮. 浅谈李贽[J]. 学理论, 2014, 684(06): 18-19.

第六章
革故鼎新——温陵居士李贽的自性化

本章结合现有史料、李贽本人的学说、传记等，从自性化的实践路径、自性化的个体和集体认知状态表现等方面，分析阐释了李贽的自性化历程。第一节结合李贽的求学和科举经历，分析自性化的前提条件；第二节从个体、集体和发展3个层面，阐释了李贽内心对心理动力的觉察和对认知观点的表达过程，这即是自性化的实践过程，包括了对本能力量的尊重、对平等观念的拓展以及对自性能动力的强调；第三节结合李贽的重要观点，从他的个体智慧结晶如童心说和女性观，以及集体认知升级即承担集体智慧老人的角色这两个方面，来分析他自性化过程中产生的认知成果。

第一节 洞悉原理和使用规则
  ——自性化的前提条件

一、"天生反骨"——与旧规则的充分沟通

李贽可以说是一个"天生反骨"的人。在孔孟之道、四书五经被读书人奉为圭臬的年代，他却在12岁时就写出了著名的批判孔子思想的《老农老圃论》，把孔子视种田人为"小人"的言论大大挖苦了一番，轰动乡里。㊀

可以说，"革故鼎新"是天生反骨的李贽这一生的重要使命。革故鼎新即破坏旧规则及建立新规则。然而，在破坏一种旧规则之前，

㊀ 彭勇. 李贽：明朝第一思想犯 [J]. 领导文萃, 2008 (22): 104 - 107.

你必然要充分和它"沟通",充分地了解它、熟悉它、适应它,领悟它背后的原理,然后熟练地运用它,让它为自己服务,以获取自己期待的某种资源,让自己拥有充分的能量,这样才能够进一步从内部革除它,从而建构新的规则。这大体是革故鼎新的整个过程。因此,革故鼎新并不是一无所知地合眼摸象,它首先必须伴随着对"故"(即旧规则)的本质的充分的觉察、领悟和洞悉。

李贽人生的第一阶段,就是这样一个充分觉察、领悟和洞悉旧规则的阶段。这一阶段他虽然不认同旧规则,但是他却耐心地熟悉旧规则和使用旧规则,来获取外部资源和提升内心能量。李贽考取举人的过程就充分地展现了这一点,这是一个充满戏剧性的过程。

二、"中间之道"——寻找对立面间的整合途径

李贽在其著作《焚书·卓吾论略》对自己中举的往事进行了梳理:**稍长,复愤愦,读传注不省,不能契朱夫子深心。因自怪,欲弃置不事。而闲甚,无以消岁日,乃叹曰:"此直戏耳,但剿窃得滥目足矣,主司岂一一能通孔圣精蕴者耶?"因取时文尖新可爱玩者,日诵数篇,临场得五百。题旨下,但作缮写誊录生,即高中矣。**

当今每一个参加过高考和考研的学生们,几乎都背诵"满分作文",有趣的是,四百年前的李贽竟然也有过类似的经历。敏锐的李贽天生对假大空的面具性观念发自内心地抵触。当时的科举考试以四书五经、程朱理学为准则,李贽年少时在学习中就感觉到,朱熹的思想无法让他产生发自内心的共鸣,一开始他觉得是自己的能力不行,所以就打算放弃科举之路了。后来,他领悟到:考试不过是游戏而已,就算他对四书五经、程朱理学不感兴趣,但他依然能够通过某种方式将

第六章
革故鼎新——温陵居士李贽的自性化

这个游戏进行下去。于是，他采取了背诵"时文"这一"捷径"，他在科举登科高中的文章中选择了一些让自己感觉到"尖新可爱玩者"，每天背诵，直到临考的时候已经将500多篇时文都记熟了。背诵多篇"满分作文"果然是有效的，他在那一年的秋闱中高中举人。

在这一过程中，李贽发挥了自己的领悟力和洞察力，不为假大空的言论所洗脑和桎梏，而是洞悉了科举考试背后的本质规律，并充分实践这一规律，从而对外收获了外在社会资源，对内提升了内在心理能量。

在生活中，人们常常会陷入"二元对立"的虚假思维模式中去，认为"如果要获得什么就必须失去什么"，或是"失去了什么就一定会获得什么"，这些虚假的信念，往往会限制住人们的头脑，让人们的内心陷入盲目内耗中去。而彼时二十多岁的李贽却已然在心中打破了二元对立的思维模式：他在"外在规则"和"内在真心"之间领悟出了一个奇妙的平衡，他既没有牺牲真心去迎合外部规则，成为外部规则的奴隶、破坏了自身的自性能动力；也没有对抗外部规则，从而失去了外部规则可能带来的资源。他采取了第三条路径：选取了自己内心中真正觉得有趣的、自己真正喜欢的、能够引起内心共鸣的"满分作文"，他将这些"满分作文"转化为促进自己考场成功的助力，这样既尊重了自己的真心，也尊重了外部的规则；既尊重了自身的自性能动力，又让自身的自性能动力和外部世界发挥充分的实践互动，也即是在两个对立面中寻找"中间之道"。

不为某种观念所桎梏、破除对立心、领悟并顺应了事物的真实内在和外在规律，这是他在那一年的科举考试中能够取得成功的关键，这也是自性能动力的通畅表达带来的成果。

考中举人后，李贽主动放弃了进一步的进士考试。他于30岁开始以举人身份被选为河南辉县教谕,这是他人生中的第一份官职。

　　李贽是一个看不惯官场奉承的人,他始终特立独行、坚守自己的内心。按照人们传统的刻板印象,这种性格的人在仕途上应该屡遭挫折、郁郁不得志才对。然而事实却和人们的面具性观念相左,李贽的仕途一直挺顺利的,他由辉县教谕开始一路上升,先后任职南京国子监博士、北京国子监博士、北京礼部司务、南京刑部员外郎和郎中,最后任职为云南姚安知府。

　　短短15年时间,就从九品教谕升至四品知府,可以说,从科举考试开始,幸运似乎一直伴随着李贽。然而,在现实生活中,幸运并不会无缘无故一再眷顾某个人。不为某种观念所桎梏,而是运用自性能动力去领悟规则原理、运用规则原理、建构规则原理,整合内外资源,这是一个人在可控半径范围内,能够尽可能地保持幸运眷顾的关键。

　　可以说,45岁之前都可以看成是他人生的第一阶段,他在这一阶段不断地在实践中洞悉原理和使用规则,不断打破二元对立。这个阶段他获得了足够的社会资源,并让自己的自性能动力得到了进一步提升。

第二节　觉察入微和直抒胸臆
——自性化的实践过程

　　45岁时,在他又即将升官之际,却主动辞了官,开始了著书和讲学之路,这开始了他的人生的第二阶段,也就是通过著书讲学来直抒胸臆的阶段。如果说前一阶段他更侧重于熟悉外部世界的原理和规则,并运用自性能动力和外部世界沟通。那么本阶段,他更侧重的是

第六章
革故鼎新——温陵居士李贽的自性化

对自身真实思想的表达，通过表达内心思想来重新建构外部世界，促进外部世界的革新。

李贽在当时社会中被称为"异端"，他的思想涵盖面非常广包括伦理价值取向、政治经济思想、文艺美学思想等㊀。本书作者将结合李贽本人的观点，同时从分析心理学的角度对李贽的觉察入微的过程进行阐释。

一、个体层面——对本能力量的尊重

李贽认为"自私"是人类的天性："夫私者人之心也，人必有私而后其心乃见，若无私，则无心矣。"㊁他认为，人人都有自私之心："如服田者，私有秋之获而后治田必力。居家者，私积仓之获而后治家必力。如学者，私进取之获而后举业之治也必力。"㊂种田的人为了"收获庄稼"这样的私心才去努力种田、持家的人为了"家庭积蓄提高"这样的私心才努力持家，读书的人为了"进取功名"才努力从事科举之业。没有这些前提条件的吸引，未必有人肯花费心力努力经营这些事业。除此之外，他还强调："吾且以迩言证之……趋利避害，人之同心，是谓天成，是谓众巧，迩言之所以为妙也。"㊃"趋利避害"是"天成""众巧"，是每个人的本能。

㊀ 张英. 李贽思想"异端性"的三重表现 [J]. 今古文创, 2021, 93 (45): 44-46.
㊁ 李贽. 李贽文集（第3卷）[M]. 北京: 社会科学文献出版社, 2000: 626.
㊂ 李贽. 李贽文集（第3卷）[M]. 北京: 社会科学文献出版社, 2000: 626.
㊃ 李贽. 李贽文集（第1卷）[M]. 北京: 社会科学文献出版社, 2000: 38.

自私自利、趋利避害，是人类的本能力量，并且这种力量是一切生产活动和其他活动的基本心理动力，具有相当的建设性。从心理学角度，李贽对于自私自利、趋利避害等人类天然特质的正视及尊重，意味着他对个体本能力量的正视及尊重。

与之相反的是，他对宋明假道学的"灭私""存天理灭人欲"等论调进行了激烈的批驳。自从程朱理学被官方奉为圭臬并成为科举考试的基本指导思想之后，民众的某些本能力量被牢牢地桎梏住了。而李贽看穿了程朱理学中的某些观念对真实的心理动力的束缚。"灭私""存天理灭人欲"的观点本质上是某种集体面具性观念，是集体面具力量的具象化表达，这些集体面具力量内化至个体内心后，会压抑和桎梏个体的本能力量，让原本充满生命力和建设力的本能力量异化为某种见不得光的阴影力量。

而李贽号召人们努力打破这种程朱理学带来的桎梏，觉察及尊重本能力量的天然性、正当性以及建设性。

二、集体层面——对平等观念的拓展

荣格理论的重要创新之一是他提出了"集体潜意识"这一概念，这个概念打破了人们对于个体和集体的分别性观念桎梏。因为，从本质上来说，个体和集体是本无差别的：

一方面，我们每个人都可以看成是一个集体，每一种心理能量都可以看成是一个个具体的个体。我们每个人本质上就是由这大大小小的、或被觉察的或未被觉察的、或分裂对抗的或整合统一的心理能量共同组成的集体。每一种心理能量都渴望被主体觉察、抱持、表达、实践，如果个体头脑不去尊重自身的本能力量，或者厚此薄彼地忽略某些本能力量,或者总是去主观试图控制某些本能力量。那么长此以往,这些本能力量必将被异化成为某种个体阴影力量,人迟早要遭到这种阴影力量的反噬。

另一方面,每一个集体都可以看成是一个独立的生命体,集体中的每一个鲜活的个体,都可以看成是某个独立的心理能量,正是这些个体共同组成了集体。每个个体或强势或弱势、或有发言权或无发言权、个体之间或对抗或团结……他们互相发生作用,一起组成了整个集体。每一个个体最初都渴望在集体中能够获得生存资源,获得安全感、归属感、价值感,并能最终完成自我实现。如果集体首脑不去尊重某些个体、总是忽略某些个体、总是试图压迫或强制改变某些个体,那么长此以往,这些个体必然会被异化成为某种集体阴影力量,并最终必然会对整个集体造成反噬。

因此,从分析心理学角度,我们可以对李贽的平等观作出这样的阐释:随着对个体本能力量的不断觉察和愈加尊重,李贽领悟到:内心中的每一种生命力即心理能量,其本质上都是平等无二的。将这种对个体内部心理能量的领悟投射到外界,投射到集体领域,便是"人人平等"的原则。

李贽的平等观极具拓展性。王阳明之后的左派王学家论证的"平等"仅仅局限于"道德面前人人平等";李贽并未推翻前述所讲的"平等",而是在前人的基础上开辟出自己的"真平等"。传统的平等观更侧重于道德方面,这是一种依据于人类价值需要而形成的平等观。而李贽的平等观的超越之处在于:它是和人类的五大需求都紧密结合。

李贽的平等观基于人类的生存、安全、归属、价值、自我实现方面的本能动力而形成。可以说,李贽的平等观,是对人类生而为人的本能动力和需要的全方位的肯定。

李贽从"生知"谈起，提出**"天下无一人不生知，无一物不生知，亦无一刻不生知者"**。每个人与他人都有一样的天然禀赋，人人生来平等。从心理学角度，"生知"观是对每个个体的自我实现的动力的肯定，也即是对自性能动力即觉察力、抱持力、意愿力和实践力的肯定。认为在这些能力方面人们是生来平等的。

在"生知"的基础上，李贽对传统"德性"进行改造，为"德性"赋予了人必有私、有情欲的平凡含义。**"故圣人之意若曰：尔勿以尊德性之人为异人也，彼其所为亦不过众人之所能为而已。人但率性而为，勿以过高视圣人所为可也。尧舜与途人一，圣人与凡人一。"**㊀尊德性的人并不比普通人高明，尊德性的人与普通人一样都有人性之私，也是"存人欲"的。李贽对"德性"的含义进行了拓展，不将"德性"和人类的本能的"人欲"对立起来。

综上所述，个体的每一种心理能量本质上都是平等的，同样，集体中每一个个体本质上也都是平等的，集体中的每个个体外相上或有不同、地位上或有高低、年龄上或有大小、性别上或有男女……除却这些外在标签，在本质上，每个人首先在本能动力上都是平等的，其次每个人都拥有着自我实现的动力，都具备相当的自性能动力，都拥有着平等的觉察力、抱持力、意愿力和实践力。

三、发展层面——对自性能动力的强调

按照荣格的观点，每个人的自性化过程都是独特的，每个人的个

㊀ 李贽. 李贽文集（第 1 卷）[M]. 北京：社会科学文献出版社，2000：361.

性都值得尊重,应该得到自由发展。

李贽认为,人的个性应该得到自由发展。为了论证人的个性应当得到自由发展,李贽对儒家的一些传统观念如"克己复礼""尊德性""率性"等做了全新的阐释,并提出"各从所好,各骋所长"的个性解放学说。

李贽讲的"克己复礼"与儒家传统不一样,他认为"礼"应当是老百姓自然形成的一种人人自由舒适的氛围,而不是强权压迫人们必须遵守的规约。他指出:"**人所同者谓礼,我所独者谓己。学者多执一己定见,而不能大同于俗,是以入于非礼也。**"㊀与众人的看法相同成为知礼,自己有独特的看法称为自己的意见,学者大都固执己见,而不能体悟众人的看法,这是"非礼"。学者们大多知识丰富,而很多时候,恰恰是这些头脑中的知识阻碍了他们本能的真实感受力和领悟力,这让他们活在了头脑观念中,而不是活在当下的体验中,让他们无法参与到和真实世界的互动实践中去。

李贽还把传统的"尊德性"发展为"任物情"的学说,"能尊德性,则圣人之能事毕矣"㊁,说明圣人不能将人们的个人选择强行统一,只能任由各人根据自己的需求发展。"任物情",本质上也反映了对心理动力的尊重,本质上和"自我实现""自性化"是一致的,每个人都有适合自己的发展道路。

李贽重新解释了"率性",不同于朱熹用专制主义的"天理"规

㊀ 李贽. 李贽文集(第 1 卷)[M]. 北京:社会科学文献出版社,2000:94-95.

㊁ 李贽. 李贽文集(第 1 卷)[M]. 北京:社会科学文献出版社,2000:361.

范人们行为的"率性",李贽认为"率性"就是要遵循真实、不加伪饰的人性行事,行为应当体现人的至性至情。继而他提出"各从所好,各骋所长"的个性解放说:"是故圣人顺之,顺之则安之矣……各从所好,各骋所长,无一人之不中用。"㊀

集体中的每一个个体,都没有统一的、模式化的发展标准;每一个人的真实内在特征,都可以成为个人进步和社会发展的某种资源;每个人应该按照自己的需求和内在真实特性实施建构自己的发展道路。这是李贽在个人发展层面的核心观点。

李贽的个体发展观,和荣格的自性化理论及马斯洛的自我实现理论描述的其实都是同一回事,其本质都是尊重个体、尊重个体的真实情况和每个人各自的独一无二的发展道路。

第三节　神领意得和开启民智
——自性化的认知成果

随着在个体层面对本能力量的尊重、集体层面对平等观念的拓展、发展层面对自我实现的强调,李贽的思想理论也进一步凝练化和演绎化,其中具有代表性的是他所提出的"童心说"理论和他所倡导的"男女平等"观念。

对童心的强调、对妇女的平等观,从集体的层面,其实也反映了李贽对于儿童和妇女的尊重。

在一个男权至上、父权至上的年代,一个身份上的"既得利益

㊀ 李贽. 李贽文集(第1卷)[M]. 北京:社会科学文献出版社,2000:16.

者"是如何看待妇女和儿童的，恰恰反映了他和内心本能心理动力的关系，以及他和内心阿尼玛原型的关系。

客观的、集体的层面对于童心的觉察、对于妇女的尊重，其实也隐喻了李贽主观的、个体的层面对于自身本能力量和内在阿尼玛原型的觉察及尊重。

一、心理动力的整合——童心说

"存天理灭人欲"是程朱理学的一个重要观点。当时官方正统的程朱理学特别强调后天的理念灌输。从心理动力的角度，可以这样理解程朱理学的"存天理灭人欲"观点：在个人的心理动力之外，还存在某个高高在上的集体"天理"，这个集体"天理"具有评判的权力和功能，可以评判哪些心理动力是好的、哪些心理动力是坏的；哪些心理动力是应该存在的、哪些心理动力是应该被消灭的。而后天灌输的本质，就是要保存那些"好的、应该存在"的心理动力，消灭那些"坏的、不应该存在"的心理动力。

而更符合真实状态的情况却是：心理动力是独立于个体意识的生命体，它是否存在——这其实是个体无法用头脑意识地去操纵控制的，在没有自然而然地领悟整合的状态下强制性地用头脑去操纵控制它，反而极易让它产生异化为某种面具动力或阴影动力，造成内心分裂。

所以，在程朱理学的桎梏下，那些被贴标签评判为"坏的、不应该存在"的本能动力，极易异化为某种集体阴影能量或个体阴影能量；而那些被贴标签评判为"好的，应该存在"的本能动力，则极易异化为某种集体面具能量或个体面具能量。这就人为造成了心理动力的分裂。这就是为何程朱理学兴起后，在人民的语言体系中，自然而然地随之增添了很多虽俗气但却真实鲜活的谚语，例如："满嘴仁义道德、满肚子男盗女娼""既要当婊子、又要立牌坊"等。这体现了群众集体智慧对于某种集体虚假分裂状态的尖刻而敏锐的觉察。

而李贽的平等观则认为，每一个心理动力都是平等的。李贽的童心说则特别强调要尊重儿童的天真，认为没有经过后天学习的"童心"是值得去尊重和寻找的状态。童心说是李贽晚期的重要思想，也是他一生中最重要的观点之一。李贽认为，**"童心者，真心也，若以童心为不可，是以童心为不可。夫童心者，绝假纯真，最初一念之本心，若失却童心，便失却童心，失却童心，便失却真人，人而非真，全不复有初也。"**（《焚书·童心》）

可见，所谓"童心"即指真心，是人们天赋的"最初一念之本心"，实际上是指一种未受官方思想侵蚀过的天真纯朴的先天存在的精神状态。[⊖]

本书作者认为，李贽提出的"童心"，即未曾分裂的本能力量。在每个人的孩童时期，其内在心理能量的状态都是呈现某种"初始整合状"的本能力量，它还没有分化为大大小小的面具能量和阴影能量，还没有形成大大小小的封闭的情结空间。随着认知观念的不断植入和情感创伤的不断形成，原本呈现合一状态的本能力量即"童心"，开始分裂成了面具能量和阴影能量，人们追寻面具能量而压制阴影能量，这是成长过程的第一大重要任务，这个过程也是失却童心的过程——这个完成第一大成长任务的过程，这也可以看作是人格分化阶段。

⊖ 吴艳冬. 反封建启蒙思想家李贽的哲学思想综述［J］. 宁波职业技术学院学报，2001（04）：55-57.

然而，随着成长的进一步继续，人们又要主动地打破对面具能量的追寻和对阴影能量的打压，而让情结空间中的分裂动力趋向整合，这是成长过程中的第二大重要任务。让已经分裂的心理动力，重新整合为合一状态的"童心"，这是一个"返璞归真"的过程——这个完成第二大成长任务的过程，这可以看作是人格整合阶段，这和荣格所说的"自性化"过程不谋而合。

整合—分裂—整合，这个过程正是人生的意义所在，这正对应着人格分化过程和自性化过程，充分地体验这一过程，是每个人重要的人生任务。

从心理动力的角度，李贽对于"童心"的提倡，正是力求本能的心理动力不被洗脑而产生异化、分裂和内耗，体现了他对于心理动力的"初始整合"状态的肯定。可以说，李贽的观点更接近现代心理学观点，体现了他对个体、对人性的发自内心的尊重。

二、心理原型的发展——女性观

在荣格的原型理论中，阿尼玛和阿尼姆斯是重要的原型意象。前者指的是男性无意识中的女性部分，后者指的是女性无意识中的男性部分。荣格认为"通过千百年来的共同生活和相互交往，男人和女人都获得了异性的特征"㊀阿尼玛和阿尼姆斯都属于心灵结构中深藏的异性人格部分，在特殊的环境下会以多重象征化形式激活显露出来，内含着强大的独立能量，可以给予人重大的积极影响。

阿尼玛即是男人内在的一种原型女性形象，也是男人对于女人的

㊀ 霍尔. 荣格心理学入门 [M]. 冯川, 译. 上海: 生活·读书·新知三联书店，1987: 53.

个人情结,当她得到关注之时,她就会成长和发展;而当她被忽视的时候,她就会通过投射等机制,来影响我们的心理与行为。㊀因此,如果一个男性恪守社会标签,过分崇尚"坚强""硬汉"等男性性别特质,压制内心中阿尼玛的一面,那么阿尼玛则呈现出原始的未开化状态,其无意识中往往包含了柔弱、软弱等相反特质;同样,如果一个女性恪守社会标签,过分崇尚"温柔"等特质,压制其内心阿尼姆斯的一面,那么其潜意识中往往包含了与观念相反的男性特质。传统的社会观念过于重视生理性别与心理气质的一致性,所以阿尼玛与阿尼姆斯经常处于受压抑的状态。㊁

荣格认为,阿尼玛发展的 4 个阶段包括了夏娃—海伦—玛利亚—索菲亚。作为夏娃的阿尼玛,往往表现为男人的母亲情结;海伦则更多地表现为性爱对象;玛利亚表现的是爱恋中的神性;索菲亚则像缪斯那样属于男人内在的创造源泉。㊂同样,荣格也描述了女人内在的阿尼姆斯的发展阶段:赫尔克里斯—亚历山大—阿波罗—赫尔墨斯。女人的阿尼姆斯出现在梦中的时候,往往最初表现为某种大力士或运动员的形象;然后会出现计划与行动,以及独立自主的形象;接着会有类似"教授"或"牧师"等指导意义的形象;然后是充满灵感与创造

㊀ 申荷永. 荣格与分析心理学 [M]. 北京:中国人民大学出版社,2012:60-64.

㊁ 侯帅. 原型理论与道家思想关联性探析 [J]. 长春师范大学学报,2022,41 (11):9-13.

㊂ 申荷永. 荣格与分析心理学 [M]. 北京:中国人民大学出版社,2012:60-64.

第六章
革故鼎新——温陵居士李贽的自性化

的形象。○一

最高水平的阿尼玛被荣格称为索菲亚，在西方文化中"索菲亚"是智慧的象征。《圣经后典》的"所罗门智训"中，对索菲亚有许多赞美："智慧闪烁着明亮的光辉，永不暗淡。""智慧之灵是圣洁的并且具有理性。她只有一种本质，但却有多种表现形式。她并不是由任何具体物质构成的，因而是畅行无阻的，情结的，自信的，她不可能受伤。""智慧具有非凡的活力，她是如此的纯洁，以至她能投入一切之中。她是上帝之能的一口气———一股来自全能者的纯洁而闪光的荣耀之流，任何污秽之物皆无法流进智慧之门。她是无限光明的一个映像，是上帝之活力与善性的一面完美无缺的镜子。"《圣经后典》还指出了索菲亚的作用："使你致富者莫过于智慧，她作用于一切……有用者莫过于智慧，她塑造一切存在之物……所有美德皆是智慧的杰作：正义与勇敢、克制与知识……智慧通晓过去预知未来。她懂得如何翻译人们的话语权以及如何处理问题。她知道上帝所要行使的奇迹，以及历史运动将要如何地发展。"○二

被压制的部分往往容易投射到外界，因此，一个男性对女性的认知、与女性的互动过程，往往体现了他自己内心阿尼玛的发展阶段。在封建社会，从女性社会地位的角度来看，儒家纲常伦理常与裹小脚、立贞节牌坊、娶妾等文化传统联系在一起，颇令人诟病；孔子的"唯女子与小人为难养也，近之则不逊，远之则怨"和程颐的"饿死

○一　申荷永. 荣格与分析心理学 [M]. 北京：中国人民大学出版社，2012：64-66.

○二　申荷永. 荣格与分析心理学 [M]. 北京：中国人民大学出版社，2012：63-64.

事极小，失节事极大"以及汉以来的"三纲"等，皆被视为儒家压抑、歧视女性的铁证。㊀尽管杜维明、陈荣捷等对此曾作另外的解读，但杜先生亦不否认"从社会实践的立场来看，受儒家文化影响极深的东亚地区，都还没有脱离男性中心的倾向"㊁。中国传统社会充斥着关于男女差别的歧视性理论。从分析心理学的角度讲，对于女性的偏见、压制和歧视，反映了封建社会集体潜意识中阿尼玛原型发展水平的欠缺。这种集体阿尼玛原型发展水平的欠缺，可能是由当时的客观的生产力和生产关系模式决定的。

而李贽则是集体中具有超前意识的个体。如果说当时社会大多数男性的阿尼玛发展水平还处于夏娃、海伦或玛利亚等阶段，那么李贽的阿尼玛发展水平则处于索菲亚阶段，他明确地正视了女性的智慧，倾向从智慧的角度欣赏及肯定女性的价值：

就理论而言，李贽有一篇著名的《答以女子学道为见短书》：**昨闻大教，谓妇人见短，不堪学道……公所谓短见者，谓所见不出闺阁之间，而远见者，则深察乎昭旷之原也。短见者只见得百年之内，或近而子孙，又近而一身而已……余窃谓欲论见之长短者当如此，不可止以妇人之见为见短也。故谓人有男女则可，谓见有男女岂可乎。谓见有长短则可，谓男子之见尽长，女人之见尽短，又岂可乎。设使女人其身而男子其见，乐闻正论而知俗语之不足听，乐学出世而知浮世之不足恋，则恐当世男子视之，皆当羞愧流汗，不敢出声矣。**在本文

㊀ 刘元青."惟是阴阳二气，男女二命"——李贽男女平等观论述[J]. 山西师大学报（社会科学版），2011，38（02）：103-106.

㊁ 杜维明. 杜维明文集（第1卷）[M]. 武汉：武汉出版社，2002：510.

中，他明确反对将人口学变量"男""女"作为划分见识长短、是否能"学道"的标准。

就案例而言，无论是历史上的，还是现实生活中的杰出女性，在李贽的论著中都能够看到她们的身影。他在《初潭集·夫妇篇》中的"才识"目中，以历史上25位智慧非凡、才高识远的杰出女性为例来探智慧，并且称赞她们是"男子不如也"；他在麻城居住的时候，曾与梅氏家族的多位女性有书信往来，后来，这些书信被编入以佛教问答为中心的《观音问》中。他如此称赞梅氏家族的女性成员梅澹然：**梅澹然是出世丈夫，虽是女身，然男子未易及之。今既学道，有端的知见，我无忧矣。**①他高度称赞了身边优秀女性的智慧。

在正视女性的智慧的基础上，李贽提出了一系列革新的观点如男女平等教育观、婚恋自由观、夫妇平等观等。就实践而言，他更是将王阳明的"知行合一"理念贯彻到底。他在招收门生时，特地招收了几名女弟子；前述梅澹然女士就是他的女弟子之一，在《答澹然师》中记录了与女弟子讨论佛门之事。在当时的社会环境里，他能给女性平等的学习机会，是非常了不起的。在自己的家庭生活中，李贽更是发自内心地将其先进的女性观践行到底，李贽在对待其妻子、女儿和儿媳的态度上均体现了男女平等的精神。他的妻子黄氏和他在志趣方面存在很大的差异，但他总能对妻子抱着最大的理解和尊重，事事以黄氏的意愿为重；黄氏生有四男三女，仅一长女幸存，但李贽"虽无

---

① 李贽. 焚书 [M]. 北京：中华书局，1975：183-184.

子，不置妾婢"①，他没有按当时的传统纳妾生子，而是招赘了女婿庄纯夫，对女婿给予厚望和关注培养。后来李贽的族人还是按照当时的传统为李贽在泉州过继了一个儿子，李贽在继子死后写诗招魂，提出要让儿媳妇再嫁，反对理学要求寡妇守节、从一而终的说教。

李贽的女性观在当时具有超前的教育意义和广泛的影响力，这主要来源于其自身的阿尼玛原型的较高发展程度，他个体的阿尼玛的充分发展可以看作是个体自性化程度较高的表现，而这种个体自性化的发展，必然也会给集体带来正面的影响。

三、集体认知的升级——智慧老人

李贽本人的人生中遇到过很多智慧老人。李贽认为，自己的人生中有过很多老师。"学无常师"是他自己说的一句"实语"②。他在师承上，将心学泰州学派的王艮之子王襞称为"师"；还称比他小7岁的朋友耿定理为"师"；称何心隐及传说置其于死地的张居正这两位"二老者皆吾师"。可见，在师友观问题上，李贽秉持着一种非常开放的态度，迥异于传统的师道友伦观念。③

因此，李贽对"师"的态度是极其开放的，是"原其心"而非"论其迹"的。这正契合了荣格的智慧老人学说，外在的、让自己产生深深的心灵共鸣的老师，其实是自己内心智慧老人原型的外在显化，既然是外在显化，那么显化的方式、内容一定是多种多样的。

---

① 李贽. 焚书[M]. 北京：中华书局，1975：11.
② 李贽. 焚书[M]. 北京：中华书局，1975：81.
③ 吴震."名教罪人"抑或"启蒙英雄"？——李贽思想的重新定位[J]. 现代哲学，2020（03）：118-129.

第六章
革故鼎新——温陵居士李贽的自性化

"智慧老人"是一种集体潜意识中的重要原型,李贽在人生中吸引了很多智慧老人的指点,逐渐凝聚成自己的学说和观点。同时,李贽的观点深深地契合了社会各个阶层人被压抑的本能力量,因此,他的著作一经问世,立即得到了社会各界的广泛关注。从某种程度上,李贽的言论促进了集体层面的"知行合一",即促进了集体意识和潜意识的统一,促进了集体能量的整合和集体意识的升级——从这个角度来看,李贽本人所承担的角色,更像是集体潜意识中的"智慧老人"。

真正能引起广泛共鸣的思想是超越个体、超越阶层、超越民族甚至超越文化层次的,因为它直指人类的集体潜意识。李贽的观点在当时引起了很多人发自内心的真实共鸣,因此吸引来很多粉丝。李贽的"粉丝"群体的数量之多,"质量"之高,在当时极为罕见。

首先,明代是一个极其重"功名"的年代。而李贽拥有很多作为"高知""高官"的铁杆粉丝,有学者曾经对此做过总结:㊀

明代很看重"学位",科举制度在明代达到历史上最完善的程度。"进士"是最高的"学位",而明英宗之后,非进士不能入翰林院学习,非翰林不能入内阁。同一届举进士的人不分年龄大小互称"同年",结成互相关照的小圈子,这叫"年谊"。由于家境贫困,急于求职养家,李贽中举取得做官的起码资格后,便放弃了进京会试,到河南辉县做了县学教谕。尽管他的"学位"只是举人,但崇敬他的人里却不乏进士与翰林。

这些拥有高"学位"的粉丝里,现在最知名的当然是"公安三

㊀ 鄢烈山. 晚明李贽的铁粉[J]. 文史天地,2017(05):4-6.

袁"。万历二十一年夏天,三兄弟同他们的启蒙老师一起从家乡专程去麻城拜会李贽时,老二袁宏道已"举万历二十年进士,归家下帷读书",而这是他第二次到麻城访学于李贽;老大袁宗道是"万历十四年会试第一,授庶吉士,进(翰林院)编修"。老三袁中道,虽然是在李贽逝世后的次年才举进士,但又编书又写诗文追记李贽,那种崇敬是发自心底的。另一个"粉丝"陶望龄,万历十七年以会试第一、廷试第三的成绩,授职翰林院编修,曾任给皇帝上课的"侍讲"及国子监祭酒(校长);平生以"自得于心"为宗旨做学问,著作等身。和李贽最相契的是状元出身的焦竑,他是晚明杰出的学者、著作家和藏书家,其"澹园"藏书楼一直传存到 1994 年。他比李贽年轻十五岁,是耿定向的得意门生。就是在黄安县耿家大院,焦、李相识。及至"万历十七年,(焦竑)始以殿试第一人,官翰林修撰",此时李贽与焦竑的恩师耿定向已分道扬镳成为论敌,但这丝毫没有影响焦、李二人的关系,真乃"吾爱吾师,吾尤爱真理"。

就官位而言,李贽 54 岁辞官归隐时,最高职位是四品知府,这在当时虽属任免陟黜必须皇帝御批的"高干",但是"高干"阶层里级别最低的。而他的"铁粉"里至少有四个是总督,且都是进士出身。第一个是刘东星。两人相识于武昌,李贽被论敌耿氏的门徒雇用的流氓围攻于黄鹤楼下,时任湖广左布政使的刘东星将他接到衙署保护。后来刘升任河道及漕运总督,驻节山东济宁时又请李贽去暂住。自从武昌相识,刘东星就请李贽辅导其子刘肖川读书;在他居留山西沁水老家时,请李贽到山西供养,切磋学问,二人可谓亦师亦友,情逾兄弟。第二个是梅国桢,出身于湖广麻城望族。有人诋毁李贽与他寡居学佛的女儿梅澹然有染,他不仅不迁怒,还邀请李贽到他的总督府做客讲学。第三个是汪可受。他去刘东星家乡拜访李贽时,还只是山西学政，他住总督蓟辽时，李贽已去世。多年后他到通州凭吊李贽，与友人商议怎么纪念这位横死的钦犯，这种发自内心的真情非寻常人可比。还有一个叫顾养谦，是李贽在云南做知府时的上司。李贽退休后在湖广处境不顺时，他曾邀请李到镇江焦山相聚，但李贽谢绝了邀请。

这几位总督都是有良好政绩政声、有著述传世的人物。这些"高知"和"高官"对李贽真心地尊崇称誉，对李贽思想的传播和影响力的扩大所起的作用是不言而喻的。

其次，李贽的学说不仅在高知、高官群体中引起了很大的共鸣，在普通百姓群体中也形成了巨大的影响力：举国上下尽是李贽"粉丝"；全国各大城市轮流邀请他去做访问学者；李贽开坛讲学……和尚、樵夫、农民，甚至连女子也勇敢地推开闺门，几乎满城空巷，都跑来听李贽讲课……李贽成了横扫儒、释、民的学术明星。[1]

再次，即使李贽去世之后，它的思想在国外历史上也有着广泛的传播：[2]在日本，江户末期的吉田松阴（1830—1859年）特别钦佩李贽，将其作为自己的老师；松阴对《童心说》中的"夫童心者，绝假纯真，最初一念之本心也"等论述，曾加眉批曰："真假二字"；读了李贽的《童心说》后，松阴在书简《与入江杉藏》中写道："顷读李卓吾文。有趣的事很多，童心说尤妙……今世事是也，中有一人童心者居，众恶他也有道理。"即便到了近现代，日本学界对李贽及其思想的研究兴趣丝毫不减；在朝鲜，李贽是朝鲜思想史上最有影响

---

[1] 彭勇. 李贽：明朝第一思想犯 [J]. 领导文萃，2008（22）：104-107.
[2] 田文兵，赖宁娜. 李贽文艺思想的东亚传播及启示 [J]. 东南传播，2019（03）：48-50.

力的三位宋明思想家之一（另外两位是朱熹和王阳明）；曾以朝鲜千秋史的身份出使明朝的许筠，在华期间阅读了李贽的《藏书》《焚书》等论著后，觉得李贽的思想与其产生了共鸣，他们在启蒙思想，反对礼教，以及提倡男女平等方面有着诸多相通之处；不仅如此，他对李贽的文艺思想，尤其是"童心说"也有很深刻的见解；许筠赞同李贽对个性与童心的强调，认为要重视"感情的表现"；许筠不仅用诗歌来表达对李贽的钦敬，还在李贽评点版《水浒传》的影响下，写出了第一部韩语小说《洪吉童传》；而且在李贽思想的感召之下，许筠也在朝鲜从事革命活动，后亦被捕并死在狱中；因此，李家源在创作《儒教叛徒许筠》时，将其与李贽类比，认为许筠就是朝鲜的李贽；李英镐在《李卓吾与朝鲜儒学》一文中对李贽的影响做了清晰的梳理，他认为芝峰李晬光（1563—1628 年）、茶山丁若镛（1762—1836 年）、燕岩朴趾源（1737—1805 年）、宁斋李建昌（1852—1898 年）等实学文艺思想家不仅吸收了李贽的文艺思想，也使其思想在朝鲜发扬光大；可以说，李贽不仅是朝鲜后期实学自由主义文艺思潮的伟大先行者，而且李贽的思想直接影响了朝鲜社会思想现代化的进程。

所以，无论是对于高层决策人物的认知影响，还是对普通劳动人民的认知启蒙，抑或是对周围文化的认知辐射，李贽都起到了堪称集体智慧老人的作用。他的学说著述对同时代和后世之人的认知升级都起到了巨大的作用。

第七章
力挽狂澜——
太岳相公张居正的
自性化

公元 1577 年，年仅 26 岁的、自幼便有"神童"之称的江西才子邹元标高中进士后，被选到刑部实习，他工作后不久便赶上了当时的内阁首辅张居正的"夺情"事件。

彼时，年轻气盛而一身浩然正气的邹元标毫不犹豫地对"违背纲常、贪恋权位"的张居正提出了弹劾，甚至发出了言辞激烈的"若以奔丧为常事而不屑为者……则以为禽兽"的骂街式谩骂，结果被愤怒的张居正处以八十廷杖的处罚，后立即又被贬去了偏远的贵州都匀卫。八十廷杖给他的身体造成了永久性的伤害，让他终生腿脚残疾。然而，多年来邹元标从未后悔过，他始终认为自己是站在正义的一方。

图 7.1　太岳相公张居正

转眼 40 多年过去了，此时大明王朝已到了天启年间，帝国已现末世颓相，政治、经济、军事问题全面爆发，正处于摇摇欲坠、大厦将倾的前夕。张居正早已作古，他在任期间几乎所有的改革政策，几乎在他一去世就被全面否定，他的后代也早已被利益集团清算。

此时，饱经历练的邹元标已成为中央政府的高官。让人意外的是，年老的他却拄着拐杖，拖着多年前被张居正打残的腿，四处奔走为张居正翻案，并每夜焚香祝祷，祈求上天能再降下一位张居正来。

第七章
力挽狂澜——太岳相公张居正的自性化

有人提醒他残疾的腿脚正是拜张居正所赐，他却表示自己年轻时太无知了，现在才明白过来，但恐怕为时已晚。

这迟到40年的理解为何会到来呢？其实，这反映了一个人个体自性化的过程。本书作者参考《明史》《明实录》，以及马平安教授的《政治家与古代国家治理》、朱东润先生的《张居正大传》、度阴山先生的《帝王师：张居正》，以及其他的一些史料、传记和论文，来剖析太岳相公张居正这位政治家的伟大而辉煌的一生。

本章结合现有的史料、传记、诗歌等，从自性化的实践路径、自性化的集体及个体能量状态表现、自性化的个体认知状态表现等方面分析阐释了张居正的自性化历程。第一节从原生家庭和成长历程的角度，分析象征高度自性化的心理意象的传承和集体心理期待对张居正的正面影响；第二节分析张居正面对冲突情境的心理调适和认知升级的过程和表现；第三节结合张居正的政治实践历程分析其心理意义，从经济改革、政治改革、军事改革和学术改革等方面分析他的内在自性化境界给集体带来的整合态；第四节从张居正与他人的矛盾冲突、生前身后的评价等角度，分析其高度自性化的内心境界。

第一节　原生家庭和成长经历

一、非同凡响——高度自性化的心理意象

张居正（1525年5月26日—1582年7月9日）出生于湖广江陵县（今湖北省荆州市）一个普通百姓的家庭。他在给徐阶、王世贞等人的信中均曾谈到"窃念正起自寒士，非阀阅衣冠之族，乏金张左右

之容""仆先世单寒，非阀阅衣冠之旧"，这些话语都体现了他的原生家庭经济状况，实在是平平无奇、普通得不能再普通。

经济上虽然普通，但是张居正却有着一位虽名不见经传但内心却非同凡响的曾祖父——张诚。

张氏家族的历史可以从元末说起。张居正的祖先张关保是安徽凤阳人，是洪武皇帝朱元璋的同乡，早在朱元璋起兵之际，他就投奔至朱元璋的帐下东征西讨，待到天下平定，张关保因军功受封成为世袭千户长，张氏一脉由此成为军籍。明朝军籍百姓不仅要和一般百姓一样种地谋生，而且还要随时准备重新入伍，为保卫大明王朝尽力。所以，这些人往往对国家兴亡比较关注，比一般老百姓有着更高的社会责任感。[一]张关保的千户长官职虽然可以世袭，但每代只能世袭一人，一般是由长子来继承，到了张居正的曾祖父张诚这一代，他作为次子失去了世袭资格，所以，张诚不得不自谋生路，他就是一个普普通通、无官无爵的老百姓。

一个人的内心境界，很多时候和外在身份之间并没有必然的关系，张诚这个普通老百姓就拥有着不平凡的内心境界。关于曾祖父的内心，张居正在《答楚按院陈燕野辞表间》中曾专门提到："**昔念先曾祖，平生急难振乏，尝愿以其身为蓐荐，而使人寝处其上。使其有知，决不忍困吾乡中父老，以自炫其闾里。**"张诚平时就喜欢帮助别人、喜欢救人所急，曾经发愿以其身为蓐荐，而使人寝处其上。"愿身为蓐荐，而使人寝处其上"这个心理意象的出现，显示了张诚这一刻非同凡响的济世之心，即聚世界于己身，爱世界如爱己，呈现出真

[一] 雅瑟，博志. 张居正评传：从神童少年到救世宰相 [M]. 武汉：华中科技大学出版社，2011：2-21.

第七章
力挽狂澜——太岳相公张居正的自性化

诚的布施心。这个心理意象隐喻着打破了"我"和"他人"之间的界限，打破了个体与集体之间的鸿沟，爱人如己、救人所急，超越小我（自我）而成就大我（自性），显示了整合性、中心与完整性、神圣和超越性等高度自性化特征。

张居正出生时，张诚还健在，居正的乳名正是张诚所赐。居正出生那一晚，张诚得一异梦，梦月落水瓮而照得满瓮发亮，随后一白龟跟着水光浮上来，张居正由此幻梦得谐音名曰"白圭"。张诚对张居正应该是十分喜爱的，在童年的陪伴中，居正的成长过程应该不可避免地受到这位曾祖父的影响。

张居正终生为公为国而鞠躬尽瘁的抱负，必然离不开张诚的基因传承、悉心教导和潜移默化。张居正对其曾祖的存心济世的心理意象有着深深的共鸣，他在《答吴尧山言宏愿济世》中提到："（张居正自己）二十年前（嘉靖三十二年，是年居正二十九岁，为翰林院编修），曾有一宏愿，愿以其身为蓐荐，使人寝处其上，溲溺之，垢秽之，吾无间焉。此亦吴子所知。有欲割取吾耳鼻，我亦欢喜施与，况诋毁而已乎？"张居正和其曾祖一样，产生了这个不平凡的心理意象，发下了为蓐荐使人寝处其上、溲溺垢秽亦然无间、欲割耳鼻亦欢喜施与的济世宏愿。

同样带有真诚的为世界带来建设性正能量的意愿，和一生居于市井的曾祖不同的是，张居正发此宏愿时，已身为翰林院之"储相"，他此后的人生都将会处于帝国权力的巅峰，所以，他的这种发自内心的、真诚的正面建设性的意愿力，会成为整个国家的不可忽视的建设性力量。

二、伊尹颜渊——集体心理期待造就的政治家

张居正曾在《西陵何氏族谱序》中说："至我国家立贤无方，唯才是用，采灵菌于粪壤，拔姬姜于憔悴；而韦布间巷之士，化为望族。""灵菌""姬姜"等字眼隐喻了其潜意识中对自身能力价值的充分肯定，而"韦布间巷之士，化为望族"则隐喻了他潜意识中对血统、出身等教条性标签的否定，以及对努力、实践等主体能动力的认同。他认为英雄不问出身，凭借自身的实践，是能够让一个集体发展得越来越好的。

和其他封建王朝相比，明朝在人才选拔制度上具有一定的先进性和科学性。明朝开国洪武皇帝本身就是以淮右布衣之身，最终问鼎九五至尊之位，他本着唯才是用的原则，在宋代科举制度的基础上，进一步完善了科举制度的规范性、准则性和建设性，一方面为国家建设选拔最优秀的人才，另一方面也使得大量和他一样来自底层的有才能的人，能够通过考试合理合法地实现阶层跃升。

张居正本人正是科举制度的受益者，他的才华和能力在这种制度下得到了来自集体的最大限度的认同。张居正少年时即聪明过人，12岁中秀才、16岁中举人、23岁中进士。中进士后，他在随后的殿试中被嘉靖皇帝点为二甲第九名，并被选为翰林院庶吉士。科举的成功也进一步让他更加肯定自身的实践能力。

事实上，张居正"灵菌""姬姜"的能力潜质，从早年起便不断得到来自外在客体的正向反馈。

最早的反馈来自于家人和乡里：早在居正两岁的时候，聪明便有所显露并被家里的大人们所感知，长辈们都觉得这是一个非常聪明的

第七章
力挽狂澜——太岳相公张居正的自性化

孩子。某天他的同堂叔父龙湫正在读《孟子》，居正在旁，龙湫随手指了书中的"王曰"二字教他念。又过了几天，龙湫读书时居正又来了，龙湫把居正抱在膝上，要他认"王曰"二字，居正居然认识，因此得到"神童"的称号；居正五岁入学读书，十岁通六经大义，在荆州府很有一些声名。

后来，很多权威人物也给予了张居正越来越多正向的反馈，这些权威人物包括荆州知府、湖广学政、湖广巡抚等人（分别相当于现在的市长、省教育厅厅长、省长）。嘉靖十五年，年仅12岁的张居正参加了荆州府的童子试（合格后可获得秀才功名）。那一年的主考官是荆州知府李士翱。据说，李士翱在考试前一晚曾得一异梦，梦见天神交给他一个玉印和一幅画像，并吩咐他将玉印转交给画像中的孩子。第二天考生点名时，第一个考生就是12岁的张白圭，李士翱仔细一看，这孩子正是梦中画像上的孩子，他很惊讶。考试结束后，李士翱立即翻阅了试卷，惊喜地发现张白圭的文章不仅立意高远，而且文采斐然，远远超过其他考生。联想到之前的梦境，李士翱自然而然地感受到某种上天的启示，而将面前这个清俊不凡的孩子和未来的国家栋梁联系到了一起，他当即和张居正谈了话，说了很多鼓励的话语，并将他原来谐音"白龟"而略显不雅的原名"白圭"，改作了后来大名鼎鼎的"居正"。

荆州府考过以后，湖广学政田顼也来了，李士翱告诉了他张居正的事情。田学政把张居正招来面试，试题是"南郡奇童赋"，居正很快地交了卷。看过居正的文章后，田学政也异常惊喜，当即感到张居正的才华卓尔不凡。于是，那一年张居正毫无意外地一举考中秀才。

湖广巡抚顾璘更是和张居正有一段著名的忘年之谊。张居正在《与南掌院赵麟阳》中记载了这段友谊：**仆昔年十三，大司寇东桥顾公，时**

为敝省巡抚，一见即许以国士，呼为小友。每与藩、臬诸君言："此子将相才也。昔张燕公识李邺侯于童稚，吾庶几云云。"又解束带以相赠曰："子他日不束此，聊以表吕虔意耳。"一日留仆共饭，出其少子，今名峻者，指示之曰："此荆州张秀才也。他年当枢要，汝可往见之，必念其为故人子也。"仆自以童幼，岂敢妄意今日，然心感公之知，思以死报，中心藏之，未尝敢忘。顾璘一见到张居正，就感到他将来必为国家栋梁，于是称呼他为自己的"小友"，并解下象征官职的束带相赠，且断言居正将来的身份和影响力，必然要远远超过自己……多年后，居正回忆起这段往事，依然对顾璘的知遇之恩充满感念。

　　来自外界的充满期待和鼓励的言行，切实促进了张居正的成长。在心理学中，有一个著名的"罗森塔尔效应"，又称"期待效应"，它由美国心理学家罗森塔尔首先提出。在 1968 年的一天，罗森塔尔和同事来到一所小学，说要进行一些实验，他们从一至六年级各选了 3 个班，对这 18 个班的学生进行了"未来发展趋势测验"，之后，罗森塔尔以赞许的口吻将一份"最有发展前途者"的名单交给了校长和相关老师，并叮嘱他们务必要保密，以免影响实验结果的正确性。其实，罗森塔尔撒了一个"权威性谎言"，因为名单上的学生是随机挑选出来的；8 个月后，罗森塔尔和助手们对那 18 个班级的学生进行复试，结果奇迹出现了：凡是上了名单的学生，个个成绩有了较大的进步，且性格活泼开朗，自信心强，求知欲旺盛，更乐于和别人打交道。[一]可见，来自外界权威如教师的真诚的期待，能够让一个原本普通的学生潜移默化地变得出类拔萃。

[一] 林崇德. 心理学大辞典 [M]. 上海：上海教育出版社，2003：787.

所以，张居正是幸运的，不仅是因为他拥有天赋异禀的智商和能力，也拥有后天的来自外界的真诚的期待。幼年时代的家人和乡邻的肯定，青少年时代的权威人物不断地给予他的正向的激励和反馈，都促使了他的内心成长。正是这些来自外界权威人物的期待，促使张居正由"灵菌""姬姜"转变为伊尹颜渊，由天赋异禀的小学童历练为经天纬地的政治家。

从这个角度，伟大政治家的出现其实也可以看成是集体潜意识共同投射的结果。李士翱、田顼、顾璘等许多人都对张居正的命运产生了重大影响，这一方面固然是因为他们慧眼识珠发现了张居正的灵菌之资，另一方面，也正是因为这些人自己也拥有着毫无私心的、为国为公而求贤若渴的真诚期待和渴望，他们无意识地将自己内心的这一部分投射到了外界，投射到了张居正身上，年幼的张居正也无意识地接受并认同了他们的这种积极正向的心理投射，将外在的正向期待内化为内心重要的自我实现的心理动力。最终，他们共同"创造"出了为国为公鞠躬尽瘁的"伊尹颜渊"。

所以，出现一位卓越的政治家，既有基因优秀的偶然性，也有集体期待的必然性。

第二节　心理冲突和自我调适

一、风云诡谲——心理冲突和替代性创伤

嘉靖三十三年，对于张居正来说是一个特殊的年份。

张居正被嘉靖皇帝钦点为庶吉士之后，便正式成为翰林院的一位

"实习生"。从这时开始,他逐渐以旁观者的视角,对明帝国权力巅峰的残酷政治斗争有了直观的认知和感受。从此时开始,政治斗争对于他来说,不再是史书上经过春秋笔法粉饰美化后的浮光掠影,而是无法逃避、真实残酷的血雨腥风。

嘉靖时代的朝堂可以用"风云诡谲"这四个字来形容。其实整个明代,内阁首辅都堪称是"高危职业",而嘉靖皇帝本身又聪明绝顶、极善驾驭群臣,所以在他的操控下,内阁成员们成了相互制衡的棋子,首辅们无一不是踩着别人的肩膀上台,又无一不是惨淡离场,风光时一人之下、万人之上,惨淡时轻则身败名裂、重则家破人亡。

嘉靖的第一位首辅杨廷和是四朝元老,在朝中极具威望。在他的努力下,16岁的嘉靖皇帝才得以以藩王身份入京继承皇位。彼时嘉靖皇帝虽年少,但却并没有如文官集团期待的那样"年轻好控制",相反,他在涉及名分的事情上毫不退缩、据理力争,非但没让自己沦为文官集团的傀儡,反而利用"大礼议"契机,化被动为主动,在文官集团中分化拉拢,建立了以张璁、桂萼为首的亲信集团;并抓住机会将杨廷和削职为民,将他的儿子杨慎流放。

第二位首辅是杨一清,他也是四朝元老。杨一清本人能力非常强,出将入相,不但立下了赫赫战功,在铲除正德朝奸佞太监刘瑾的过程中也出力不少。后来在和下一任首辅张璁的斗争中失败,一病不起最终逝世。

第三位首辅是张璁,他可以说是一个大器晚成的人,他46岁时才得中进士,如果走文官常规的熬资历的晋升途径,他的仕途本来是相当渺茫的。然而,张璁并不是一个甘于平凡的人,他内心有着雄才大略的政治抱负。此时,"大礼议"之争给了张璁一个机遇。在势单力孤的嘉靖皇帝和一呼百应的杨廷和之间,他毫不犹豫地站队了前

第七章
力挽狂澜——太岳相公张居正的自性化

者，以寻求拼死一搏的政治机遇，最终他获得了嘉靖的信任而入阁。成为首辅后，张璁展现了他在政治上的突出才能。嘉靖时代的张璁和万历时代的张居正非常类似，都有着突出的政绩。史称"终嘉靖之世，语相业者，迄无若孚敬（张璁）云"，后被夏言排挤出中央。

第四位首辅是夏言。在张璁担任内阁首辅时，夏言也任内阁成员。嘉靖对二人都很看重。夏言为人正直，也颇有才能，但有时恃才傲物，轻慢同僚和当权的宦官，渐渐树敌无数。此外，他对嘉靖沉迷修道也颇有微词，招致了嘉靖的不满。最终，夏言遭严嵩等人构陷，又被皇帝抛弃，于六十七岁时被当街斩首，祸及家人，直到隆庆年间才得到平反。

第五位首辅是严嵩，夏言被杀后，严嵩登上首辅之位。严嵩利用嘉靖"果刑戮，颇护己短"的弱点，以事激怒世宗，戕害他人以成己私；吞没军饷，废弛边防，加剧了"北虎南倭"之患；招权纳贿，肆行贪污，进一步败坏吏治，激化了当时的社会矛盾。他擅长撰写媚上的"青词"，将写青词置于国家大事之上。晚年的严嵩渐渐被嘉靖皇帝疏远。后被徐阶一派弹劾。嘉靖四十一年，他被罢职，后又被削籍抄家，儿子严世藩被处斩。严嵩晚年在家乡寄食墓舍以死，死后连棺木都没有。

第六位首辅是徐阶。他早年因为得罪了张璁曾被贬到外地成为推官，经此挫折后变得谨慎。后又被嘉靖召回中央，因为他也擅长青词，所以得到了嘉靖的重用。徐阶极善隐忍，他入阁后表面上唯严嵩马首是瞻，却在暗中寻找机会扳倒严嵩。在严嵩失去嘉靖的信任后，他立即落井下石，找准了机会扳倒了严嵩一党。徐渭担任首辅后，"凡斋醮、土木、珠宝、织作悉罢；大礼、大狱、言事得罪诸臣悉牵复之",不仅对严嵩时代各种劳民伤财的政策予以了废止,还对此前因言获罪的大臣予以了平反,因此获得了朝野的赞扬。但是,徐阶晚年告老还乡后,也多次因为土地兼并问题遭遇诉讼,甚至被人称为"权奸"。

张居正入翰林院的时候,正是严嵩专权时期;而严嵩的对手徐阶,正是张居正在翰林院的老师。张居正对内阁、朝堂的各种政策、纷争有了直观的体验和感受。不少同僚的悲惨下场,让他感受到某种替代性创伤。张居正的《蒲生野塘中》这首诗,就通过描述各种心理意象表达了这种替代性创伤:

> 蒲生野塘中,其叶何离离。秋风不相借,靡为泉下泥。
> 四序代炎凉,光景日夜驰。荣瘁不自保,倏忽谁能知。
> 愚暗观目前,达人契真机。履霜知冰凝,见盛恒虑衰。
> 种松勿负垣,植兰勿当逵。临市叹黄犬,但为后世嗤。

这首诗表达了张居正对危险阴影的觉察。他借助野塘中的蒲草为隐喻,充分表达了内心所感受到的危险/失控阴影,这是他这几年在朝堂亲眼见证同僚的悲惨下场而产生的替代性创伤。他感受到,在帝国权力的巅峰,无论是高位者还是低位者,莫不处于"荣瘁不自保,倏忽谁能知"的危险境地,谁都无法保障自己的荣辱甚至性命。当年的秦相李斯虽身居高位、位极人臣,但一招不慎就导致性命不保,他临刑前回想起多年以前,自己身为白丁时,在家乡上蔡自由自在地携黄犬打猎的场景,心生向往却于事无补。而大明内阁中的每个人,本质上都如当年的李斯一样,风光时一时无两,落魄时轻则声名扫地,重则性命不保。

第七章
力挽狂澜——太岳相公张居正的自性化

这首诗涉及的蒲泥风霜、临市黄犬等心理意象，可以说都是张居正对自然而然地出现在内心的意象的记录，是积极想象的本然表达。通过积极想象用诗歌表达之外，张居正的认知也随之获得了升级，他领悟到："履霜知冰凝，见盛恒虑衰。种松勿负垣，植兰勿当逵。"即在任何时候都要有见微知著、敏锐觉察，保持充分的危机意识，并做好应对危机的准备。摈弃侥幸心理，切切实实地做好准备应对可能到来的危机，这是张居正此次通过积极想象与危险阴影充分沟通后，自然而然地证悟而得的认知信念。可以说，张居正的这一积极想象和认知升级的过程，为他日后成为一个优秀的政治家打造了必备的素质。

此外，这段时间里，张居正的家庭生活也遇到了波折，他的妻子病故了，这时张居正才29岁。妻子的逝去让张居正十分悲痛，久久不能忘怀，他在诗集《朱鸟吟》中的"仙游诚足娱，故雌安可忘"正是表达了这种情绪。

如果说此前他的人生都是理想化的，那么此阶段，30岁左右的张居正随着对各种集体阴影势力的觉察和感受，对个人生活中的挫折情绪的感受，都让他的理想化状态被打破了，他的内心不可避免地进入剧烈的冲突期。

二、诗歌山水——积极想象和正念觉察

随着剧烈心理冲突的出现，张居正选择了告病还乡、寄情山水。每一个人都经历过剧烈的心理冲突，一般人往往会被冲突中的面具能量、阴影能量、冲突能量所操纵，或不断让步、继续缩小自身的心理安全区；或铤而走险、让自己陷入更深的困境中……而伟大的人物则不同，他们在冲突阶段能够将面具能量、阴影能量和冲突能量转化为

自性能动力的食物和滋养；冲突带来的剧烈负面感受，反而会被他们主动运用，成为劈开自身封印的刀枪剑戟。

在告病期间，他用写作和旅游的方式，对这种内心冲突进行自我心理疗愈。这一阶段正是嘉靖三十三年至嘉靖三十六年，张居正30岁到33岁，他用了三年的时间进行正念觉察和积极想象。

这一阶段张居正留下了许多诗文。据统计，他在这三年留下了共83首诗文，是他一生中诗文创作最多的时间段。诗文主旨体现了无处不在的冲突感：时而心灰意冷、时而壮志凌云、时而悲怆无奈、时而乐观向上……这一阶段真实出现过的矛盾冲突感受，都用文字忠实地记载了下来。除了诗文之外，旅游也是他自我疗愈的方式，他通过寄情山水来"自适其性"。

"寄情山水"是一种非常适宜的自我心理疗愈的方式。因为人们面对山水时，相对容易产生"无挂无碍"之心。在社交情境中，人们面对纷繁复杂的人、事、物，不得不戴上各种各样的"面具"处理这些事件的关系，这让人们本然地难以突破面具能量、情结空间的束缚。

在中国古代，"寄情山水"和"以诗咏志"往往又是密不可分的：张居正告病回乡期间饱览胜景，一路游览，写下不少写景记游的诗作，如《潇湘道中》《谒岳庙作》《半山亭》《祝融峰》《观音岩次罗念菴韵》《自兜率往南台行空雾中》《宿南台寺》《方广寺宴坐次念菴先生韵并致仰怀》《出方广寺》《水簾洞》《听泉》《飞来船》《谒晦翁南轩祠示诸同志》等一系列写景记游的诗作，表达其游山玩水之乐。[一]这些诗文，可以作为研究积极想象过程和正念觉察

[一] 宋宁宁. 张居正诗歌研究［D］. 汉中：陕西理工大学，2019：23.

过程的材料。

无论是对自身当下的情绪进行细微的觉察和记录，还是将关注点从思维中抽离出来，聚焦在当下的真实的对于山水的感受中以及聚焦在爬山时的内心感觉上——这些都是"正念疗法"的主旨。以下两首诗，正是对内心觉察的文字表达。

宿南台寺

　　一枕孤峰宿暝烟，不知身在翠微巅；
　　寒生钟磬宵初彻，起结跏趺月正圆；
　　尘梦幻随诸相灭，觉心光照一灯燃；
　　明朝更觅朱陵路，踏遍紫云犹未旋。

出方广寺

　　偶来何见去何闻？耳畔清泉眼畔云；
　　山色有情能恋客，竹间将别却怜君；
　　瘦筇又逐孤鸿远，浪迹还如落叶分；
　　尘土无心留姓字，碧纱休护壁间文。

可见，告病还乡的这三年，虽然可以看成是张居正的人生低谷期，但却是他最重要的自我心理调适的阶段，他通过积极想象（诗文创作）和正念疗法（寄情山水），通过充分表达面具力量、表达阴影力量、表达冲突力量，并以正念觉察的方式来和自己的内心感受进行沟通，他没有被面具能量、阴影能量、冲突能量所操纵，而是将这些能量转化为滋养。这一阶段，他的自性能动力进一步增强。

经过对冲突能量的觉察、接纳、表达和疗愈，张居正的认知也逐渐发生了越来越多的变化，具体如下：

嘉靖三十五年（1556年），张居正与友人同游衡山，作了两篇游记，其中第二篇《后记》反映出张居正的思想和心态发生了重要的转变，兹全录于下：

张子既登衡岳数日，神惝惝焉，意罔罔焉，类有击于中者，盖其悟也。曰：嗟乎！夫人之心，何其易变而屡迁耶！余前来，道大江，溯汉口而西，登赤壁矶，观孙曹战处，慷慨悲歌，俯仰今古。北眺乌林，伤雄心之乍衄；东望夏口，羡瑜亮之逢时。遐想徘徊，不知逸气之横发也。继过岳阳，观洞庭，长涛巨浸，惊魂耀魄，诸方溟涬，一瞬皆空。则有细宇宙，齐物我，吞吐万象，并罗八极之心。及登衡岳，览洞壑之幽邃，与林泉之隈隩，虑澹物轻，心怡神旷；又若栖真委蛇，历遐蹈景之事不难为也。嗟乎！人之心，何其易变而屡迁耶。太虚无形，茫旻漠泯，濆濛鸿洞云尔。日月之迭照，烟云之变态，风雨露雷之舒惨，淑气游氛之清溷，日交代乎前，而太虚则何所厌慕乎？即太虚亦不自知其为虚也。夫心之本体，岂异于是耶？今吾所历诸境，不移于旧。而吾之感且愕且爱且取者，顾何足控搏。乃知向所云者，尽属幻妄。是心不能化万境，万境反化心也。夫过而留之，与逐而移焉，其谬等耳。殆必有不随物为欣戚，混溟感以融观者，而吾何足以知之。

张居正对自己心理细微变化是极其敏锐的，他在观赏不同景色时，心中自然而然地升起了不同的心理意象和内心感受，如望夏口时的"羡瑜亮"，眺乌林时的"伤雄心"，观洞庭时的"吞吐万象"，观赤壁时的"慷慨悲歌"，登衡岳时的"心怡神旷"……他客观记录了这些外在景物、心理意象以及内心感受，并发出了"人之心，何其易变而屡迁耶"的真实感悟，并有了"是心不能化万境，万境反化心

第七章
力挽狂澜——太岳相公张居正的自性化

也"的认知升级。在这一过程中,"景色和观景感受"成了他的智慧老人,让他对"人心"和"外境"的关系有了新的领悟。

因此,这篇《游衡岳记》之《后记》,堪称是积极想象、正念觉察、能量整合、认知升级的全方位记录。

在经过了三年的自我心理调适之后,张居正内心逐渐有了面对恐惧的力量。他准备开始北上的归途了。在回北京前,他写下了一首《割股》:

割股割股,儿心何急。捐躯代亲尚可为,一寸之肤安足惜。肤裂尚可全,父命难再延。拔刀仰天肝胆碎,白日惨惨风悲酸。吁嗟残形,似非中道。苦心烈行亦足怜。我愿移此心,事君如事亲,临危忧困不爱死,忠孝万古多芳声。

恐惧依然是存在的:这首诗中,张居正没有逃避恐惧,他通过"肤裂""肝胆碎""捐躯""风悲酸""残形""苦心烈行"等大量负面的心理意象,描写了回到帝国权力核心后,可能面临的险恶情境和后果,充分表达着自己的恐惧。他对危险阴影始终有着警醒的觉察。

心理调适的目标不在于消除负面情绪,而在于和负面情绪共存并逐渐转化负面情绪。《割股》中的恐惧虽然存在,但是张居正在充分觉察和表达恐惧的同时,也表达了和恐惧共存的决心:"我愿移此心,事君如事亲,临危忧困不爱死,忠孝万古多芳声。"经过三年的自我心理调适,他开始有力量为了内心的政治抱负、为了自己的为国为公之心,切切实实地直面即将到来的险象环生的局面。

第三节　实干兴邦和兴利除弊

经过大量险象环生的挑战，张居正终于迎来了自己的机遇：随着万历时代的到来，张居正开启了属于自己的时代。成为内阁首辅之后，带着他的理想抱负和才华能力，张居正开始了一系列改革。

前文分析过，张居正这个优秀的政治家之所以会出现，某种程度上是同时代的集体心理共同期待和投影的结果。当时的大明王朝处于失控的边缘，集体迫切地需要一位铁腕人物为核心进行大刀阔斧的改革。

张居正总结了嘉靖至隆庆时期的五大弊症："曰宗室骄恣，曰庶官宦旷，曰吏治因循，曰边备未修，曰财用大匮。"①中国社会科学院马平安教授曾对明朝中期以后的国家整体混乱状态做了总结②：

首先是财政方面：自嘉靖七年至隆庆元年（1528—1567年）的40年间，几乎岁岁出现超支，平均每年亏空在二三百万两白银之数；隆庆元年太仓存银130万两，而当年支出竟多达553万两，也就是说，全年库存不足三个月之用。嘉靖四十一年（1562年），全国年输京粮谷400万石，而朝廷需要向各地王府支付的俸禄粮就多达853万石，不足半数……国家赖以存在的财政经济已经陷入"四方之民力

---

① 张居正. 张太岳集（卷十五）[M]. 上海：上海古籍出版社，1984：183.

② 马平安. 政治家与古代国家治理[M]. 北京：团结出版社，2018：255-257.

第七章
力挽狂澜——太岳相公张居正的自性化

竭，各处之库藏空失"的积贫积弱、几近崩溃的境地。

其次是吏治方面：正德时宦官刘瑾掌控朝政，凡官吏入见，例索千金至四五千金；他弄权败落被抄家时，仅黄金就搜出 2 万两，其他财物之多自不待言；嘉靖时严嵩为首辅 21 年，凡文武百官进擢，不论可否，但衡金之多寡而界畀之，公开以卖官聚富；他倒台后，抄出黄金达 30 万两，白银 200 万两，其他珍宝无数，而其时国库太仓存银尚不足 10 万两……吏制之败坏足见其端绪。

最后是边防方面：明中期后，虏患日深，边事旧废，北方鞑靼和东南沿海倭寇的侵掠变本加厉；明政府每年用于国防上的军费支出也扶摇直上；边饷由弘治、正德年间的 40 多万两白银，猛增至世宗嘉靖年间的 270 余万两，至神宗万历时，更达 385 万两之多。

可见，从明朝中期开始，尤其是嘉靖至隆庆万历年间，整个国家陷入了巨大的危机中，迫切需要全面改革，这种改革思想在朝堂上和民间知识分子中也形成了某种思潮，张居正本人正应和了这种思潮。

如果将国家当成一个人，那么国家政治就相当于一个人的心理结构或身体结构，其中国家首脑机关就如同是人的意识/头脑，而国家人民就如同人的潜意识/身体；而国家的经济，就相当于人的心理能量。对于一个人来说，好的心理结构能够促进心理能量不断进入良性循环中，而充足的心理能量也能够促进潜意识和意识的整合，促进头脑和身体的统一，促进个体认知的不断升级；同样，对于一个国家来说，好的政治体制能够促进经济的稳定增长，而经济的稳定增长也能进一步促进国家的政治体制的不断优化。

国家的军事就相当于个体和外界沟通时的关系，包括了心理防御和冲突外显化这一体两面。心理防御相当于自我防护，而冲突外显化则意味着人主动打开心理防御，突破自我防护，以剧烈冲突为契机，进一步整合优化自身的心理结构、进一步促进心理能量的升级。

张居正改革的目的"集权、富国、强兵",正是涵括了政治、经济、军事这三大方面。[一]

一、经济改革——增加"心理能量"

经济改革的重点在于:实行"清查田赋"和"一条鞭法"。所谓清查田赋,即"清巨室、利庶民":明朝中期以后,国家财政经济陷入困境,正是赋税收入锐减所致,而造成这一积弊的根本原因就是承担国家赋税的田亩数量日益减少,而这本质上是由于有人在隐匿瞒报应纳税土地、逃税。而隐匿土地并逃税这一举动的主体,毫无疑问是既得利益者——即以进士举人为主体的官员群体,以及以公侯伯子男等勋爵为主体的勋戚群体。针对这些既得利益团体的整顿行动,毫无疑问会遭到激烈的诋毁和报复,可张居正毫不退缩,他坚定地表示:"得失毁誉关头若打不破,天下事无一可为者。"[二]

除了"清查田赋"之外,"一条鞭法"也是经济改革的重要内容,其核心包括两个方面:第一是简化税收制度,将"田赋"和"徭役"合二为一,且均采用缴纳银两的方式来代替徭役和田赋;第二是部分采用"量地计丁"的政策,拥有土地越多的地主,其承担的徭役越多。

"一条鞭法"的重要贡献在于:第一,使得沉重的财政负担部分

[一] 马平安. 政治家与古代国家治理 [M]. 北京:团结出版社,2018:257-274.

[二] 张居正. 张太岳集(卷三十二)[M]. 上海:上海古籍出版社,1984:407.

由农民转移到大地主身上；第二，用银役代替力役，使得封建依附关系有了松动，有利于农民的自由流动和工商业的发展；第三，有效限制了地方官吏无节制的对百姓的苛求和勒索；第四，减少了物役在运输和贮存过程中的损耗。

从集体意象的角度，"清查田赋"和"一条鞭法"的关键在于"平衡和固本"，如果将整个国家看成是一个人，那么拥有相对较多话语权的大地主则可以看成是个体相对强势的、容易被意识所觉察的心理动力，无话语权的农民则可以看成是相对弱势的、无法表达自己的、难以被意识所觉察的心理动力。

因此，从分析心理学角度，张居正此举在于让相对强势的心理动力和相对弱势的心理动力之间产生某种平衡；并促进心理能量进入良性的循环中去，最终修通并提高个体心理能量。

二、政治改革——优化"心理结构"

政治改革的重点在于"加强中央集权"和"考成法"。如果说中央首脑机关是人的头脑，百姓是人的身体，那么连接头脑和身体之间的神经系统，就是大大小小的官吏。张居正的政治改革正是以整顿吏治为重点，其目的是"尊主权、课吏治、信赏罚、一号令"，即加强中央集权，提高朝廷办事效率，以改变明王朝长期积存下来的官员们文恬武嬉、政务懈怠的现象。具体做法是建立了一套完善的"考成法"，大致是让每个政府部门都建立三个公文薄，把所要办的大事均记录在公文薄上，这种公文薄各部门留一本，一本交由与六部相应的六科备注，剩下的一本交由内阁报关。记事本上的每件事都要注明完成期限，每完成一件就注销一件。每到月底，他让六部官员据薄检查各地督抚落实的情况，由六科据薄检查六部，再由内阁据薄以检查各科，这样大权归于内阁。

从集体意象的角度，"考成法"的关键在于"疏通经络"，考核的目的是让头脑和身体之间的联结更加畅通，使得中央能够以更快的速度、更高的效率掌握全国情况，并促进中央政令能够更高效地通行。

因此，从分析心理学角度，张居正此举在于让"意识"和"行动"之间产生更紧密的联结，避免基于个体潜意识的"情结动力"产生的自动化行为在个体无觉察的情况下操纵个体。这里，意识相当于中央机关、行动相当于执行力，而情结相当于消耗性质的自动化行为，因此，此举旨在优化心理结构，消除情结动力。

三、军事改革——加强"心理防御"

军事改革的重点在于"外示羁縻、内修战守"。如果说上述的疏通、平衡和固本等措施，都是从有机体内部进行调整，那么"固防"的着眼点则在于机体内部和外界环境之间的关系。

从个体自我意识的角度来看，个体和外界互动的过程，可以看成是个体突破本层面的自我限制的过程，是突破自我的过程；而从更上一层大系统的角度，个体与外界环境的互动过程，也可以看成是在大系统的层面建立秩序、最终整合的过程。在这个过程中，个体需充分发挥主观能动力，与外界的心理能量进行沟通和互动，主要包括防御、冲突及整合，具体包括了防御和分化、威慑和斗争、吸收和融合等各种不同的方法、过程和步骤。

张居正的"外示羁縻、内修战守"方略正是以上过程的核心体现：在东起山海关、西至嘉峪关的长城线身上，加筑了三千余座瞭望台，边墙也在不同程度上得到了修缮，这使得长期以来边防废弛、有边无防的状况得到了彻底改变；在边境地区实施屯田制；在对待宿敌瓦剌和鞑靼的战略上，张居正提出主张以蓟州为北部边境和御敌守备的中心，对蓟州以西的俺答和套寇采取怀柔政策，封贡主和；对蓟州以东的土蛮则主战；这样，西可"避俺答之锋，而使其就范于我"；东可使敌"知其弱而冀其受制于我"。

如果将大明王朝看成是一个人，那么这一战略方针在对自身能量进一步巩固、加强了防御的同时，对外界能量起到了分化、威慑、斗争、融合的作用，以最大限度的主观能动力，顺势而为地结合外界现实状况，最终实现对外界能量的吸收和融合。

综上，张居正在政治、经济和军事上的改革顺应了大道，充分发挥了自身主观能动力，解决了明王朝积重难返的一系列老大难问题，让明朝一时间走入了中兴的良好发展态势。

四、学术改革——约束"阴影动力"

如果说前三个方面的改革是体现在政治、经济和军事上，那么"禁毁书院"这一举动，就体现了他的某种"学术改革"思想。

张居正本人是心学的积极实践者，但是在他当政期间，却对心学学术思想的大本营——书院进行了大规模禁毁。这一看似矛盾的举动，却恰恰体现了心学的精神。

书院，是我国古代特有的一种教育形式。从宋初到清末，它存在了近千年之久。书院大多由私人创办。在某种意义上，它起着补充官学不足的作用。明代书院兴起在成化以后，到嘉靖年间达到极盛。

明朝嘉隆万时期的书院在历史上又是极具特色的，因为它和王阳明的心学思想的流行密不可分。明代书院之所以在嘉靖以后大盛，与当时王阳明、湛若水等人讲学活动有直接关系；二人都是朝廷重臣、著名学者；王阳明热衷于讲学，提倡书院，先后在龙冈、贵阳、廉溪、稽山、敷文等书院讲学；湛若水活了95岁，曾有55年间无日不授徒，无日不讲学，他"平生所至，必建书院"；正是由于王、湛等人的大力提倡，当时"书院顿盛"；王、湛后学更是纷纷建立书院，竞相讲学。㊀

心学思想在当时的知识分子中产生了巨大的影响，张居正在翰林院的坐师徐阶就是心学的坚定支持者，而他的朋友聂豹、罗汝芳、耿定向、周友山等也都被称为"阳明后学"的代表，因此，张居正不可避免地受到了心学的影响。他曾在《宜都县重修儒学记》中谈到："**自孔子没，微言绝，学者溺于见闻，支离糟粕，人持异见，各信其说，天下于是修身正心真切笃实之学废，而训诂词章之习兴。有宋诸儒力抵其弊，然议论乃日益滋甚，虽号大儒宿学，至于白首犹不殚其业，而独行之士反为世所姗笑。呜呼！学不本诸心，而假诸外以自益，只见其愈劳愈敝也。故宫室之敝必改而新之，而后可观也，学术之敝必而新之，而后可久也。**"在这段陈述中，他强调了"修身、正心、真切、笃实"等"求诸心"的道路才是为学之根本道路，而外在的"见闻、训诂、词章"等"假诸外"的道路，会让人即使到了白首也得不到真正的提高。

而他对于心学中的"归虚求寂"之说更是深有体会，在《启聂双

㊀ 任冠文．论张居正毁书院 [J]．晋阳学刊，1995（05）：46－49．

第七章
力挽狂澜——太岳相公张居正的自性化

江司马》中提到:"**窃谓学欲信心冥解,若但从人歌哭,直释氏所谓阅尽他宝,终非己分耳**。昨者伏承高明指未发之中,退而思之,此心有跃如者。往时薛君采先生亦有此段议论,先生复推明之,乃知人心有妙万物者,为天下之大本,无事安排,此先天无极之旨也。夫虚者道之所居也,涵养于不睹不闻,所以致此虚也。虚则寂,感而遂通,故明镜不弹于屡照,其体寂也。虚谷不疲于传响,其中窍也。今不于**其居无事者求之,而欲事事物物求其当然之则,愈劳愈疲矣**。"将"心"看成是天下万物的本原,这是阳明心学的逻辑起点,通过虚心涵养,就可以达到"感而遂通"的境界;相反,如果外求事事物物的"当然之则",那就只能是"愈劳愈疲"了。㊀这段话,其实也阐释了头脑观念和心理能量的关系,所谓"当然之则",即"应该是什么样的某种法则",即某种面具性规则。比如,在生活中,很多人头脑中有很多坚定的观念如:"我应当是一个好人""我应当得到某个地位""我应当是个不懦弱的人""做人就应该及时行乐""做人就应该多吃苦"……这些大大小小的无处不在的"应当",就是我们的逻辑观念,也就是张居正所说的"当然之则"。越是宏观的、集体互动的、稳定静态的层面,这些"当然之则"往往越倾向于"正确",而越是微观的、个体觉察的、冲突动态的层面,这些"当然之则",很多时候恰恰是我们需要突破的执念。比如,在静态稳定的层面,个体需要有一个长远的理想如"考上北京大学",这个理想对人生基本是有益无害的,在这个理想的指引下,你买了很多参考书、制定了很多复习计划;然而,在微观的觉察层面,如果你在当下的这一瞬间,还是继

㊀ 于树贵. 张居正经世实学思想初探[J]. 湖南师范大学社会科学学报,2005(06):5-7.

续沉浸在这个理想中，那么理想就倾向于变成一种面具性幻想，它会使得心理动力分裂，让你的注意力投注在某种虚假的幻想中，幻想"成为北大学生"的这一理想化的美好时刻，而不是投注在当下的真实的实践活动中，反而会阻碍你当下的实践活动。在当下，我们需要的是尽量放下头脑中的幻想期待，将心理能量投注到当下看书、解题的乐趣中，感受看书解题本身的乐趣，甚至在当下"忘记"看书解题是为了"考上北大"这一目的。本书作者认为，在宏观和微观这二者之间寻求一个度，这是不断实践探索修正建构的过程，是一个动态的过程，需要主体不断地实践。

在成长过程中，某些观念在某个时期不知不觉地内化进我们的头脑中，在曾经的某个成长阶段它曾帮助过我们顺利度过，而在当下的阶段它可能会成为我们发展的阻碍：这些大大小小的因认知观念所形成的面具能量，直接造成了内心的分裂，在分裂所形成的情结空间中，桎梏了心理能量的流动，人们若总是被困在"当然之则"中，就会一直处于对面具能量的追逐中，必然会导致心理能量的持续性分裂内耗，也就是"愈劳愈疲"。

而和"当然之则"相对应的，则是"虚则寂，感而遂通"。"虚寂"，即虚心空寂，不要让头脑中看似大大小小的、或对或错的观念成为我们的主人；"感"是指将关注点和注意力放在当下的感觉中；"通"即是心理能量的修通。

所以，张居正以上这段话，本质上论述的也是修心的重要途径，即保持虚心，将心从头脑观念中解脱出来，无所求地关注于当下，就会逐渐修通心理能量——大道相通，从心学角度，这是逐渐证悟本心的过程；从道学角度，这是逐渐体悟大道的过程；而从分析心理学角度，这是自性化过程的体现。

由此可知，此时的张居正已经成为心学坚定的信奉者，而他在给周友山的信中，更是明白无误地表明了这一点："**不谷生平与学未有闻，惟是信心认真，求本元一念，则诚自信而不疑者，将谓世莫我知矣。**"（《答藩伯周友山论学》）可见，张居正对于心学有着真实而深刻的领悟。

然而，看似矛盾的是：作为心学实践者的张居正在当政期间，却对心学理论的学术大本营——书院进行了大规模的弹压禁毁。

在明代，禁毁书院的行动共有四次，具体情况如下[一][二]：第一次和第二次均发生在嘉靖年间，嘉靖十六年（1537年），御史游居敬疏斥南京吏部尚书湛若水"**倡其邪学，广收无赖，私创书院**"，请求皇帝"**戒谕以正人心**"；嘉靖一方面慰留湛若水，一方面则令所司毁其书院；于是当年四月下令罢各处私创书院；嘉靖十七年（1538年），吏部尚书许瓒以官学不修，多建书院"**聚生徒，供亿科扰**"，耗财扰民为借口，上奏明嘉靖，嘉靖"**即命内外严加禁约，毁其书院**"。可见，嘉靖时代的两次禁毁书院规模都很有限。第一次针对的是湛若水创办的书院；第二次处理的大多是官办的书院，其他书院后来则照常建立。而第四次禁毁书院发生在天启五年（1625年），它针对的主要是东林书院，进而殃及其他书院。

可以说，第一次、第二次和第四次针对书院的弹压行动，其实波及的范围都不算大。而针对书院的最严厉的行动是第三次即发生在万历七年（1579年）那一次。关于这次禁毁书院，现存各种史料中的

[一] 金敏，周祖文. 明代书院的劫难[J]. 教育，2015（17）：77.
[二] 朱文杰. 关于明万历初年毁全国书院原因简析[C]. 第八届明史国际学术讨论会论文集. 长沙：湖南人民出版社，2001：464-467.

记载完全一致:《明神宗实录》中记载:"七年正月戊辰,命毁天下书院,原任常州知府施观(民)以科敛民财,私创书院,坐罪着革职闲住。并其所创书院及各省私建者,俱改为公廨衙门,粮田查归里甲。不许聚集游食,扰害地方。仍敕各地巡御史提学官查访奏闻。"《明史》卷二〇中记载:"七年春正月戊辰,诏毁天下书院。"《明纪》卷四〇中记载:"七年春正月戊辰,诏毁天下书院。自应府以下,凡六十四处,尽改以为公廨。"可见,这次禁毁的是"天下书院",全国所有的书院几乎都受到了弹压,甚至书院原址均改为公廨衙门。可见,本次行动中全国的书院几乎都受到了波及,而这次行动正是由张居正主导的。

关于张居正为何会禁毁书院,大体上有以下三种说法。

第一种说法来自于官方。理由是地方官"**科敛民财,私创书院**""**聚集游食,扰害地方**"等:官方公布的说法是有人以办学为借口进行敛财,扰害了地方的安宁。

第二种说法来自于民间知识分子。"**今上初政,江陵公(张居正)痛恨讲学,立意剪抑,适常州知府施观民,以造书院科敛见纠,遂遍行天下拆毁,其威令之行,峻于世庙。**"《明通鉴》卷六七在重复明人记述同时并解释说:"**而是时士大夫竞讲学,张居正特恶之,尽改各省书院为公廨,凡先后毁应天等府书院六十四处。**"《明鉴纲目》也有类似说法;很明显,很多民间人士认为,万历朝诏毁全国书院主要是由"张居正特恶讲学"造成的。㊀

第三种说法来自张居正本人。他曾在《张太岳文集》中自述过禁毁书院的原因:"圣贤以经术垂训,国家以经术作人。若能体认经书,

㊀ 朱文杰. 关于明万历初年毁全国书院原因简析[C]. 第八届明史国际学术讨论会论文集. 长沙:湖南人民出版社,2001:464-467.

第七章
力挽狂澜——太岳相公张居正的自性化

便是讲明学问，何必又别标门户，聚党空谈。今后各提学官，督率教官生儒，务将平日所习经书义理，着实讲求，躬行实践，以需他日之用。不许别创书院，群聚徒党，及号召他方游食无行之徒，**空谈废业**。"此外，他在给宪长周友山的信中，也指责当时书院讲学为"**作伪之乱学**""**讲学者全是假好学**"。㊀

可以说，以上三个说法都是事实，它们分别基于集体面具能量、集体阴影能量、自我觉察等三种不同立场，阐述了张居正弹压书院的原因。集体面具能量的代表是官方意识形态；集体阴影能量的代表即民间知识分子，他们很多时候天然地和官方意识形态呈对立状；而张居正本人作为首辅，象征着集体意识的觉察力，象征着集体头脑对于集体状态的真实觉察。

在前文中我们详细分析了温陵居士李贽的自性化之路以及他的核心思想。从表象上看，张居正和李贽的理念和行动似乎是截然相反的，比如：李贽热爱讲学，而张居正却禁毁书院；李贽在仕途顺利之际主动辞官下野，而张居正则顶着谩骂也始终要确保大权在握；李贽提倡个体的自由和领悟；而张居正建立集体的规则和秩序……然而，从本质上看，他们的内在核心却是一致的，他们都是心学的真正实践者。

然而，在明末，随着心学的流行，明朝反而加剧了动乱，加速了灭亡。很多人开始怀疑心学，斥责心学为"亡国之学"。㊁这是为什么呢？

㊀ 金敏，周祖文. 明代书院的劫难 [J]. 教育，2015（17）：77.

㊁ 邓名瑛. 明代心学本体论与明代学风 [J]. 求索，2004（02）：100 – 102.

原因在于——心学的精髓是领悟而来的，而不是听说而来的。理解及掌握心学，需要个体大量的领悟和实践，没有经过领悟和实践，没有亲历、亲证过对面具能量、阴影能量和冲突能量的觉察、抱持、流动，没有这些实践，人们所感知到的往往是"私心"，而非"本心"。

比如，在明朝末年，正是因为心学相关的知识理念开始流行，原来理学占学术统治地位的局面被打破了，各个阶层的人们的思想都开始逐渐解放。然而，大多数人对于心学的了解是"听说而来"的，而不是"领悟而来"的，所以，明末这种思想上的解放，导致的更多的并不是"本心被觉察"，而是"私心被放大"，也就是个体和小团体的私欲被放大，从分析心理学角度来阐释即是：个体及群体的阴影能量突然失去了面具（理学）的制约，导致了他们直接被阴影能量所操纵（而不是作为主人，去主动地运用阴影能量），在二元对立的层面走向和理学相反的另一个极端。所以，明朝末年很多乱象都与此相关。比如，江南士绅阶层生活奢靡无度，但却出于私欲，充分利用政策漏洞及自身的政治话语权，"正大光明"地结党营私、"义正词严"地党同伐异、"大义凛然"地恃强凌弱、"有理有据"地为非作歹、"光明磊落"地欺下瞒上，拒绝为国家缴纳应缴的税款、拒绝为集体承担应承担的义务；而西北农民却因为缺乏政治话语权，在颗粒无收、食不果腹的情况下，却还要被代表士绅阶层利益的进士官僚集团强制增加农业赋税，最后被逼得揭竿而起。明朝末年的天下大乱正源于此。然而，覆巢之下焉有完卵？很快，不受控制的阴影能量也反噬到士绅阶层自己身上。但是，从另一个层面，礼崩乐坏、人心思变的晚明年间，也可以看作是一个社会经历蜕变和新生前的不可避免的阴影阶段和冲突阶段，因为思想解放在最开始的阶段，往往必然导致很

第七章
力挽狂澜——太岳相公张居正的自性化

多从"一个极端走向另一个极端"的社会现象，这可以说是社会发展中必然要经历的阵痛阶段。不幸的是，明朝当时内忧外患，缺乏来自内外的足够的抱持力，所以没有成功地渡过这个难关。

张居正感受到了"清谈误国"。心学的本质是知行合一，是动态的主体领悟，而非静态的客体教条，它绝不是纸上谈兵。纸上谈兵的所谓心学，即使道理看上去再正确，那也是一种假心学，这种假心学通常只会沦为某种工具，给某些违背道德甚至违反法律的劣迹披上合理合法的外衣。于是，张居正开启了对全国书院的整顿之路——万历七年，张居正借着常州知府施观民搜刮民财、私创书院之际，一方面将施观民本人坐罪革职，另一方面即以皇帝名义诏毁天下书院。张居正的打击对象主要集中在王学末流之辈，而非真正的倡导知行合一的王学学者。⊖

从分析心理学角度，张居正的这一举动，意在给不受控制的集体阴影能量加以某种铁腕的面具性约束。关于这一点，很多民间人士不理解，年轻的邹元标也不理解，而经过多年的实践历练后的邹元标，却切切实实地对张居正的发心和举措产生了感同身受的共鸣。

总之，张居正大体上是一个"为国为公"的政治家，为国为公的理想，是他基于自身真实需要而产生的切切实实的心理动力。

早在张居正入翰林院的时候，多数的进士们都还在讨论怎样做西汉的文章和盛唐的诗句。一举成名天下知。很多新科进士都还沉浸在及第登科的喜悦中，能够成为进士的都是万里挑一的聪明勤奋之人，然而，正如李贽所言："如学者，私进取之获而后举业之治也必力。"

⊖ 姜海军. 明后期政治变局下心学、理学的消长[J]. 社会科学辑刊，2016（05）：121-125.

大多数人读书,本质上还是或为求富贵,或为求荣耀,是出于某种"私心"。(当然,这种私心也是值得尊重的,这也是自我实现动力的一种阶段性表达。)

然而,张居正却与众不同,他没有从众地沉浸在风花雪月中,而是在翰林院中专心致志地学习明朝开国以来的各项典章制度。他考取功名似乎不仅是为了功名本身,不仅为了自身的富贵和荣耀,更多地是要以功名为平台,真真正正地开创一番事业,为国家带来某种建设性,他的自我实现的动力更多地是和为国为公的"公心"相联系,而不是出于私心。这正是契合了自性的整合性、秩序性、整体性与中心性、神圣与超越性。

这里可以看出伟大人物内心的相通之处,朱元璋在获取天下之后,也是没有任何懈怠和放松,而是夜以继日地工作,让自己内心充沛的自性能动力和外界发生充分的互动,为外界带来某种建设性的改变,让为国为公之心和自身的真实心理动力形成高度统一。与之产生对比的是很多农民起义军,他们之所以会失败,核心原因在于队伍领导者的自性化境界不够,他们大量的心理能量依然被束缚在情结空间中,容易在情结的操纵下,产生大量盲目的自动化私欲行动,他们或许会取得某些阶段性的胜利,但是胜利之后,往往会被"富贵、虚荣"等头脑陷阱所操纵:比如张士诚和陈友谅,前者幻想能够长久地沉浸在眼前的富贵中,从而不思进取、偏安一隅;后者幻想能够快速地一统天下成为皇帝,从而急于求成、挺而走险。他们都被头脑中的幻想世界所操纵,和现实世界发生了偏离,和真实世界缺失了实践互动,最终导致了失败。在张士诚和陈友谅的起义军中,应该也不乏智慧的智囊团,但是这些智囊团的真知灼见对于领导者来说只是一种理念,再正确的理念,也无法超越情结空间带来的强大感受,所以无法

第七章
力挽狂澜——太岳相公张居正的自性化

做到"知行合一",实际还是在依靠面具力量压制阴影力量,最终还是会失败,还是会被情结所操纵。所以,一支队伍的领导者的真实的内心境界,往往才是决定队伍成败的根本原因。同样,一个国家实际掌权者的真实心理境界,也决定了国家的未来发展走向。这也正说明了,历史是人民群众所创造的,而内心自性化境界不够的个体或团体,必然会在人民群众集体自性的指引下被历史无情淘汰。

另外,对于个体而言,首先"为国为公"还是"为己为私",不能流于表面的言语或行为,而是要内省于真实的发心;其次,"为国为公"还是"为己为私",从自性化的角度来说都是值得尊重的,不能用二元对立的眼光去看待。"穷则独善其身,达则兼济天下",关键无论是为国为公,还是为己为私,内心都要对相关的心理动力有真实的觉察和抱持,并作为主人去尊重理解它们,而不是被它们所操纵。

故纸堆中的自性化
分析心理学视域下的心理史学理论与实践

第八章
在"行者"和"悟空"
中观照自性化之路

《西游记》将高深的理念具象化、演绎化，将一切看似神圣的事物幽默化、无厘头化，处处显示出属于小人物的智慧和自信。名著之所以成为名著，正是因为其高度的开放性，每个人用心地读它都能本然地照见自己的内心，一千个人心中就有一千个西游记。

有的学者从"八识心王"的角度来阐释《西游记》：唐僧象征着第八识即阿赖耶识、沙僧象征着第七识即末那识、孙悟空象征着第六识即意识、八戒象征着前五识即眼耳鼻舌身识；有的学者认为唐僧象征着思想愿力、孙悟空象征着思想念头、猪八戒象征着欲望、沙和尚象征着净化业障；有的学者认为孙悟空象征着心、猪八戒象征着欲望、沙僧象征着情绪、唐僧象征着完整的身心生命；有的学者认为孙悟空、猪八戒、沙僧分别代表了个体的嗔心、贪心和痴心，唐僧代表了正念的力量……这些说法无不发人深省、直指人心。万法融通，本书作者认为这些说法并无对错之分，每个读者基于自身真实境界和实践领悟，各自从不同角度对于《西游记》进行了真实而发人深省的解读。

本书作者在这里也提出一个全新的分析角度，即从心理动力这一角度进行分析，探讨认知观念、心理动力和实践这三者的关系。

和大多数中国古典小说的"面具化创作模式"不同，西游记中的角色并非是平面的、扁平的，而是丰富的、立体的。从横向上、客观上看，《西游记》中的每一个角色，都象征着社会中各种各样的个体，角色之间的互动过程隐喻了社会关系；从纵向上、主观上看，每一个

第八章
在"行者"和"悟空"中观照自性化之路

角色则都象征了个体的某种心理动力,这些心理动力有建设性的、有消耗性的,但是每一种心理动力本来并没有差别,整个《西游记》可以说是将这些心理动力整合的过程,也是荣格所说的"聚世界于己身"的自性化过程。

可以说,《西游记》是人类集体潜意识的结晶,是一部极具现实意义的小说,它用各种隐喻的手段,描述了个体和外界互动,和内心的心理动力互动的过程。

《西游记》中的"第一主角"非孙悟空莫属。我们就从主角的视角,通过孙悟空的经历和内心成长过程,来领悟个体自性化过程。

孙悟空的人生阶段主要包括了美猴王、拜师学艺、弼马温、齐天大圣、被压五指山、孙行者和斗战胜佛这几个阶段。每一个阶段都象征着人格分化和自性化过程中的某个环节。

本章就以孙悟空的视角,结合他人生中的不同阶段,来分析阐释自性化的一般的、普遍的过程。第一节从本能力量阶段、学习塑造阶段、分裂内耗阶段等,分析了孙悟空的人格分化历程;第二节从适宜信念的内化、摆脱自动化行为、信念和本能的统一、自性化的实践历程等方面,分析了孙悟空的自性化历程。

第一节　人格分化阶段
——本能、学习、内耗

一、本能力量阶段——快乐原则和危机意识

美猴王时期对应着孙悟空的本能阶段，"快乐"是美猴王时期的关键词。

"美猴王领一群猿猴、猕猴、马猴等，分派了君臣佐使，朝游花果山，暮宿水帘洞，合契同情，不入飞鸟之丛，不从走兽之类，独自为王，不胜欢乐。是以：春采百花为饮食，夏寻诸果作生涯，秋收芋栗延时节，冬觅黄精度岁华。美猴王享乐天真，何期有三五百载。"

美猴王时期的孙悟空，它每天所做的就是和伙伴们一起吃喝玩乐。它的本质还是一只动物，而不是人类。动物象征了一个人内在本能的力量，也就是未曾分化的本我的力量。这正如同在我们生命早年的婴幼儿时期就是被本能所操控，按照弗洛伊德的观点，本我遵循快乐原则。所以，美猴王时期的孙悟空代表了个体本能的力量，本能力量倾向于无拘无束、自由自在地表达自己。

然而，一个心理层面的磨难，此刻困扰了猴王，让它感觉到"忧恼、流泪"，它敏锐地觉察到，在当前的快乐中实际包含着巨大的危机：

一日，与群猴喜宴之间，忽然忧恼，堕下泪来。众猴慌忙罗拜道："大王何为烦恼？"猴王道："我虽在欢喜之时，却有一点儿远虑，故此烦恼。"众猴又笑道："大王好不知足！我等日日欢会，在仙山福地，

古洞神州,不伏麒麟辖,不伏凤凰管,又不伏人间王位所拘束,自由自在,乃无量之福,为何远虑而忧也?"

猴王道:"今日虽不归人王法律,不惧禽兽威服,将来年老血衰,暗中有阎王老子管着,一旦身亡,可不枉生世界之中,不得久住天人之内?"众猴闻此言,一个个掩面悲啼,俱以无常为虑。

这一段象征着美猴王对死亡阴影的觉察,美猴王在快乐之余,也感受到了必将到来的阴影能量,美猴王并没有自欺欺人地当这个阴影不存在,用心理防御机制去隔离这种困扰,而是对这个困扰表达了深深的恐惧和悲伤。

居安思危,意味着美猴王对与生俱来的阴影能量的觉察。于是,美猴王表示:"我明日就辞汝等下山,云游海角,远涉天涯,务必访此三者,学一个不老长生,常躲过阎君之难。"它带着整个猴群的希望,去世界各地寻找长生不老的方法。

幼儿时期的个体总体是快乐的,本能的力量会尽可能让我们快乐。然而,快乐是短暂的,在这个不完美的二元对立的世界,与生俱来的本能力量不可避免地会遭到阴影能量的威胁,所以,觉察力强的个体会在本能阶段就开始"求突破、求改变",于是开始学习适应这个社会,即学习社会规则和知识文化,便会自然而然地进入下一个阶段。

二、学习塑造阶段——学习和内化

如果说美猴王时期是个体更多地被本能力量操纵的阶段,那么孙悟空时期就是学习社会规则的阶段,即外在超我内化至内心的阶段。

所以,"学习"是孙悟空时期的关键词。人生识字烦恼始,这意味着猴王开始步入了"学龄期"。在此阶段,一方面,本能力量开始被某种内化到内心的外在超我所逐渐束缚；另一方面，个体也开始有指导、有计划地运用自身的自性能动力。

这一阶段隐喻了个体初来乍到这个世界，为了生存下去，积极学习和内化世界规则的过程。

为了学得长生不老之法，孙悟空正式开始了拜师学艺之路。它先是穿街过巷，学习怎样成为一个人："穿州过府，在市尘中，学人礼，学人话。"功夫不负有心人，多年后，它遇到了名师菩提老祖。

菩提老祖为美猴王赐了一个大名鼎鼎的法名"孙悟空"。菩提老祖先后建议向他传授"术"字门中之道、"流"字门中道、"静"字门中道，"动"字门中之道，孙悟空得知这些方法均不能达到长生不老的目的，所以都不学。

在学习和内化的过程中，他终于通过自己的修炼和实践，得偿所愿，学会了长生不老之法。这意味着他通过自身的实践整合了生存面具和死亡阴影，基本的生存问题解决了。

三、分裂内耗阶段——破坏、反噬及五指山的"情结"象征

学习归来后，生存问题解决了。孙悟空的人生进入了第三个阶段，这一阶段主要是基于对安全感、归属感和价值感的追寻。这一阶段对应了孙悟空的整顿花果山防御、大闹龙宫、大闹冥府、获封弼马温、自封齐天大圣、大闹天宫、被压五指山等一系列过程，主要隐喻的是人类内心面具动力和阴影动力分裂和斗争的过程。

获得了长生不老的能力之后，死亡阴影的威胁暂时解除了。当生存面具和死亡阴影得到整合之后，他的心理能量开始向上流动，他开始自然而然地追寻安全感、归属感和价值感。

第八章
在"行者"和"悟空"中观照自性化之路

首先是安全感。孙悟空**忽然静坐处思想道:"我等在此恐作耍成真,或惊动人王,或有禽王、兽王认此犯头,说我们操兵造反,兴师来相杀,汝等都是竹竿木刀,如何对敌?须得锋利剑戟方可。如今奈何?"**

依旧是居安思危,他觉察到目前环境下可能存在的巨大危险。他没有自欺欺人地逃避这种危险,而是积极地去寻找解决策略。在四位军师老猴的建议下,他先是去邻国傲来国的兵器库,不告而取,为部下众猴寻得了各种凡间兵器,又去东海龙王处为自己寻得了"趁手"的定海神针。然后开始操练习武,解决了花果山的安全防御问题。

安全感基本满足之后,他开始追寻价值感、归属感这些人类专属的高级心理需求。在龙宫里,他除了夺取兵器之外,还顺便在各处海龙王那里强取豪夺了各种炫目的行头:锁子黄金甲、凤翅紫金冠以及藕丝步云履。孙悟空将金冠、金甲、云履都穿戴停当后,形象上立即上升了一个档次。对外在形象的追求,其实是对价值感的追寻。

这期间,他又做了一件非常重要的事情。他的命终之期终于到来了,牛头马面前来勾取他的魂魄带往地府。来到地府后,他仗着自己的一身本领,大闹地府,抹去了生死簿上自己和所有猴类的名字。从此自己和猴类的寿命不再受到地府的管辖。这一段对应着之前他拜师学艺、掌握了一身长生不老的本领之后,当生存危机真正到来时,他可以凭借自己的力量化解危机。

大闹龙宫和大闹地府的经历,隐喻着人类在追寻价值感和生存资料的过程中和外界世界的"粗暴互动"的过程。孙悟空为了自己能够生存下去、能够获得安全感和价值感,运用自己的力量和世界互动,然而,这个互动的过程确实是简单粗暴、自私自利的,他从外界攫取了能量,却扰乱了外界原本的规则。

在二元对立的世界,能量是守恒且有限的,他自己从外界夺取了生存资料、获得了安全感和价值感等正能量，却将死亡、危险、混乱等负能量转移给了外界，破坏了外界其他地方（如龙宫和地府）的既有规则。而这个暂时转移到外界的负能量，最终还是会以各种方式反噬到他自己身上。这是他无法逃离的自然规律。

其实，他的第一位师父菩提老祖早就和他提示过这个自然规律：

悟空听说，沉吟良久道："师父之言谬矣。我尝闻道高德隆，与天同寿，水火既济，百病不生，却怎么有个'三灾利害'？"**祖师道："此乃非常之道，夺天地之造化，侵日月之玄机。丹成之后，鬼神难容**。虽驻颜益寿，但到了五百年后，天降雷灾打你，须要见性明心，预先躲避。躲得过寿与天齐，躲不过就此绝命。再五百年后，天降火灾烧你。这火不是天火，亦不是凡火，唤做阴火。自本身涌泉穴下烧起，直透泥垣宫，五脏成灰，四肢皆朽，把千年苦行，俱为虚幻。再五百年，又降风灾吹你。这风不是东南西北风，不是和熏金朔风，亦不是花柳松竹风，唤做赑风。自囟门中吹入六腑，过丹田，穿九窍，骨肉消疏，其身自解。所以都要躲过。"

菩提老祖的这一段描述，其实是解答了为什么在二元对立的现实世界中，人类的内心为何必然会分裂？分裂为何必然造成反噬？反噬的形式是什么？如何躲避反噬？趋利避害是人类的本能，在缺少觉察的状态下，人类在追寻利益和回避灾害的过程中，必然会有意识或无意识地夺取外在客体的利益并将灾害转移到外在客体身上，此之谓**"夺天地之造化，侵日月之玄机"**，这其实就是人类追寻面具能量、转移阴影能量的过程；而被分离转移到外在客体的是阴影能量，必然最终会反噬到个体自身身上，此之谓**"丹成之后，鬼神难容"**；阴影反噬的过程可以用**"雷灾、火灾、风灾"**等三种形式来隐喻；而只有

第八章
在"行者"和"悟空"中观照自性化之路

"**见性明心，预先躲避**"，才可以躲开这些阴影能量的反噬。

龙宫和地府的生命体们武力值有限，他们打不过神通广大的孙悟空，所以，他们不得不暂时屈从于现实世界的丛林法则——无可奈何地被抢夺了利益、被强加了灾难。然而，他们也开始计划反抗。龙宫和地府不约而同地选择将此事上奏给玉皇大帝，希望能够依靠玉皇大帝的强大力量对孙悟空进行惩罚。

从外界抢夺了利益，破坏了外界的规则，被伤害到利益的一方肯定要反抗，这是阴影能量第一次试图反噬的过程。

然而，孙悟空的武力值是如此强大，连玉皇大帝都要忌惮他。最后，玉皇大帝在太白金星的建议下，决定对其"招安"，不但没有惩罚他，反而为他授了仙箓，注了官名，封为"弼马温"。某种程度上，阴影力量的第一次反噬失败了，它被孙悟空强大的武力值给暂时弹压了下来。然而，在二元对立的世界，被暂时弹压的阴影力量永远不会消失，它只会在看不见的地方继续积累壮大，并最终还是会以其他的方式反噬到孙悟空身上。

被玉帝封为正式的仙官，被高高在上的天神们当成自己人，孙悟空的价值需求和归属需求貌似得到了满足。然而，短短半个月之后，他就从同事口中得知，弼马温只是个不入流的小官，这直接触及了他内心的卑劣阴影，在阴影力量的操纵下，他愤而推倒席面，不受官衔，打出南天门，回到花果山，并在一位鬼王的建议下，自封"齐天大圣"。

孙悟空为了维护自身的价值感，再一次采用了简单、粗暴而狂妄的方式，将价值感带给了自己，将混乱带给了外界。这一次，卑劣阴影能量依然被他转移到外界。

玉帝得知情况后大怒，先后派了巨灵天将、哪吒三太子等擒拿孙悟空，却都先后败北而归。迫于孙悟空强大的武力值，玉帝不得不承认了他的"齐天大圣"的封号，他这才**"遂心满意，喜地欢天，在于天宫快乐，无挂无碍"**。然而，"齐天大圣"虽听起来无比霸气，实际却是"有官无禄"的虚名，但孙悟空依然非常满意，这说明他在这一阶段是重虚名而轻实利，对价值面具的追寻是他本阶段的主要特质。

然而，孙悟空内心秩序的缺乏，还是被他投射到了外界：他利用职务之便偷吃了天宫的蟠桃，又在醉酒之后偷吃了太上老君的仙丹。事发后，玉帝先后派遣了多名天兵天将追拿，却一再败北而归，后来终于将孙悟空押至斩妖台，却因其吃了蟠桃，饮了御酒，食了仙丹的缘故，**"刀砍斧剁，雷打火烧，一毫不能伤损"**，后来被送往太上老君的炼丹炉中烧了七七四十九天，不仅依然毫发无伤，反而促使孙悟空练就了火眼金睛并功力大增。

到目前为止，主角孙悟空的经历非常类似于基于全能自恋幻想而写成的"爽文"，他不仅获得了与天齐的寿命、获得了价值、归属，还获得了某种程度的自我实现。

然而，如果书的结局就到此为止，那么《西游记》就不会是流传千古的名著，而只会成为昙花一现的三流小说。而《西游记》之所以伟大，正因为它的情节发展发展是符合真实人性的，它不是面具式的虚假幻想小说，而是真实人生走向的现实隐喻。

齐天大圣也是二元对立系统的一个部分。在二元对立的世界，万物相生相克，再强大的事物，也总能找到他的克星；再强大的武力值，也能找到破解的方法。孙悟空的人生转折终于出现了，他终于迎来了人生中的巨大磨难。

"妖猴大胆反天宫，却被如来伏手降"，如来佛祖亲自出面，将他

第八章
在"行者"和"悟空"中观照自性化之路

压在了五指山下。众雷神与阿傩、迦叶一个个合掌称扬道:"**善哉！善哉！当年卵化学为人，立志修行果道真。万劫无移居胜境，一朝有变散精神。欺天罔上思高位，凌圣偷丹乱大伦。恶贯满盈今有报，不知何日得翻身。**"孙悟空此前投射分裂到外界的阴影能量开始正式反噬。他被压在五指山下的岁月十分困苦:**渴饮溶铜捱岁月，饥餐铁弹度时光。天灾苦困遭磨折，人事凄凉喜命长。**

孙悟空象征着我们的某种本能力量，本能力量在快乐原则的指引下，疯狂掠夺着整体系统的资源，并将阴影带给了外界，最终遭到了阴影力量的反噬。我们从系统整体的、集体潜意识的视角来看，孙悟空实际上是在整体制造了系统分裂，将生存资源、安全感、归属感和价值感给了自己，而将相反的死亡阴影、危险阴影、孤独阴影和卑劣阴影带给了外界。虽然一时风头无两，但是长久的阴影力量必然反噬自身。

而五指山可以看成是"情结空间"的具象化表达，被压在五指山下孙悟空遭受痛苦的状态，可以看成是封闭的情结空间中被封印的、呈分裂状态的面具力量和阴影力量的冲突内耗的过程。

荣格有关人格发展问题的关键概念是人格分化和超越整合功能。所谓人格分化过程，是指个体精神的各种成分所经历的完全分化并充分发展的过程。人格分化过程就是个体对诸如阿尼玛、阿尼姆斯、阴影、人格面具、思维的四种功能以及精神的其他组成部分的逐步认识过程。只有当这些以前是混沌的、未分化的精神组成部分被认识、被分化，它们才能找到表现的机会。因此，人格分化的过程，大体上对应的是个体形成林林总总的人格面具的过程，在这一过程中，个体本能地会压制阴影能量，并形成内耗性情结。

一旦人格分化过程出现后，超越功能就发挥效力。超越功能是一种对人格中所有对立倾向加以统一、完善和整合的能力。人格发展中的人格分化和整合作用始终是相互交织在一起的，它们都是个体生而固有的。个人的精神从一种混沌的、未分化的统一状态开始，逐渐发展为一个充分分化了的、平衡和统一的人格。虽然发展的这一目标很难达到，但是人格的自我发展的需要却始终存在。

自我会在内在整合力量的驱使下向自性转化，当转化发生，一个新的人格中心（自性）就会显现，同时自我倾向被减弱。荣格认为这个历程会出现在中老年时期。首先出现的是承认自己的不足与限制，然后惊觉自己的分裂本质，在自性这一心灵整合力量的作用下，最终则将分裂加以统合，从而实现完全的自性化。如果从自性发展的角度来讲，最后这个整合的状态也可称为自性实现。

整合的过程受到了"超越功能"的控制。荣格认为，超越功能具有统一人格中所有对立倾向和取向整体目标的能力。荣格说，超越功能的目的"是伸长在胚胎基质中的人格的各个方面的最后实现，是原初的、潜在的统一性的产生和展开"。超越功能是自性原型得以实现的手段。同自性化的过程一样，超越功能也是人生而固有的。

人格分化的过程促使人格结构的分化而富于个性，而人格整合使得心灵各个部分统一为整体。人格分化和整合这两个过程看似是相反的，但是实际上，这两个过程却是并驾齐驱的。也就是说，分化和整合在人格的发展中是同时并存的过程。它们齐心协力，共同达到使个体获得充分实现这一最高成就。

如果说在人格分化阶段，孙悟空内心主要经历的是本能、学习和内耗，那么下一个阶段就是在超越功能指引下整合、升级、突破的阶段，也就是自性化阶段。

第二节 自性化阶段
——意愿、觉察、抱持、实践

　　五指山象征着情结空间。而人生的意义，正是在于突破一个个情结空间，让情结空间中被循环桎梏的、呈现分裂内耗状态的心理能量重新整合流动起来。孙悟空被压在五指山下经历了一段极其痛苦的时光。然而，这一阶段又是必须经历的，每个人来到世间都有自己的使命和任务，孙悟空也不例外。

　　孙悟空该如何突破情结空间的束缚呢？答案是——开启自身的自性化之路。如果说前三个时期，个体主要是在外境的影响下，凭借着本能力量，缺乏觉察地、随波逐流地和外界事物互动，那么，从第四个时期开始，孙悟空则是在自性能动力的指引下，拥有觉察地、顶天立地地行事。

　　通往自性化靠的是实践。孙悟空的实践之路是从遇到唐僧开始的。唐僧将孙悟空解救了之后，给他赐了一个法名——孙行者。"行"即实践。从本质上来说，实践，就是对各种情境状态下，内心各种心理动力的觉察和抱持，具体说来，就是对诸多心理动力在各种内外情境下在头脑中投射出的各种心理意象、在身体上反映出的各种身体感受的细微的觉察和抱持。

　　从此，孙悟空拥有了"孙悟空"和"孙行者"两个正式的名字。本书作者认为，"行者"更多地隐喻着实践，而"悟空"更多地隐喻着打破对立心的整合，分别对应着自性化的路径和结果。

一、意愿带来的吸引：适宜信念的内化

孙悟空实践阶段的第一步，就是在观世音菩萨的指引下拜唐僧为师、为唐僧的取经之路保驾护航。此刻的观世音菩萨象征着孙悟空自救的巨大意愿力，他在五指山下遭受了五百年的苦难，他迫切地想要改变状况。想要摆脱情节空间的束缚，自己首先要有摆脱这个束缚的意愿力。

与之产生对比的是，有些人在心理防御机制的作用下，一直在追求情结空间中的面具力量，或压制情结空间中的阴影力量，本身并没有显著的摆脱这个情结空间的意愿力，这当然也是能够理解的，但是，在这个脆弱无常的世界，总有巨大的外力来打破人们原有的心理防御机制，总能让人忍无可忍、退无可退，让人们不得不产生脱离情结空间的巨大的意愿和渴望。

有了某种意愿力，人在很多时候就会自然而然地发现、关注和吸引相对适宜的信念，唐僧就是这种适宜信念的象征。

唐僧貌似百无一用，而孙悟空则神通广大、无所不能，为什么唐僧却是孙悟空的师父呢？其实，从集体潜意识的角度，可以将唐僧和孙悟空看作是二位一体的，如果唐僧象征着某种信念和理智，那么孙悟空则象征着某种情绪和本能。

一方面，人类的情绪和本能的力量要远远大于信念和理智的力量，正如同唐僧的武力值和孙悟空没有任何可比性。如果一个人光是强调信念和理智，而压抑、忽视了自身强大的情绪和本能力量，那么这个人必定会被"天诛地灭"，正如同唐僧手无缚鸡之力，所以独自一人的时候屡次落入虎口。

第八章
在"行者"和"悟空"中观照自性化之路

另一方面，人们必须要用信念和理智来统领情绪和本能，而不是被情绪和本能所操纵，这正是一个符合社会规范的个体的基本特征，也是人和动物的本质区别。正如孙悟空如果缺乏唐僧的指导，那么永远只会是一只凭借本能行事的、本领再大也成不了气候的猢狲；而唐僧始终是师徒四人的主心骨，他始终引导驾驭着孙悟空，而不是听命于孙悟空。

因此，唐僧和孙悟空的互动关系，象征了集体或个体层面，信念和本能力量的关系，我们要在适宜的信念的指引下，结合实际，在不违反当前法律、不违反基本道德、不违反自然规律的情况下，尽量充分地尊重、驾驭、表达自身本能力量，让本能力量成为自我实现的有效助力，而不是陷入二元对立中的某一极端状况，比如被本能操纵而沦为行尸走肉，或是被信念洗脑而沦为乌合之众。很多时候这两种貌似相反的极端行为模式，都最终会将人们引向末路。因此，在实践中，我们要充分发挥人类的自性能动力，时刻保持警醒而细微的觉察和内省。

总之，孙悟空在观世音菩萨的指引下拜唐僧为师，象征着在强大的意愿力的加持下，适宜的三观和信念内化到头脑中的过程，孙悟空开始在实践过程中逐渐地去领悟如何驾驭自身强大的力量。

我们再来看一看适宜信念的对照组即"非适宜信念"。

金池长老和熊罴怪这一对组合，有点类似唐僧和孙悟空组合。所不同的是，唐僧象征着某种适宜信念，金池长老则象征着某种"非适宜信念"。这对组合，可以看作是唐僧—孙悟空组合的"对照组"。

孙悟空号称是"历代驰名第一妖"，但奇怪的是，熊罴怪的武力值却和孙悟空不相上下。观音菩萨曾说"那怪物有许多神通，却也不亚于你"，可见，熊罴怪和孙悟空一样神通广大，它也是本能力量的象征，所不同的是，它是在"非适宜信念"引导下的本能力量。

什么是"非适宜信念"呢？适宜信念往往和自我实现的动力相关，而非适宜信念往往和面具动力/情结动力相关。

以前读《西游记》的时候，看到金池长老为了夺取一件衣服，竟要杀人，最后导致自身殒命之时，觉得他真是不可理喻，也为他感到悲哀和叹息。但实际上，"佛衣"和"金池长老"都只是一种隐喻，"佛衣"可以理解为"佛的外衣"，而我们每个人的内心中也都存在着一个金池长老，它象征着面具动力操控下的执念。可以这样理解，它自欺欺人地披着"自我实现"的外衣，但本质上却是价值面具。价值面具可以理解为"对于来自外界的某种认可的执着"，具体到每个个体身上都有所不同，它可以是代表身份的妙衣华饰，也可以是彰显价值的广厦豪车；可以是钱财地位，也可以是名望掌声；甚至可以是读书时的成绩排名、工作后的职称、职级……每个人内心的金池长老，会随时依据自身的具体生活实践而显化出不同的外相。对价值感的渴望这本身无可厚非，但是如果这种渴望超过了某种限度，成为某种执念，它就转而会桎梏个体的发展，甚至让个体的生活陷入某种困境，成为我们内心的"金池长老"。

孙悟空和熊罴怪的武力值不相上下，这也隐晦地说明了他们是同一种东西，都是本能力量的化身。而观世音菩萨对待两者的态度也是平等的。她给熊罴怪安排了守山的任务，也给它的脑袋戴上和孙悟空一样的金箍。

可以说，熊罴怪就是孙悟空，孙悟空就是熊罴怪。以金池长老为友，它就成了偷取佛衣的盗贼熊罴怪；以玄奘法师为师，它就转化为取经路上保驾护航的孙悟空。这隐晦地说明了——无善无恶心之体，有善有恶意之动。本能力量是无善无恶的，它在非适宜信念的引诱

第八章
在"行者"和"悟空"中观照自性化之路

下，就会成为对自身发展极具破坏性的负能量；而在适宜信念的指导下，就会逐渐转化为自我实现/自性化的动力。

现实生活中，什么是"适宜信念"？什么是"非适宜信念"？不能机械教条地看表象，而是需要用心地去内省和领悟。正如金池长老身为观音院主持，居住在貌似清雅、幽静、安全的寺院中（处于某种心理防御机制中），身边拥趸无数，看起来似乎代表着某种"伟光正"，但是他本质上只是一个被自己内心执念所牵引、操纵、消耗的奴隶（而不是作为主人去化解执念，去主动地吸收执念中的能量作为滋养），他的心理动力模式和真正的修行精神背道而驰；相反，玄奘法师则处于取经之路（处于不断实践的道路中）上，环境恶劣、危机四伏，身边也只有几个面貌丑陋吓人的徒弟，自己身上也充满了人类真实却鲜活的缺点，但玄奘法师的伟大之处在于正视这些危机和缺陷、利用这些危机和缺陷、转化这些危机和缺陷……取经之路尽管看起来危机四伏，却与真正的修行之路相契合。

拜唐僧为师后，孙悟空在适宜信念的指导下，外在行为有了根本的变化，开始领悟如何在社会规范允许的范围内务实地行事。原文中专门记载了孙悟空用人类的方式和外界互动的过程。这一天，悟空和师父一起投宿到一户人家，悟空需要洗澡、穿衣服。于是**行者道：**"老陈，左右打搅你家。我有五百多年不洗澡了，你可去烧些汤来，与我师徒们洗浴洗浴，<u>一发临行谢你</u>。"那老儿即令烧汤拿盆，掌上灯火。师徒浴罢，坐在灯前，行者道："老陈，<u>还有一事累你，有针线借我用用</u>。"那老儿道："有，有，有。"即教妈妈取针线来，递与行者。行者又有眼色，见师父洗浴，脱下一件白布短小直裰未穿，他<u>即扯过来披在身上，却将那虎皮脱下，联接一处，打一个马面样的折子，围在腰间，勒了藤条</u>，走到师父面前道："老孙今日这等打扮，比昨日如何？"三藏道："好！好！好！这等样，才象个行者。"三藏道："徒弟，你不嫌残旧，那件直裰儿，你就穿了罢。"悟空唱个喏道："承赐！承赐！"他又去寻些草料喂了马。此时各各事毕，师徒与那老儿，亦各归寝。

要汤沐、借针线、求衣服的过程，充满了彬彬有礼的守规矩和随机应变的智慧，这和他之前在龙宫、天宫、傲来国的"偷拿抢夺"的方式有本质的不同，偷拿抢夺的本质是为了满足主体的需求，而将混乱和破坏转移给了外在客体；而在这个普通的农家，他则充分发挥了人类的自性能动力，用人类的社会规则和外界进行互动，既满足了自身的需求，又没有给外在客体造成破坏和混乱，并且让为他服务的人、送他衣服的人也感到自身的价值感，也即给外界客体带来了建设性心理能量，没有将自己和外界对立。

从这件小事就可以看出孙悟空得到了唐僧的指导后行为发生了显著改变，由"分裂掠夺"式的思维，转变为了"整合共赢"式的思维，这可以说是孙悟空得到适宜信念的指导后的首次认知升级，这次认知升级，更新了他的宏观的外在行为的底层逻辑。他开始发挥人类的自性能动力来整合自身需求和外界实际状况。

二、觉察带来的分离：将"自动化行为"和"我"分开

认知升级还在继续，不仅体现在宏观的外在行为上，而且越来越多地体现在他和自己内心的、微观的心理动力的沟通上。

如何驾驭内心的心理动力呢？这涉及孙悟空实践路上的重要一步——摆脱自动化行为。《西游记》原文中用"心猿归正，六贼无踪"隐喻了这个过程。

第八章
在"行者"和"悟空"中观照自性化之路

悟空拜师不久，就和唐僧一起在路上遇到了劫道的六个山贼，六个山贼的名字分别叫：眼看喜、耳听怒、鼻嗅爱、舌尝思、意见欲、身本忧。

"眼看喜、耳听怒、鼻嗅爱、舌尝思、身本忧、意见欲"这六个贼，可以看成是情结空间控制我们的六种手段，这些手段就是"自动化行为模式"，情结通过难以觉察的自动化行为模式来悄悄地操纵人们的行为。这里的行为可以是动作，也可以是思维、感觉、意向或情绪等。"那贼闻言，喜的喜，怒的怒，爱的爱，思的思，欲的欲，忧的忧，一齐上前乱嚷道："这和尚无礼！你的东西全然没有，转来和我等要分东西！他轮枪舞剑，一拥前来，照行者劈头乱砍，乒乒乓乓，砍有七八十下……"这些贼就像牵线木偶，被孙悟空的一句话触动了各自的机关，自动化地做出了打打杀杀的行为。

情结的力量之所以是巨大的，就是因为它会通过喜、怒、爱、思、欲、忧等自动化行为来操纵个体，在缺乏觉察的情况下，个体往往会像牵线木偶一般，不由自主地被这些自动化的情绪和身体微感觉所控制。

以"无法拒绝别人"这个自动化行为为例：有些人在原生家庭中没有被培养出应有的界限感，成年后在别人入侵到自身的边界、提出一些自己不愿意的甚至相当麻烦的要求时，明明心中很不愿意，但也不好意思说出拒绝的话；尽管头脑层面也知道配合别人毫无必要，应该拒绝对方，但是在行为层面，当下一次出现类似情境的时候，还是会"不由自主"地配合别人。这即是自动化行为的魔力。为什么会出现这种状况呢？这是因为"拒绝对方"这个行为，会触及自己内心的创伤性情结，会让自己在一瞬间体验到巨大的内疚感和恐惧感（转化到身体上的微感觉可能是巨大的窒息感、酸痛感……），和"配合一下对方"的麻烦相比，人们更不愿意体会这些内疚和恐惧带来的身体微感觉。于是，人们本能地会选择"两害相权取其轻"，在一次一次的类似状况面前，每一次都会因为不愿意去面对这些内疚感和恐惧感而不断地"委屈自己"，答应别人的不合理请求。

可以说，在这个例子中，情结就是利用六贼之一的"身本忧"（如内疚、恐惧等情绪带来的身体微感觉）来控制个体的行为，如果个体一直被这个情结操纵，则会一直倾向于退缩在自身的心理安全区。而在这个脆弱无常的二元对立世界，所谓的心理安全区其实不堪一击，一味地退缩必然会导致心理安全区越来越小甚至全然崩塌。

孙悟空此前也被六贼所控制，比如，在"眼看喜"的操纵下强取豪夺龙宫宝物；在"耳听怒"的操纵下擅自抛弃"弼马温"的职位，打出南天门；在"舌尝思"和"鼻嗅爱"的操纵下偷吃蟠桃和仙酒；在"意见欲"的操纵下偷吃了太上老君的仙丹；在"身本忧"的操纵下，偷吃仙丹后不负责任地逃之夭夭……连神通广大的齐天大圣也逃不过这六贼的圈套。

可自从成为唐僧的徒弟后，孙悟空对自己的自动化行为有了初步的觉察。对自动化行为的觉察，是摆脱情结空间操纵的前提条件，这一步是至关重要的，这意味着在觉察的当下，将"自动化行为"和"我"分开了。可以说，这是摆脱自动化行为控制的第一步，这一步的孙悟空是成功的。

因此，如果我们想要摆脱某种自动化行为，首先必须对这种行为开始慢慢地觉察，即在产生自动化行为的当下，我们尽量提醒自己"心猿归正"，即尽量用正念的方式，观察感受当下的自己。比如，在"无法拒绝别人"的这个瞬间出现的当下，将注意力从外界收回到自身的感觉上，去感受这个瞬间的情绪投射在身体上的微感觉等（如窒息感、心跳快、心里堵……）。在带着对这种身体为感觉的觉察的同时，也就意味着这一瞬间"自动化行为"和"我"是分开的，"我"不再是无知无觉地被自动化行为所掌控。

三、抱持带来的整合：信念和本能的统一

在觉察到这些情绪投射在身体上的微感觉之后，我们又该如何呢？这就涉及另外一个概念——抱持。抱持即不去逃避和打压这些微感觉，而是允许它们存在，甚至尽可能让它们存在的时间长一些，自己在尽量放松全身的状态下，尽量去细微地感受它们，不去评价它们、不去打压它们，也不被它们牵着鼻子走，而是像对待朋友一样尊重它们，这一过程就是抱持的核心。

在注意力内聚的当下，你的外在行为可以是多样的。比如，在"无法拒绝别人"的这个瞬间，你的外在行为可以是"答应别人"，也可以是"拒绝别人"，你在外相上顺势而为地做出何种选择都是可以理解的。但是，内心中要尽量提醒自己，无论做出何种选择，所有的注意力都尽量放在当下自身的感受上，而不是放在外界的事物上。

觉察和抱持这些身体微感觉的过程，一开始可能是非常难受的，但这一过程是必须坚持的。随着对这些感觉的抱持，这些感觉会自然而然地开始消失并转化。但是，在下一次面临类似情境时，这些感觉还是会回来，此时，继续开启正念的注意力内聚的觉察和抱持模式，只感受，不评价……随着这种实践次数的增多，情结对个体的操控力将会越来越小，在此过程中个体会自然而然地出现很多领悟，开始逐渐突破情结，甚至会逐渐将其转化为某种建设性的心理动力。

以上过程必须在亲身实践中才能逐渐突破。通过文字阅读或头脑

想象只是了解某种理念，必须通过亲身实践，在瞬息万变、变化无常的状况中亲身地、经常地去感受、体验、验证、修正、发展这些理念，才能真正地"知行合一"，最终才能真正有所突破。

"杀六贼"阶段的孙悟空，对六贼虽有了第一步的觉察，却没有第二步的抱持。在觉察到六贼后，孙悟空对这"六贼"采取了简单粗暴的"杀"。于是，唐僧身为师傅开始说教指导。**三藏道："这却是无故伤人的性命，如何做得和尚？出家人扫地恐伤蝼蚁命，爱惜飞蛾纱罩灯。你怎么不分皂白，一顿打死？全无一点慈悲好善之心！早还是山野中无人查考；若到城市，倘有人一时冲撞了你，你也行凶，执着棍子，乱打伤人，我可做得白客，怎能脱身？"**唐僧的这段话其实表明了两个意思，第一，每一种心理动力都是生命力的体现，都有其存在的前因后果以及合理性，在某种心理动力"罪不至死"的情况下，粗暴地掐灭它，不符合出家人的修行之道；第二，不分青红皂白地杀死某种心理动力，必然会遭到反噬，无法脱身。

本书作者在前著《光影荣格：在电影中邂逅分析心理学》中，曾以电影《青蛇》中的法海为例进行分析。法海在修行中遇到的瓶颈和在生活中遇到的劫难，其实就源于他头脑中的二元对立的观念，他给人类贴上"好"的标签，即使人类在他面前光明正大地作恶，他也视若无睹；他给内在的心魔和外在的妖怪都贴上了"坏"的标签，而不去考虑他们的真实的内心状况，更不去领悟他们出现的前因后果，而对他们不分青红皂白地打压甚至杀害，最终他也遭受了这种打压和杀害的反噬。可以说，《青蛇》中的法海，和此阶段杀死六贼的孙悟空，本质上是一样的。

存在即有合理性，从另一个层面来看，这六贼虽名为"贼"，实非"贼"也。它们最初的出现和持续的存在，其实一开始都是为了让

第八章
在"行者"和"悟空"中观照自性化之路

个体在这个世界上生存下去,为了满足个体的生存、安全、归属和价值方面的某种需要,它们才会存在,它们存在的原因从本质上来看也是为了保护个体。所以,我们绝不能用二元对立的方式,在没有必要的情况下将它们一棍子打死,而是要站在主人的位置,逐渐地将它们收服和转化。

虽然说此时的孙悟空有了巨大的脱离苦海的意愿力,有了唐僧这个适宜信念作为指导,在外在的、宏观的层面开始逐渐学习成为一个人,在内在的、细微的层面的身体感觉也有了第一步相对智慧的觉察。但是,却少了第二步相对慈悲的抱持,对六贼的前因后果缺乏追溯,而是简单粗暴地杀害了它们,所以,不但不能彻底摆脱六贼,反而会遭到反噬,这才导致了唐僧的说教批评。

我们也可以这样理解,正如王阳明所说的"破山中贼易,破心中贼难"。六贼其实极具迷惑性,孙悟空"简单粗暴地杀死自动化行为"的这个行为,本身也是一种自动化行为;"杀死六贼"这个行为,本身依然是在六贼的操纵下进行的。所以,六贼只是看上去没有踪影了,但它们依然存在,依然会以某种方式重现,后续取经路上遇到的形形色色的妖怪们,正是它们的化现。

在唐僧的指导下,孙悟空在认知层面,已经了解到六贼对能量的消耗性本质,但是,他却在自动化行为的操纵下,自动化地对这些消耗自己的敌人采取了"杀"的做法。这本质上是"知行不合一",即信念和心理动力的不合一,也可以说是意识和潜意识的不合一。也就是说,他秉持着这样一个信念"六贼是不应该存在的",但是他的真实境界有没有达到"六贼不存在"的境界,于是自动启用心理防御机制,让"六贼无踪",即看不见六贼的踪影了。

对于六贼不能简单地杀死,他们也不可能被简单地杀死,而是要慢慢地沟通及降伏。在《西游记》后续章节中，六贼会化为形形色色的妖怪，和这些妖怪沟通的过程，其实也就是在实践中真正逐渐降伏六贼的过程。后续的自性化具体实践路径中，每一个妖怪、每一次劫难，可以说都有这六位心中之贼的参与，如何摆脱六贼产生的自动化行为，真正地促使内心的对立面整合，是师徒四人取经实践路途上的必然使命。

四、实践带来的建构：顺应自性的解决之道

意愿、觉察和抱持都不是空想，都需要在实践过程中切切实实地进行。实践的过程，就是实施计划、遇见冲突、解决冲突以及超越自我的过程，这是一个以心转境的过程，即内外相互作用，最终内心建构外界的过程。

1. 自性化中的失控：意愿和现实的磨合

实践过程对应着取经路上"降妖除魔"的过程。在实践中，有几个变量需要贯通，即计划、现实、矛盾以及道路。其中，计划具有逻辑性，现实具有无常性，二者之间往往存在矛盾性，而在计划和现实之间，顺应自然规律地领悟和建构出矛盾的解决之道，是实践中需要完成的任务。

原著中，黄袍怪和百花羞的故事隐喻了意愿计划和现实世界的矛盾：这对"夫妻"都来自天界。黄袍怪的真身是天界二十八星宿之一的奎木狼，而百花羞则是天界披香殿的侍女。按照奎木狼的说法，两人原本约定下凡私通。谁知世事无常，计划赶不上变化，披香殿侍女下凡后贵为一国公主，自幼养尊处优，长相倾国倾城，早已将前缘因果忘得一干二净；而奎木狼下凡后虽记得私通计划，却变成一只形容

第八章
在"行者"和"悟空"中观照自性化之路

丑陋、凶残嗜血的妖怪，早已不是风光无限的天神，他的几乎所有的念头和行为，都被自身的动物本能牢牢地控制。值得注意的是奎木狼行为模式的变化，他原本是高高在上的神仙，下界成为黄袍怪之后，失去了外在的心理资源和内在的心理动力的支撑和运作，尽管记忆等认知功能还在，但他却是不同于奎木狼的另一个个体了，这也说明了认知观念的相对虚假性和心理动力的相对真实性。

如果说天上的奎木狼和天宫侍女象征着头脑中的"计划"，那么落地后的黄袍怪和百花羞，则象征着"现实"。计划具有逻辑性，而现实则具有无常性，这导致了再完美的计划，在落地时往往都会遭到各种各样不可控的磨难，会受到大量随机不可控因素的影响，几乎不可能按照一开始的计划走，计划实施的是"天神和天女的爱情"，最后很可能得到的结果却是"妖怪和凡人的孽缘"。

而人发挥自性能动力，利用这种矛盾去磨炼心性、化解问题，最终达到"知行合一"的境界的过程亦是自性化过程的体现。实践绝不是依靠头脑层面的想象，而是要在务实的过程中面对大量的不确定因素，需要个体每一瞬间的专注当下和大量的顺势而为、借力打力，随时调整计划和预期。在这一过程中，亦没有放之四海而皆准的绝对正确方法存在，方法路径需要我们根据觉察到的感受和信息随时地调整、建构和领悟。这一点正是《西游记》的世界所要阐释的证悟之路，比如，孙悟空最终降伏黄袍怪的方式是顺应规律的。黄袍怪被孙悟空打败后，害怕得躲了起来，四处找也找不到。经过观察和领悟孙悟空感受到此怪非凡间之怪，而是天上之精，后来孙悟空去天界寻求帮助，果然通过合适的方法找到了奎木狼。这也显示了孙悟空开始愈加顺利地运用人类的觉察力和实践力和世界进行真实互动，愈加明显地脱离了本能力量的操控。

2. 自性化中的冲突：变好的一开始反而会"变坏"

在《西游记》中，很多妖怪都是佛菩萨或神仙身边的侍从或坐骑的化身，这隐喻着自性化的过程往往伴随着磨难；而取经团队降服妖怪的过程中，很多时候都会求助于佛菩萨或神仙，这隐喻着自性的超越功能，在自性超越功能的指引下，能够顺其自然地找到磨难的破解之法。

可以说，"妖怪"是冲突，"佛菩萨"是自性。妖怪往往是佛菩萨身边的动物所化现，这也具有非常典型的象征性含义——在自性的指引下，个体有了改变的意愿力并付诸于实践之后，在这一过程中，会不可避免地经历冲突，某种程度上，"冲突"是在自性的指引下出现的，是自性化过程中不可避免的阶段。因此，冲突是伴随着自性化进行的。

只有在化解冲突的过程中，才能逐渐证悟自性。所以，"妖怪"很多都是佛菩萨的身边动物化现，正是因为"磨难"和"成就"是一体两面的。妖怪可以看成是取经途中的"拦路石"，而通过自性的力量，在实践中将"拦路石"逐步转化为"踏脚石"，这是《西游记》的核心精神。

在自性化即心理成长的过程中也是这样，任何一个事物在逐渐变好之际，在短时期内表面上看起来反而会"变坏"，就像刚开始打扫房间的时候，必然会经历一个"灰尘乱扬"的阶段，个体的心理成长也是这样——比如，在个体开始意识到面具和阴影的分裂，期待走出情结桎梏，期待整合这种分裂时候，往往在整合之前会先迎来心理上的冲突。

为什么整合之前会先出现冲突呢？为什么事情在变好之前，反而一开始会向看似变坏的方向发展呢？

这是因为，人格面具和心理防御机制本质上是同一回事⊖，人格面具的重要作用就是保持内心的平衡和稳定，给人带来相对虚假的安全感、平衡感、归属感和价值感。而当人开始试图追寻面具背后的真相时，必然会打破以前的心理防御机制，以前被防御机制所回避、所隔离、所转移的负面心理动力如恐惧、羞耻、内疚、愤怒等，现在逐渐被个体敏锐地觉察到并被投射到外界，这必然会带来第一时间的某种痛苦感受，即心理冲突。

从这个角度来看，《西游记》中师徒四人面临的所有磨难，都可以看作是自性化即心理成长过程中必然出现的磨难冲突。而磨难中的冲突能量，也是整合性心理能量的必要来源。

3. 自性化中的超越：冲突的化解之道

如何化解这些自性化中的磨难呢？《西游记》用了"求助佛菩萨"的隐喻，求助佛菩萨即向自性求助。它并不是一个用逻辑去解决问题的过程，而是一个超越逻辑的过程，它的核心表现为如何应用自性的超越功能，去解决现实中的问题。荣格在《论超越功能》的论文中写道："对立两极的双方的相遇，诞生了充满能量的张力并创造了一个活生生的第三者——不是根据排中律得出的逻辑上的死产，而是超越两极对立的运动，引向新水平的诞生，新的境界。超越功能以一种连接对立面的品质展现自己。只要对立面被分离——自然是为了避免斗争——他们就不起作用或毫无活力。"⊜超越功能与自性的关系

⊖ 余祖伟. 人格面具与心理防御机制探析 [J]. 广西社会科学, 2009 (06): 36-38.

⊜ Jung C G. The transcendent function. Princeton. NJ: Princeton University Press, 1957: 131-193.

可以这样理解：借助超越功能，自性指导着自性化。因此，自性的目的在于实现心灵的整体性，而超越功能可以整合意识与无意识、人格面具与阴影、个体与集体的对立，从而实现心灵的整体性。

很多问题无法在"自我"的指引下用逻辑的方式去解决，而只能在"自性"的指引下用超越逻辑的方式去化解。《西游记》中取经团求助佛菩萨的过程，正是隐喻了自我和自性沟通的过程。

在自性的指引下，觉察到原先没有觉察的，接纳原先无法接纳的，使原先分裂的能量得到整合，个体更容易打破原先的认知或能量桎梏，才能顺应自然规律，在更高的维度上解决问题或化解问题。

取经道路上的每一次劫难，其实都可以看成是自性化过程中与内心的各种能量沟通和整合的一次独特过程，只有直面这些劫难的磨砺，个体才能逐渐走出心理防御机制，走出心理舒适区，从而整合自己的内心，实现个体内部的心理能量之间、观念与观念之间、个体与外界之间的碰撞和整合。而这每一次独特的、非标准化的过程，从时间的纵向轴来看，正是自性化的一般的、普遍的过程。